21 世纪高等院校电气工程与自动化规划教材

21 century institutions of higher learning materials of Electrical Engineering and Automation Planning

Electric Circuits

电路基础

刘长学　成开友　主编

人民邮电出版社

北 京

图书在版编目（CIP）数据

电路基础 / 刘长学，成开友主编. -- 北京：人民
邮电出版社，2014.2
　21世纪高等院校电气工程与自动化规划教材
　ISBN 978-7-115-33499-2

　Ⅰ. ①电… Ⅱ. ①刘… ②成… Ⅲ. ①电路理论－高
等学校－教材 Ⅳ. ①TM13

　　中国版本图书馆CIP数据核字(2013)第288549号

内 容 提 要

　　本书是根据教育部电路课程的教学基本要求编写的简明教材。主要内容有电路的基本概念和基本
定律、电阻电路的等效分析法、电路定理、电阻电路的一般分析方法、稳恒交流电路分析、含有互感
的正弦电路、三相交流电路、二端口网络参数、电路的暂态分析、磁路和铁芯线圈。

　　本书可作为电类本科生教材，也可作为相关工程技术人员参考书。

◆ 主　　编　刘长学　成开友
　　责任编辑　李海涛
　　责任印制　彭志环　焦志炜

◆ 人民邮电出版社出版发行　　北京市丰台区成寿寺路 11 号
　　邮编　100164　电子邮件　315@ptpress.com.cn
　　网址　http://www.ptpress.com.cn
　　北京七彩京通数码快印有限公司印刷

◆ 开本：787×1092　1/16
　　印张：14.75　　　　　　　　2014 年 2 月第 1 版
　　字数：370 千字　　　　　　　2024 年 7 月北京第 14 次印刷

定价：35.00 元

读者服务热线：(010)81055256　印装质量热线：(010)81055316
反盗版热线：(010)81055315

　　电路课程是电类各专业重要的专业基础课，通过本课程的学习掌握电路的基本概念、基本定律和线性电路的基本分析方法，为后续课程的学习打下良好的理论基础。

　　随着高等教育大众化的进一步深入，各高校对教材的层次性要求越来越高。本书主要面向普通本科院校的电类各专业，在符合教育部电路课程教学基本要求的基础上，结合学生的特点，以够用为度的原则组织相关内容，且语言深入浅出，通俗易懂。

　　本书共 9 章，前 4 章介绍稳态直流电阻电路的分析方法。第 5 章～第 8 章介绍稳态交流电路的分析方法，第 9 章介绍一阶、二阶电路的时域分析方法以及复频域分析方法。为了使后续课程中包含电机学等专业课程的学生具有磁路相关基础知识，在本书的附录中，增加了"磁路与铁芯电感线圈"一章。

　　与其他同类教材相比本书对有些内容作了一些调整。第 3 章电路定理，只介绍线性电路分析常用的 3 个定理，即叠加定理、替代定理和等效电源定理。删去了用得相对较少的特勒根定理和互易定理。第 4 章电路的一般分析方法中，只介绍支路电流法、网孔电流法和结点电压法。删去了涉及拓扑学图论知识的回路电流法和割集电压法。理想运算放大器部分内容在电专业的另外一门专业基础课"模拟电子技术"中有详细研究，所以本书将这部分内容放在本章的最后，作为结点电压法分析直流电阻电路的应用来介绍。周期非正弦电流电路分析要用到周期信号的傅里叶级数分解的知识，这部分内容放到电专业另外一门必修课"信号系统"中学习。因为在信号系统课程中对电路、系统的复频域分析方法要作详细的分析和研究，所以拉普拉斯变换分析动态电路这部分内容只在本书的第 9 章"电路的暂态分析"中用一节的篇幅作简单介绍。这样做不仅节省了学时，又减轻了学生学习的负担。

　　为了使学生能更好地理解、运用所学的基本概念和分析方法，本书精选了较多的例题和习题。在本书的附录中还给出了习题的参考答案。

　　本书由刘长学和成开友编写，其中刘长学负责第 1 章、第 2 章、第 5 章、第 8 章和附录中内容的编写，并提供本书习题的答案以及完成整个全书的统稿工作。成开友负责第 3 章、第 4 章、第 6 章、第 7 章和第 9 章内容的编写。

　　本书的编写和出版得到了盐城工学院教材出版基金的资助，得到了盐城工学院电气工程学院全体同仁的支持和帮助，学院的胡国文、王长勇、何坚强院长以及顾春雷主任对本教材的编写工作提出了不少宝贵建议，南京航空航天大学的黄文新教授在审稿时也给出了很多宝贵的意见，在此一并表示衷心的感谢。

　　书中一定还存在许多不足，欢迎读者批评指正。

编　者

2013 年 10 月

目　　录

第 **1** 章　电路及其基本定律

本章介绍电路及其模型、电路中的理想元件，电路的几个基本物理量，电阻元件的伏安特性，结点上各支路电流的约束关系以及回路中各元件电压间的约束规律。

1.1　电路及其模型

电路是由电气元件相互连接而构成的电流流通的路径。通常把具有一定功能的电路称为电系统或电网络。

一、电路的组成

组成电路的主要部件有电源、负载、连接导线以及开关、测量仪表等。

1. 电源

电源是将其他形式的能量转换成电能的装置。在实际生活中，干电池、蓄电池、太阳能电池、各种发电机等都属于电源。

2. 负载

在电路中将电能转换成其他形式能的元件或设备都被称为负载。常见的负载有灯泡、电炉、电动机等。

需要说明的是，电源元件在电路中不全部充当提供电能的"电源角色"。就拿手机电池来说，在正常使用手机时，手机电池为手机电路提供能量，它是手机电路的能量源，是电源；但是如果把手机电池放到其充电器中充电，则电池通过充电器吸收外界能量，并将电能转变成化学能存储在电池中，显然，电池在这种状态下角色就变成了吸收能量的负载。

3. 导线

电路中将电能传递给负载的连接线称为导线。导线通常由导电能力极强的金属材料制成。

电路中除了电源、负载和导线之外，还有用于控制、测量等功能的电单元，如开关、仪表等。图 1-1 所示为手电筒的电路。

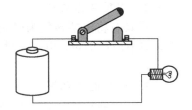

图1-1　手电筒的电路

二、电路的作用

电路的作用有能量的传输、分配、转换和储存，信号的传递、变换、处理、控制等。

1. 进行能量的传输、分配、转换和储存

通过电路很容易实现能量的远距离传输、分配、转换和储存，典型的例子如电力系统。在这个系统中，发电机是电源，它把其他形式的能（机械能）转化为电能。电能通过变压器升压、输电线的远距离传送，再经过变压器的降压，将电能送给千家万户的负载。负载把电能转换成其他形式的能，比如光能（灯泡）、机械能（电动机）、热能（电炉）。用户可以用充电电路把部分电能存储到蓄电池中以备他用。

2. 实现信号的传递、变换、处理和控制

通过电路很容易实现电信号的传输、变换、处理和控制。就拿收音机电路来说，天线将空间的电磁波信号接收进来，调谐电路完成调制波的频率的选择（选台），高频放大电路将高频载波信号的幅度放大到检波节需要的大小，检波电路将音频信号从高频载波中分离出来，前置音频信号放大电路用来将音频信号放大以便能够驱动后级放大器，电位调整电路实现音量的大小控制，功率放大电路将音频信号的功率转换到足以驱动扬声器的功率信号，最后由扬声器将音频电信号转变成声音信号。

现代信号处理的过程一般是这样的：首先将非电信号通过换能器电路转换为连续的电信号，再经过模/数转换电路把连续的电信号变成数字电信号，然后采用数字信号处理电路对数字信号进行处理，处理后的信号再经过数/模转换电路转换成连续的电信号，最后通过换能器把电信号还原成非电信号。

三、电路中的理想元件

一般来说，实际电路元件的电性能都比较复杂，研究起来较为麻烦。在电路分析时，常常以理想化的元件取代它们进行电路分析。所谓理想元件就是电特性单一的元件。常见的理想元件包括理想电阻、理想电感、理想电容、理想电压源、理想电流源元件等。

1. 理想电阻元件

只具有将电能转化为热能本领的元件，称为理想电阻元件。理想电阻元件既不储存电场能也不储存磁场能。理想电阻元件是二端元件，文字符号用"R"表示，图形符号如图 1-2（a）所示。

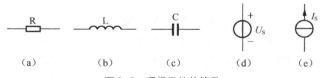

(a)   (b)   (c)   (d)   (e)

图 1-2 理想元件的符号

2. 理想电感元件

只具有将电能转化为磁场能本领的元件，称为理想电感元件。理想电感元件只存储磁场能，但不消耗能量。电感元件也是二端元件，文字符号用"L"来表示，图形符号如图 1-2（b）所示。

3. 理想电容元件

只具有将电能转化为电场能本领的元件，称为理想电容元件。理想电容元件只存储电场能，也不消耗能量。电容元件也是二端元件，文字符号用"C"表示，图形符号如图 1-2（c）所示。

图 1-2（d）和图 1-2（e）所示分别为理想电压源和理想电流源的图形符号。至于它们的特性，将在后面电源部分详细介绍。

由于本书中涉及的电路元件都是理想元件，所以习惯上常不提"理想"二字，比如"理想电阻元件"就简称为"电阻元件"。

四、实际元件的理想化模型

实际元件的特性一般都比较复杂，为了便于研究由实际元件构成的电路，通常用和实际元件具有相同外部电特性的"电路单元"去替代电路中的实际元件。组成这些"电路单元"的全部是电特性单一的理想元件。通常把由理想元件构成的用来模拟实际元件电特性的"电路单元"称为实际元件的理想化模型。

镇流器是日光灯电路的一个重要器件，它的核心部分是一个铁芯线圈，所以它的主要特性表现为电感的特性。那么，它是不是一个纯电感器件呢？显然不是，当我们让日光灯电路正常工作一段时间后，发现镇流器会发热！这说明镇流器还包含电阻所具有的特性。于是我们就用一个理想电感元件和一个理想电阻元件的串联结构，作为镇流器电特性的"电路单元"。这就是镇流器工作在低频电路中的理想化模型，如图 1-3 所示。

图 1-3　镇流器工作在低频电路中的理想化模型

当然，在日常生活中也有些器件的特性相对来说"比较单一"，就拿白炽灯、电炉来说，它们的主要特性就是将电能转化为热能，其他特性几乎可以忽略，所以，通常把白炽灯看成理想电阻元件来对待。

五、电路的理想化模型

电路中的实际元件都用其理想模型代替，这样构成的电路称为原电路的理想化模型。本教材中遇到的电路都是这种理想化模型。为了分析电路方便起见，常用元件符号构成的图形来表述电路的工作原理，这种图叫电路原理图，简称电路图。手电筒电路的电路图如图 1-4 所示。

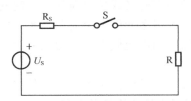

图 1-4　手电筒电路的原理图

电路理想化模型中的导线都是理想导线，理想导线的内电阻值为零。将一根实际导线建立理想化模型时，如果导线电阻不可忽略，可以用理想导线上串一个电阻的方法来实现。

六、集总电路与分布参数电路

如果元件的特性与元件的尺寸无关，这种元件称为集总元件或点元件。由集总元件构成的电路，称为集总电路。反之，如果电路元件的特性与元件尺寸有关，则这样的元件为分布参数元件，由分布参数元件构成的电路，称为分布参数电路。上面介绍的理想元件都属于集总元件，本教材中研究的电路都是集总参数电路。

相对来说，集总参数电路的分析要比分布参数电路的分析简单一些。实际电路能否当作集总参数电路来研究，要看其工作时信号的波长。如果电路中元件的尺寸和波长相比拟，电路元件就不能当成集总参数的元件，电路也不能当成集总电路去研究；相反，如果电路的尺寸远小于信号的波长，那么电路中的元件就可以看成集总元件，电路就可以当成分集总电路研究。我国工频交流电频率为50Hz、波长达6 000km。这波长远远大于一般电路的尺寸，因此工作于工频交流电下的大部分电路都可以当成集总电路来分析研究。

1.2　电路中的主要物理量

电路分析中涉及的主要物理量有电流、电压、电位、电功率、电功、电荷、磁通量等，下面就几个主要的物理量作一一解释。

一、电流

电荷在电场的作用下定向移动而产生电流，电流的强弱是用电流强度来描述的。

1. 电流强度

电流强度变量用 i 表示，在电路中导体上电流强度定义为

$$i = \frac{\mathrm{d}q}{\mathrm{d}t}$$

即通过导体某横截面上电量随时间的变化率。式中，q 是电量，单位为库仑（C），t 是时间，单位为秒（s）。

当电流强度不随时间变化时，称这种电流为稳恒直流电流，电流强度符号一般用 I 表示，即单位时间通过导体某横截面的电量值。电流强度的单位是安培（A）。

$$I = \frac{\Delta Q}{\Delta t}$$

2. 电流的真实方向与参考方向

习惯上把导体中正电荷移动的方向（或负电荷移动方向的反方向）定义为电流的真实方向。但是，在实际的电路分析中，很多元件上电流的真实方向是无法直接判断定的。为了分析电路问题方便，可以先给电路中的电流假设一个流动方向，这种假设的电流方向我们称之为电流的参考方向。

参考方向的表示方法有两种，一是用箭头表示，二是用元件端点字母做电流变量的下标来表示。如图1-5中用箭头描述了电流 I 的参考方向：从A流向B，这种描述方法形象直观。用端点字母作下标时，写在前面的表示流出端，写在后面的表示流入端。如果将图1-5中电流变量写成 I_{AB}，就表示电流的参考方向是自A流向B。反之，I_{BA} 代表电流的参考方向是自B流向A。显然：$I_{AB} = -I_{BA}$。需要注意的是，如果AB间有两条以上支路时一般不采用下标表示法，因为这样标很难说清楚这个参考方向究竟指的是那一条支路电流的参考方向。

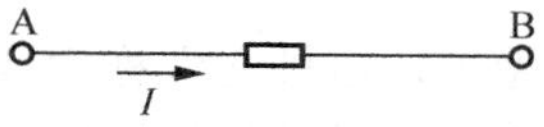

图1-5　电流的参考方向

有了参考方向概念之后，电流数值的正负就都有特定的意义了。正值表示电流的真实方向与所标的参考方向一致；负值表示电流的真实方向与所标的参考方向相反。

举个例子，在图 1-5 中，如果 I=1A，说明电流的真实方向是 A→B；若 $I = -1$A 则表示电流的真实方向是 B→A。

显然，只有在建立参考方向的概念之后，"负电流"才有了实际的意义，否则负电流将失去意义。对于正弦电流也要设定参考方向，因为当相角 ωt 位于第二、第三象限角时，正弦电流 $i = I_m \cos \omega t$ 数值也是负值，若不设参考方向，负值电流也将没有意义。所以，大家在电路分析的过程中，别忘了给电路中每个电流假设一个参考方向。

二、电位

1. 电位的定义

电路中之所以能产生电流，是因为电路中存在电场。如果电路中某点 A 处有一个电量为 q 的电荷，电荷具有的能量为 W_A，则定义电路中点 A 处的电位数值为

$$U_A = \frac{W_A}{q}$$

其中，能量 W_A 单位是焦耳（J），电量 q 的单位是库仑（C），电位 U_A 的单位为伏特（V）。

2. 零电位参考点

在计算电场中某点电位的时候，通常首先要给电场选定一个参考点，并设其电位数值为零，这个点叫"零电位参考点"。对于点电荷产生的场，常把离该电荷无穷远处定义为零电位参考点。在电路分析中，可以将电路中的任意一结点选作参考点。

需要注意的是，如果电路中已经有了参考点就不能随意假设新的参考点。因为两个零电位参考点之间可视为短接。

同一个电路，零电位参考点选取不一样，电路中同一点的电位值也会不一样。所以在计算电路各点的电位时，必须有明确的零电位参考点。

大地的电位通常被定义为零，所以多数教材选用接地符号（⊥）来注明电路中零电位参考点的位置。图 1-6 中点"O"为零电位参考点。

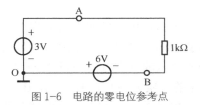

图 1-6 电路的零电位参考点

3. 负值电位的含义

有了参考点的定义之后，电位的数值便可正可负。图 1-6 中，U_o=0（参考点），U_A=3V，U_B= -6V。A 点电位数值大于零，说明 A 点的电位比零电位参考点 O 的电位高。B 点电位数值小于零，表明该点的电位比零电位参考点的电位低。

三、电压

1. 电压的定义

电路中如果点电荷 q 从 A 点移动到 B 点电场力做的功为 W_{AB}，则定义 AB 之间的电压为

$$U_{AB} = \frac{W_{AB}}{q} = \frac{W_A}{q} - \frac{W_B}{q} = U_A - U_B$$

由此可以看出，A、B 两点的电压等于 A、B 两点的电位之差。

显然：

$$U_{AB} = U_A - U_B = -(U_B - U_A) = -U_{BA}$$

电压与电位的单位相同，都是伏特（V）。

2. 电压的真实方向与参考方向

电压的数值只能反映电路元件间电压的大小，而不能反映两端电位的相对高低。为了解决这个问题，通常在元件两端打上极性符号。打"＋"符号的端代表高电位端，打"－"符号的端代表低电位端，如图 1-7（a）所示。另外，在习惯上把元件高电位端指向低电位端的方向定义为元件电压的真实方向。真实方向的表示也可以用箭头，如图 1-7（b）所示。

在复杂的电路分析过程中，有些元件两端电压的方向未知，但分析的过程中又需要用到这些电压的方向信息。这时，需要在元件上任意标出一个方向来帮助列写电路方程，这个在元件上标出的电压方向就是电压的参考方向。当一个元件电压的参考方向标定之后，电压的真实方向就可以通过参考方向和电压的数值来判断。如果电压的数值为正值，则表示电压的真实方向与所标参考方向相同；如果电压的数值为负值，则说明电压的真实方向与参考方向相反。图 1-8（a）中，电压的大小为 3V >0，表示真实方向与所标参考方向相同，即 A 端为真实高电位端、B 端为低电位端；而图 1-8（b）中，电压的数值为–3V，负号表示这个电压真实方向与所标的参考方向相反，即真实的高电位端是 B 端，A 端实为低电位端。

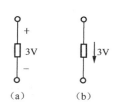

图 1-7　电压方向的两种图形表示方法

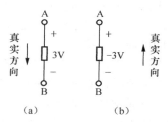

图 1-8　电压的参考方向与真实方向

与电流的参考方向标注方法类似，电压的参考方向也可以用元件两端的端点字母作电压变量的下标来表示。比如 U_{AB} 就表示 A 端为参考正极，B 端为参考负极，电压的参考方向是 A 指向 B。如果 $U_{AB}>0$，则表明电压的真实方向是自 A 向 B，A 点为高电位端，B 点为低电位端。如果 $U_{AB}<0$，则表明电压的真实方向是自 B 向 A，B 点为高电位端，A 点为低电位端。

必须提醒的是，虽然电流、电压的参考方向是可以任意假设的，但在电路分析的过程中参考方向一旦设定就不要随便更改，以免引起混乱。另外，如果没有特别说明，电路图中标出的电流、电压的方向都指的是参考方向。

四、电功率

1. 参考方向的关联与非关联

对于一个二端元件（或二端网络）来说，如果所选的电压参考方向与电流参考方向一致，则称该元件电压、电流的参考方向是关联的，否则称为非关联。图 1-9（a）中，电压参考方向与电流参考方向相同，所以两个参考方向的关系属于关联；图 1-9（b）中，元件的电压和电流的参考方向是相反的，因此两个参考方向的关系属于非关联。

图 1-9　U、I 参考方向的关联与非关联

2. 电功率的计算公式

功率等于单位时间内元件吸收的能量，用字母 p 来表示。即

$$p = \frac{\mathrm{d}W}{\mathrm{d}t}$$

对于电流、电压不随时间变化的稳恒直流电路，功率的公式为

$$P = \frac{\Delta W}{\Delta t} = U\frac{\Delta Q}{\Delta t} = UI$$

由于 U、I 的数值可以是正值，也可以是负值，因此元件吸收的功率 P 既可以是正值，也可以是负值。接下来研究一下元件功率正负号的含义。

在关联参考方向下，如果元件的 $U>0$，$I>0$ 或者 $U<0$，$I<0$，则 $P>0$，由于这两种情况下正电荷移动的方向与电场力方向一致，所以电场力对电荷做功，这个过程是将电能转化为其他形式的能，元件消耗功率，该元件在电路中扮演负载角色。如果元件的 $U>0$，$I<0$ 或者 $U<0$，$I>0$，则 $P<0$，这时正电荷移动的方向与电荷所受电场力的方向相反，需要外力对电荷做功才能实现。外力将其他形式的能量转化为电能，该元件是在发出功率，它在电路中扮演电源角色。

在非关联参考方向下，情况就正好相反，当 $P>0$，该元件发出功率，元件在电路中扮演电源角色；当 $P<0$，该元件消耗功率，元件在电路中扮演负载的角色。

如果我们在关联参考方向下计算功率用公式 $P=UI$，而在非关联参考方向下用公式 $P=-UI$，那么，计算结果 $P>0$ 都代表该元件在电路中消耗功率，$P<0$ 代表该元件在电路中发出功率。

电功率的单位是瓦特（W）。实验室中用于直接测量功率的仪表是瓦特表。

例 1.1　计算图 1-10 所示各个元件的功率，并说明它在电路中是发出功率还是吸收功率。

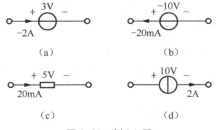

图 1-10　例 1.1 图

解：图 1-10（a）中 U、I 参考方向关联

$$P = UI = 3\mathrm{V} \times (-2\mathrm{A}) = -6\mathrm{W}$$

$P<0$，所以该元件发出功率。

图（b）中 U、I 参考方向非关联

$$P = -UI = -(-10\text{V}) \times (-20\text{mA}) = -200\text{mW}$$

$P<0$，所以该元件发出功率。

图（c）中 U、I 参考方向关联

$$P = UI = 5\text{V} \times 20\text{mA} = 100\text{mW}$$

$P>0$，所以该元件消耗功率。

图（d）中 U、I 参考方向关联

$$P = UI = 10\text{V} \times 2\text{A} = 20\text{W}$$

$P>0$，所以该元件消耗功率。

在交流电路中，元件的功率随时间变化：

$$P(t) = u(t)i(t) \quad （关联）$$

$$P(t) = -u(t)i(t) \quad （非关联）$$

$P(t)>0$ 时的时间段，元件在吸收功率，而对应 $P(t)<0$ 的时间段，元件在发出功率。也就是说，在交流电路中，有些器件在电路中时而扮演负载的角色，时而扮演电源的角色。

对于一个完整（独立）的电路来说，所有元件吸收功率的代数和等于 0。换句话说，电路中电源产生的功率总是等于负载消耗的功率，这称为能量守恒或功率守恒。

例 1.2　求图 1-11 所示电路中各元件的功率，并计算 B 元件的电流 I。

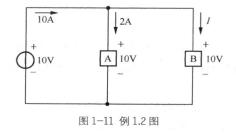

图 1-11　例 1.2 图

解： 电压源元件吸收的功率：

$$P_{10\text{V}} = -10\text{V} \times 10\text{A} = -100\text{W}$$

所以，电压源元件在电路中产生 100W 的电功率，是电源。

A 元件吸收的功率：

$$P_{\text{A}} = 10\text{V} \times 2\text{A} = 20\text{W}$$

所以，A 元件在电路中消耗能量，A 元件是负载。

根据能量守恒，
$$P_{10\text{V}} + P_{\text{A}} + P_{\text{B}} = 0$$

$$P_{\text{B}} = -P_{Us} - P_{\text{A}} = 100 - 20 = 80\text{W} > 0$$

B 元件吸收功率，是负载。

根据关联参考方向下功率的计算公式：

$$P_{\text{B}} = 10 \times I = 80$$

得：$I = 8\text{A}$。

五、电功

电功是指元件在一段时间内消耗或产生的电能量，用字母 W 表示。稳恒直流电路中：

$$W = P \ \Delta t$$

这里 Δt 是时间，单位为秒（s）。

电功的单位是焦耳（J）。

$$1J = 1W \times 1s$$

电功的另外一个常用单位是度（kWh），即千瓦时。

$$1kWh = 1000W \times 3600s = 3.6 \times 10^6 \ J$$

如果元件消耗或产生的功率是时间的函数，那么在 $t_1 \sim t_2$ 这段时间内消耗或产生的能量为：

$$W = \int_{t_1}^{t_2} p(t)\mathrm{d}t$$

测量居民用电多少的仪表叫电度表。

1.3 电阻元件与欧姆定律

一、电阻元件

电阻元件是实际电阻器的理想化模型。电阻元件电压与电流的关系称为电阻元件的伏安特性（VCR）。这种关系可用电流、电压坐标中的曲线来表示，即电阻元件的伏安特性曲线。关联参考方向下，电阻元件的伏安特性曲线如图 1-12 所示，其中图 1-12（a）中的伏安特性曲线是过原点的直线，这类电阻元件称为线性电阻元件，直线的斜率称为这个电阻的电阻值；图 1-12（b）的伏安特性曲线为一条过原点的曲线，具有这样特性的电阻元件称为非线性电阻元件，非线性电阻元件的阻值随着电压、电流的变化而变化。本教材中主要研究由线性电阻元件构成的电路。

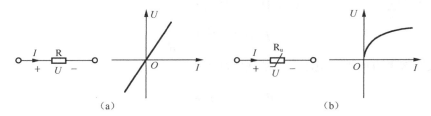

图 1-12 电阻元件的符号及其伏安特性

无论是线性的还是非线性的电阻元件，其伏安特性都经过坐标原点，说明电阻上电压为零时，电流一定为零；反之，电流为零时，电压也一定为零。电阻元件是一种即时元件或静态元件。

二、欧姆定律

线性电阻元件在关联参考方向下的伏安特性可以用函数表达式表示为

$$U = RI \qquad\qquad （1-1）$$

即电阻两端的电压与流过它的电流成正比，这就是我们熟知的欧姆定律。其中，比例系数 R 是电阻的电阻值，它与构成电阻的材料、尺寸有关，而与加在它两端的电压、流过它的电流大小没有关系。

电阻值的单位是欧姆（Ω），$1\Omega=1V/1A$。

在非关联参考方向下，线性电阻元件的伏安特性为

$$U = -RI$$

由 $I = U/R$ 可知，在一定的电压下，电阻的阻值越大，流过该电阻的电流就越小，因此电阻值的大小反映了该元件阻碍电流流通的能力。

三、电阻元件的电导值

一个电阻元件的特性除了可以用电阻值的大小之外，还可以用其电导值来描述。在关联参考方向下，定义电阻元件的电导值为

$$G = \frac{I}{U} = \frac{1}{R}$$

显然，一个电阻元件的电阻值越大，其电导值越小，导电能力越差；电阻值越小其电导值就越大，导电能力就越好。所以，电导值是从电阻元件导通电流能力上去描述电阻特性的。

当一段材料的电导值极小而趋于零时，我们称之为绝缘体；当一段材料的电导值趋于无穷大时，我们称之为超导体。

电导的单位为西门子（S）。

$$1S=1/1\Omega$$

有了电导的概念之后，电阻元件的伏安特性可以有另外一种表达方式，即

$$I = GU \quad （关联参考方向）$$

$$I = -GU \quad （非关联参考方向）$$

四、电阻元件消耗的功率

在关联参考方向下，电阻元件消耗的功率为

$$P = UI = I^2R = \frac{U^2}{R}$$

在非关联参考方向下，电阻元件消耗的功率为

$$P = -UI = I^2R = \frac{U^2}{R}$$

线性电阻的 $R > 0$，所以无论 U、I 的数值是正是负，P 总是大于零，这表明电阻元件总是耗能元件。

五、实际电阻器的额定量

电阻元件吸收能量之后，将电能转变成热能。实际电阻器在一段时间内产生的热能如果不能及时、有效地散发出去，那么电阻器的温度就会越来越高，最后必定导致电阻器的烧毁。所以，每个实际电阻器都有它的安全使用范围，这便是电阻器的额定量。电阻器的额定量有额定电压 U_n、额定电流 I_n 和额定功率 P_n。当然它们之间具有 $P_n = U_nI_n$ 的关系。

例如，标有"220V100W"字样的白炽灯，即表示该白炽灯的额定电压是 220V、额定功率 100W。含义：当给灯泡加 220V 的电压的时候，灯泡消耗功率 100W，且能在规定的寿命内正常工作。

通过白炽灯的这两个额定量，我们可以算出其他额定量或参数。例如额定电流：

$$I_n = \frac{P_n}{U_n} \approx 0.45\ \text{A}$$

灯丝的热电阻值：

$$R = \frac{U_n^2}{P_n} = 484\ \Omega$$

当给电阻器加上的实际电压大于额定电压时，白炽灯实际消耗的功率也会大于额定值；反过来当给电阻器加上的电压小于额定值时，白炽灯消耗的功率也小于额定值。例如给上面提到的白炽灯加上 330V 的电压，那么它实际消耗的功率就是：$330^2 / 484 = 225\text{W}$，这个值远大于 100W，长时间工作灯丝会烧断；如果给灯泡加的实际电压为 110V，那么它实际消耗的功率就应该为：$110^2 / 484 = 25\text{W}$，这时灯泡虽然安全但是实际功率远达不到额定功率。

线性电阻器上标有的额定参数一般是电阻值和额定功率。在电路设计时，正确计算电阻器参数，选择合适类型、规格的电阻器相当重要。在额定功率参数的选择上，为了确保电阻器的安全，一般都留有一定的余量。

1.4 理想电源

理想电源是实际电源理想化之后得到的电路模型，有独立源和受控源之分。下面详细说明。

一、独立源

独立源是把其他能转化为电能的装置，它能够独立地向外电路提供能量。独立源又有独立电压源和独立电流源之分。

1. 独立电压源

独立电压源简称电压源，符号如图 1-13 所示。

图 1-13 电压源的符号

电源在向电路提供能量的时候，电流都是从正极流出、负极流入，所以在研究电源的时候通常取电流、电压非关联参考方向。电压源在非关联参考方向下的伏安特性为

$$U = U_S$$

伏安特性曲线如图 1-14 所示。

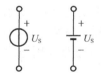

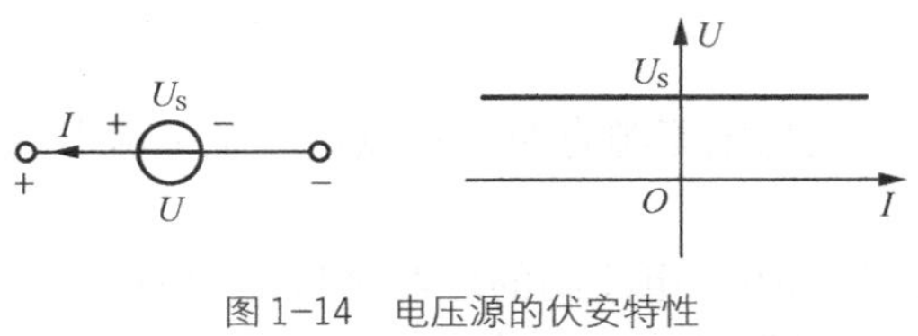

图 1-14 电压源的伏安特性

从伏安特性可以看出，理想电压源有两个特点，一是电压源的电压与其输出电流无关；二是输出电流的大小与负载有关。

图 1-15 中的两个例子很好地说明了电压源的这两个特征。相同的两个 9V 的电压源，分别连接 1Ω 与 1kΩ 电阻负载的时候，电压源两端的电压 U_{ab} 都是 9V；而输出电流与负载的大小有关系：图 1-15（a）电压源输出电流 I_1=9V/1Ω=9A、图 1-15（b）电压源的输出电流 I_2=9V/1kΩ=9mA。

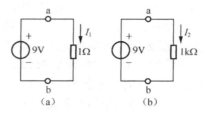

图 1-15　电压源的特性举例

实际电源一般都有一定的内电阻，在电流、电压关联参考方向下电源的内电阻值

$$R_S = \frac{\Delta U}{\Delta I}$$

非关联参考方向下

$$R_S = -\frac{\Delta U}{\Delta I}$$

如果用实际电源内阻的定义去考察一下理想电压源，从电压源的伏安特性不难看出：理想电压源的内阻 $R_S = 0$。

如果理想电压源的电压也为 0，那么它就相当于一根理想导线了。

实际生活中，具有电压源特性的电源较多，比如新的干电池、发电机、蓄电池等。

与理想电压源相比，实际电压源是有内阻的，当输出电流增大时，电源的输出电压会降低。另外，输出电流加大还会导致内阻上的功耗加大，当电源发热严重到一定程度时会导致电源的烧毁。所以，实际电源都有其额定参数，比如额定电压和额定电流。电压源可以开路（不接负载，输出电流为 0）但是不可以短路（用导线连接电源的正负极）。

2. 独立电流源

独立电流源的符号和伏安特性如图 1-16 所示。

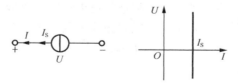

图 1-16　电流源及其伏安特性

从伏安特性可以看出，理想电流源有两个特点，一是电流源的电流与其输出电压无关；二是输出电压的大小与负载有关。

图 1-17 中的例子很好地说明了电流源的这两个特征。图中 3 个电流源输出电流都是 1A，即 $I_1=I_2=I_3$=1A；而输出电压与负载的大小有关系：图 1-17（a）中电流源的电压 U_1=1A×1Ω=1V，

图 1-17（b）中电流源的电压 U_2=1A×10Ω=10V，图 1-17（c）中的电流源被短路，电流源两端电压 U_3= 0。

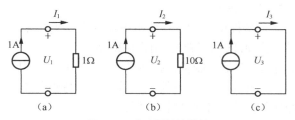

图 1-17 电流源特性举例

根据电源内阻的定义，结合电流源的伏安特性，不难得到：理想电流源的内阻为无穷大，或电导为零。

显然，如果一个理想电流源的电流为零，那么这个电流源相当于一个阻值为无穷大的电阻。

二、受控源

受控源具有电源的特性，但与独立源又有较大的差别。受控源输出电能的大小受到其他支路电流、电压的控制。在没有独立源的电路中，受控源是无法正常工作的。

受控源有受控电压源和受控电流源之分。根据控制量的不同，受控电压源又可以分为电压控制电压源（VCVS）、电流控制电压源（CCVS）两种；受控电流源又有电压控制电流源（VCCS）和电流控制电流源（CCCS）两种。

受控电压源的电压和受控电流源的电流称为被控量或者受控量。控制受控量大小的变量叫做控制量。控制量与受控量之间成正比例关系的受控源称为线性受控源，本书中主要研究这种受控源。接下来，我们对上述 4 种受控源作详细介绍。

1. 电压控制电压源（VCVS）

电压控制电压源是一种受控电压源，输出电压的大小 U_2 与电路中某个支路或元件的电压 U_1 有关。电压控制电压源的图形符号如图 1-18 所示。

电压 U_2 为受控量、电压 U_1 是控制量，控制关系：$U_2=\mu U_1$。其中，μ 为控制系数或电压放大倍数。在实际电路中，电子管元件的特性非常接近于电压控制电压源，所以在分析含有电子管的电路时，常用电压控制电压源作它的理想化模型。

2. 电流控制电压源（CCVS）

电流控制电压源也是一个受控电压源，其输出电压的大小 U_2 受着电路中某个支路或元件的电流 I_1 的控制。电流控制电压源的图形符号如图 1-19 所示。

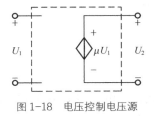

图 1-18 电压控制电压源

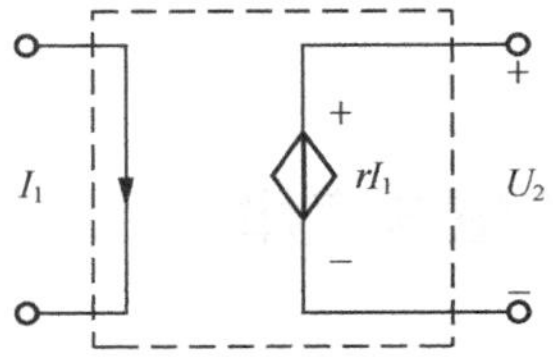

图 1-19 电流控制电压源

电压 U_2 是受控量、电流 I_1 是控制量，控制关系：$U_2=r I_1$。其中，r 为具有电阻量纲的控制系数，单位为欧姆。实际生活中，励磁发电机的特性与电流控制电压源非常相似，故在含有励磁发电机的电路中，常用电流控制电压源作为励磁发电机的理想化模型。

3. 电压控制电流源（VCCS）

电压控制电流源是一种受控电流源。其输出电流的大小 I_2 受着电路中某个支路或元件电压 U_1 的控制。电压控制电流源的图形符号如图 1-20 所示。

电流 I_2 是受控量、电压 U_1 是控制量，控制关系：$I_2 = g U_1$。其中，g 为具有电导量纲的控制系数，单位为西门子。在实际电路器件中场效应管的特性与电压控制电流源十分相似，故常用电压控制电流源作场效应管的理想化模型。

4. 电流控制电流源（CCCS）

电流控制电流源也是受控电流源。其输出电流的大小 I_2 受着电路中某个支路或元件的电流 I_1 的控制。电流控制电流源的图形符号如图 1-21 所示。

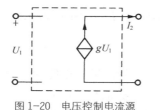

图 1-20　电压控制电流源　　　　　　　　图 1-21　电流控制电流源

电流控制电流源的受控量是 I_2、控制量是 I_1，控制关系：$I_2 = \beta I_1$。其中，β 为控制系数或电流放大倍数。实际电路器件中的半导体三极管的特性与之十分相似，故常用电流控制电流源作晶体三极管的理想化模型。

电路中的受控源一般不需要将控制端和受控端用虚线框框起来，只要在图中表示出控制量、受控量以及它们之间的控制关系即可。必须强调的是，受控源不能没有控制量，失去控制量的受控源是没有意义的。

当控制量为常量时，受控源对电路的作用等同于独立源。图 1-22（a）中列举了一个电压控制电流源的例子，其中控制量为 U_1，其数值为常数 10V，于是它的输出电流为 $0.2U_1 = 2A$。对于端口 1'来说，其效果与图 1-22（b）中 2A 独立电流源是一样的。

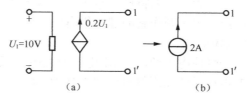

（a）　　　　　　　　　　　（b）

图 1-22　当控制量为常量的情况举例

1.5　基尔霍夫定律

基尔霍夫定律（KL）是分析集中参数电路的一个基本依据，电路中的不少定理、定律和分析方法都是在此定律的基础之上推导、归纳总结出来的。为了叙述问题方便起见，在介绍定律之前我们先熟悉电路的几个名词术语。

一、电路中几个常见的名词术语

1. 支路

一般来说，可以把电路中每一个二端元件看成一条支路。但为了分析问题方面起见，常把两个元件首尾相接且中间无分支的部分看作一条支路。

图 1-23 中，电阻 R_1 和电压源 U_{s_1} 构成一条支路，电阻 R_2 和电压源 U_{s_2} 构成一条支路，电阻 R_3 单独构成一条支路，所以以图 1-23 所示电路中一共有 3 条支路。R_1、R_2 所在支路都含有电源，所以又称为有源支路、R_3 所在支路没有电源故称为无源支路。

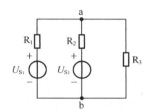

图 1-23　介绍电路术语的电路图

2. 结点

结点是 3 条或 3 条以上支路之间的连接点，图 1-23 中 a、b 为结点。

3. 回路

电路中由支路构成的闭合路径称为回路。图 1-23 中共有 3 个回路：一是由电阻 R_1、R_2 和电压源 U_{s_1}、U_{s_2} 构成的回路，二是由电阻 R_2、R_3 以及电压源 U_{s_2} 构成的回路，第三个是由电阻 R_1、R_3 以及电压源 U_{s_1} 构成的回路。

4. 网孔

网孔是一些特殊的回路，这些回路的特征是内部不包含其他支路。图 1-23 中由电阻 R_1、R_2 和电压源 U_{s_1}、U_{s_2} 构成的回路，由电阻 R_2、R_3 以及电压源 U_{s_2} 构成的回路都属于网孔，而由电阻 R_1、R_3 以及电压源 U_{s_1} 构成的回路就不是网孔，因为该回路中有条支路（R_2 所在支路）被包含其中。

二、基尔霍夫电流定律（KCL）

基尔霍夫电流定律是描述结点上支路电流约束关系的定律。基本内容：在任意时刻，流入任一结点电流的代数和等于零。

数学表达式：$\Sigma i(t) = 0$

对于稳恒直流电路：$\Sigma I = 0$

如果规定流入结点的支路电流为正值，那么流入结点的电流就应该为负值。KCL 的表达式可写成：

$$\Sigma I_入 - \Sigma I_出 = 0$$

即 $\Sigma I_入 = \Sigma I_出$，也就是说 KCL 的内容还可以这样来描述：流入结点电流的总和等于流出结点电流的总和。

图 1-24 中结点 A 上用 KCL 可以写出如下等式：

$$i_1 - i_2 - i_3 = 0 \qquad 或者 \qquad i_1 = i_2 + i_3$$

KCL 不仅满足于真实结点，还满足于包围着电路任意部分的闭合面。如图 1-25 所示电路中，对于闭合面 S，穿过 S 的支路电流的代数和也为零。因此，称此闭合面为广义结点。

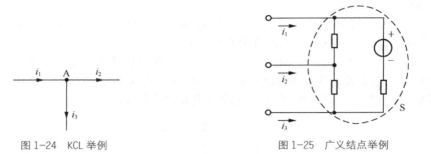

图 1-24   KCL 举例   图 1-25   广义结点举例

即 $i_1 + i_2 + i_3 = 0$。

对于两个独立的电路，如图 1-26 所示，中间用一根导线将它们连接起来，则导线上的电流 $I=?$。如果用闭合面包住其中的一个独立的电路，根据广义结点的 KCL，显然 $I=0$。

图 1-26   两个独立电路用一根导线相连

例 1.3   求图 1-27 所示电路中的电流 I_1 和 I_2。

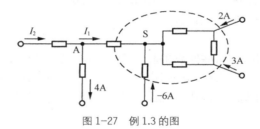

图 1-27   例 1.3 的图

解：用闭合面 S 包围右侧电路，如图 1-27 所示。

根据广义结点的 KCL： $I_1 + 2 + 3 + (-6) = 0$

解得： $I_1=1A$

根据结点 A 的 KCL： $I_2 - I_1 - 4 = 0$

得： $I_2=I_1+4=5$（A）

三、基尔霍夫电压定律（KVL）

基尔霍夫电压定律是描述回路中各支路（或元件）电压之间约束关系的定律。基本内容：在任意时刻，沿着任一回路的绕行方向上，所有支路（或元件）电压降的代数和为零。

回路的绕行方向是人为规定的、沿着回路一周行进的方向，可选为顺时针也可选为逆时针方向。

KVL 的数学表达式：$\Sigma u(t) = 0$。

对于稳恒直流电路：$\Sigma U = 0$。

如果规定支路（或元件）电压降的方向与绕行方向一致取正值，则电压降与绕行方向相反取负值，表达式又可以写成：

$$\Sigma U_{降} - \Sigma U_{升} = 0$$

即 $\Sigma U_{降} = \Sigma U_{升}$。这样，KVL 的内容又可以描述为在回路的绕行方向上，电压降的总和等于电压升的总和。

图 1-28 中，取回路的绕行方向为顺时针方向，则根据 KVL，回路中元件电压的约束关系为 $U_A + U_B - U_C - U_D = 0$　或者 $U_A + U_B = U_C + U_D$。

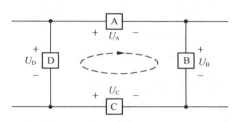

图 1-28　基尔霍夫电压定律举例

回路是元件相互连接构成的闭合路径。如果回路出现"缺口"，也就是说不闭合，可称之为"广义回路"。如果在缺口处标明"缺口的电压"（未知时用电压变量 U 表示）的大小和参考方向，则广义回路中的各电压之间同样满足 KVL 的约束规律。

基尔霍夫定律和欧姆定律是直流电阻电路中最基本的定律，是线性电路分析的基本依据。线性电路分析指的是已知线性电路所有元件参数和元件间的连接方式，求电路中所有或部分支路的电流、电压。在分析过程中，通常把电压源提供的电压、电流源提供的电流称为激励，把激励作用于电路产生的支路电流、支路电压称为电路的响应。电路分析就是已知电路、激励求响应。

例 1.4　求题图 1-29（a）所示电路中电压 U。

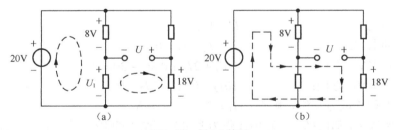

图 1-29　例 1.4 的图

解法 1： 按照图 1-29（a）所示回路的绕行方向，对左侧网孔应用 KVL 首先计算出 U_1：

$$-20 + 8 + U_1 = 0$$

得：$U_1 = 12(V)$

对右下侧广义回路用 KVL 得：

$$-U + 18 - U_1 = 0$$

得：$U = 6(V)$

解法 2： 按照图 1-29（b）所示广义回路，按照顺时针绕行方向，应用 KVL 列写方程：

$$8 - U + 18 - 20 = 0$$

得：$U=6(\text{V})$

利用基尔霍夫定律和欧姆定律，列写各结点的 KCL 方程、各回路的 KVL 方程和各支路的 VCR，然后联立方程组，可以求解各种稳态直流电阻电路响应的问题。

例 1.5 计算图 1-30 所示电路中电压 U。

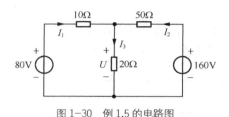

图 1-30 例 1.5 的电路图

解：假设各支路电流的大小分别为 I_1、I_2 和 I_3

由结点 LCL 方程得： $I_1 + I_2 - I_3 = 0$

左网孔列写 KVL 方程得： $10I_1 + 20I_3 - 80 = 0$

右网孔列写 KVL 方程得： $50I_2 + 20I_3 - 160 = 0$

将上述 3 个方程联立成方程组解得： $I_3 = 3\text{A}$

根据欧姆定律： $U = 20I_3 = 60\text{V}$

例 1.6 计算图 1-31 示电路中电流 I_1 和 I_2。

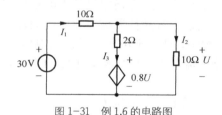

图 1-31 例 1.6 的电路图

解：受控源的控制电压 $U = 10I_2$

列写结点的 KCL 方程： $I_1 - I_2 - I_3 = 0$

列写左网孔 KVL 方程： $10I_1 + 2I_3 + 0.8U - 30 = 0$

列写右网孔 KVL 方程： $10I_2 - 0.8U - 2I_3 = 0$

联立上述方程构成方程组，解得： $I_1 = 2\text{A}$ ， $I_2 = 1\text{A}$ 。

上面两个例题中，都选择了支路电流作为变量列写结点的 KCL 方程以及回路的 KVL 方程求解响应，其实这种方法就是后面第 4 章中介绍的支路电流法，有关内容在第 4 章将详细介绍。

例 1.7 计算图 1-32（a）所示电路中结点 X 的电位。

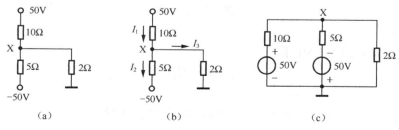

（a）　　　　　　　（b）　　　　　　　（c）

图 1-32 例 1.7 的电路图

解： 图 1-32（a）是电子电路中电压源的一种常见表示方法，即当多个电压源接在同一个结点上时，可将这点定义为零电位参考点，电压源的另一端标出其电位值，然后去掉电压源的符号。这种表示方法叫电源的电位表示方法。还原成普通电路图即图 1-32（c）。

设各支路电流分别如图 1-32（b）所示。根据 KCL 有

$$I_1 = I_2 + I_3$$

根据欧姆定律，上式又可表示为

$$\frac{50 - U_X}{10} = \frac{U_X - (-50)}{5} + \frac{U_X}{2}$$

解得

$$U_X = -6.25 \text{ V}$$

例 1.8 图 1-33（a）所示电路中，当滑线变阻器 R_P 的触点向上移动时，试分析点 A 和 B 电位的变化。

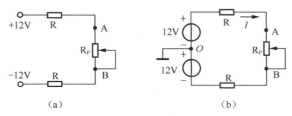

图 1-33 例 1.8 的电路图

解： 将电路还原为普通电路图，如图 1-33（b）所示，假设回路电流为 I
由 KVL

$$IR + IR_P + IR = 12 + 12$$

得

$$I = \frac{24}{2R + R_P}$$

A 点的电位

$$U_A = U_{AO} = 12 - RI = 12 - \frac{24R}{2R + R_P} = \frac{12R_P}{2R + R_P} = \frac{12}{2R / R_P + 1}$$

B 点的电位

$$U_B = U_{BO} = -12 + RI = -12 + \frac{24R}{2R + R_P} = \frac{-12R_P}{2R + R_P} = \frac{-12}{2R / R_P + 1}$$

滑线变阻器向上滑动，R_P 的数值减小，则 A 点的电位减小，而 B 点的电位增大。

习　　题

1.1　图示电路已标明元件的电流、电压的参考方向，试说明各元件电流、电压的真实方向。

1.2　计算题图电路各点的电位。

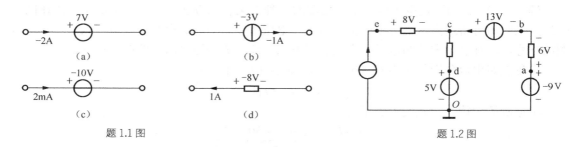

题 1.1 图   题 1.2 图

1.3 题图中,对于元件 A 来说电压 U 和电流 I 的参考方向是否关联,A 在电路中是吸收功率还是提供功率?对于元件 B 来说电压 U 和电流 I 的参考方向是否关联,B 在电路中是吸收功率还是提供功率?

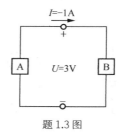

题 1.3 图

1.4 题图中,已知元件 A 吸收 10W 功率,元件 B 产生 10W 功率,元件 C 吸收 −10W 功率,元件 D 产生 −10W 功率,求 U_a、I_b、U_c 和 U_d。

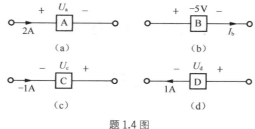

题 1.4 图

1.5 计算图示电路中各元件吸收的功率,并验证功率守恒。

1.6 题图中两个电阻元件的电导值分别为多少?如果 $U=100V$,则电流 I_1、I_2 分别为多少?两电阻消耗的功率分别多少?

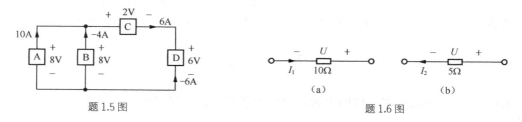

题 1.5 图   题 1.6 图

1.7 有一个 100Ω 的电阻,额定功率为 1W,则其实际工作电压和实际工作电流不能超过多大的数值?

1.8　标有"220V2000W"的电炉，它在正常工作时的炉丝热电导值为多少？若将电炉在额定电压下连续工作 30 小时，则该电炉消耗多少度电。

1.9　题图中，计算各电路中电流源和电压源的电功率，指出是消耗功率还是提供功率。

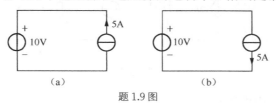

题 1.9 图

1.10　题图中，根据 KCL 计算电流 I_1、I_2 和 I_3。

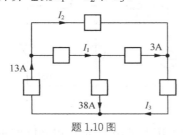

题 1.10 图

1.11　题图中，根据 KVL 计算电压 U。

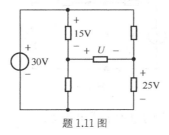

题 1.11 图

1.12　利用 KCL 和 KVL 计算图示电路中各支路电流 I、I_1、I_2、I_3 和 I_4。

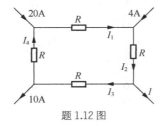

题 1.12 图

1.13　题图中，计算电流 I，电压 U_{ab} 和 U_{bc}。

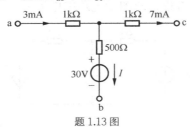

题 1.13 图

1.14 计算图示电路中的电流 I 和电压 U。

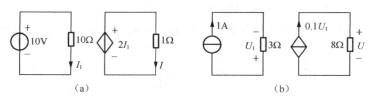

（a） （b）

题 1.14 图

1.15 计算图示电路中电压 U_1、U_2，电流 I。

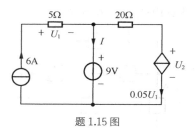

题 1.15 图

1.16 计算图示电路中受控电压源的控制量 U 以及回路电流 I。

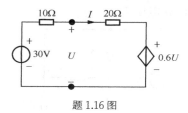

题 1.16 图

1.17 求下图有源二端电路中的电流 I 或电压 U。

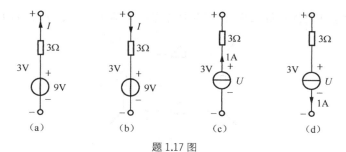

（a） （b） （c） （d）

题 1.17 图

1.18 根据 KCL、KVL 立方程，求图示电路中电流 I。

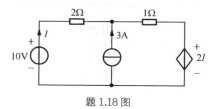

题 1.18 图

1.19 求图中 A 点的电位。

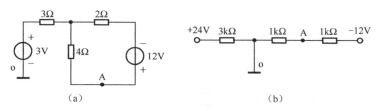

题 1.19 图

1.20 先通过列写 A、B 结点的 KCL 方程求两结点电位，然后求图示电路中电流 I。

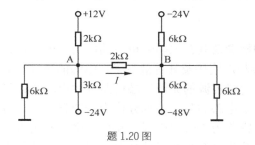

题 1.20 图

第 2 章　电阻电路的等效分析法

　　本章主要介绍等效的概念及其在电路分析中的应用。内容包括电路的等效、电阻的串联和并联、电阻的 Y 形连接与△连接及其等效变换，电源的串联与并联及其等效，实际电源的两种模型及其等效变换，含受控源的无源二端电路等效电阻的计算。

　　在电路分析中，常常把电路的某一个部分作为一个整体来看待。若此整体只有两个端与电路的其他部分相连接，则称为二端网络或一端口网络。利用本章介绍的等效概念和方法，可以将复杂的二端网络化简为只有少数元件甚至只有一个元件的电路，从而使得电路分析过程得以简化。

2.1　电路的等效

　　如果两个电路具有完全相同的伏安特性，就称这两个电路为等效电路或等效网络。比如图 2-1（a）和图 2-1（b）所示的两个二端电路，它们的伏安特性表达式都是 $U = 2RI$，因此它们就是一对等效电路。

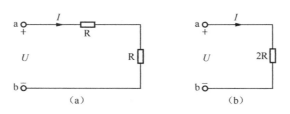

图 2-1　等效电路

　　值得注意的是，"等效"的含义并不是说这两个二端网络本身是一样的，而是说这两个二端网络对于除自身之外的其他部分电路来说具有相同的电学效果。为了更好地说明这一点我们举个例子。在图 2-2（a）所示电路中，10Ω 电阻连接在 10V 电压源上，电阻的电流大小为10V/10Ω=1A，显然电压源输出电流也是 1A。在图 2-2（b）所示的电路中，N 是一个复杂线性二端网络，它也连接在 10V 电压源上，如果这时 10V 电压源的输出电流也为 1A，那么，我们站在 10V 电压源的角度来看，作为负载的 10Ω 电阻与作为负载的二端网络 N 在电路中具有完全相同的作用，我们就称二端网络 N 与 10Ω 电阻是等效电路。就二端网络 N 与 10Ω 电阻本身而言显然它们不是一回事，所以说，等效的效果局限在"等效电路"的外电路。

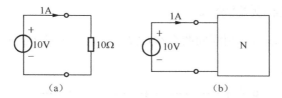

图 2-2　等效范围的说明

　　将电路某个部分用它的等效电路来替代，这个过程称为等效变换。因为替代前后，对于被等效部分之外的电路来说，其电流、电压响应均不会发生变化。所以在电路分析过程中，常常用这种方法化简电路，降低电路分析的难度。电路等效变换的方法是电路分析方法中一种非常重要的方法。

2.2　串、并联电阻电路的等效电路

一、电阻的串联及分压公式

　　将多个电阻首尾相接构成一个二端网络，电阻的这种连接方式叫做串联，如图 2-3（a）所示。

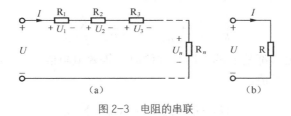

图 2-3　电阻的串联

　　根据 KVL，有：

$$U = U_1 + U_2 + \cdots + U_n$$

根据 KCL，串联电路每个电阻的电流都是 I，所以：

$$U = R_1 I + R_2 I + \cdots + R_n I = (R_1 + R_2 + \cdots + R_n) I = RI$$

　　由此可见，多个电阻串联后的二端网络可以等效为一个电阻，如图 2-3（b）所示。等效电阻值等于所有相串联的电阻阻值之和，即：

$$R = R_1 + R_2 + \cdots + R_n = \sum_{k=1}^{n} R_k \tag{2-1}$$

特别地，当 n 个阻值都是 R 的电阻相串联时，等效电阻值为 nR。

　　如果串联支路的总电压为 U，则各电阻上分得的电压为

$$U_k = R_k I = \frac{R_k}{R_1 + R_2 + \cdots + R_n} U \tag{2-2}$$

把式（2-2）称为分压公式或分压定律。此式表明，串联电路某电阻两端的电压跟这个电阻的阻值成正比例关系。阻值越大的电阻，分得的电压也越大。

二、电阻的并联和分流公式

将多个电阻并列地连接在相同的两个结点之上，这种连接方式称为并联，如图 2-4（a）所示。

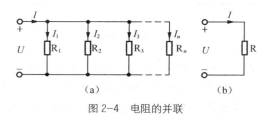

图 2-4　电阻的并联

根据 KVL，相并联的每个电阻的电压都是 U。根据结点的 KCL：

$$I = I_1 + I_2 + \cdots + I_n$$
$$= \frac{U}{R_1} + \frac{U}{R_2} + \cdots + \frac{U}{R_n}$$
$$= U\left(\frac{1}{R_1} + \frac{1}{R_2} + \cdots + \frac{1}{R_n}\right)$$

由此可见，多个电阻并联电路可以等效为一个电阻，如图 2-4（b）所示。等效电阻值的倒数，等于所有相并联电阻阻值的倒数和，即：

$$\frac{1}{R} = \frac{1}{R_1} + \frac{1}{R_2} + \cdots + \frac{1}{R_n} = \sum_{k=1}^{n} \frac{1}{R_k} \tag{2-3}$$

特别地，当 n 个阻值都是 R 的电阻相并联时，等效电阻值为 R / n。

二端网络的等效电导值：

$$G = G_1 + G_2 + \cdots + G_n = \sum_{k=1}^{n} G_k \tag{2-4}$$

即并联电阻电路的等效电导，等于所有相并联电阻的电导之和。并联的电阻越多，等效电导就越大，等效电阻就越小，二端网络导通电流的能力就越强。从式（2-3）同样可以看出，并联电阻电路的等效电阻值，总是小于相并联的任何一个电阻的阻值。

并联时，如果总电流为 I，则各电阻上分得的电流为

$$I_k = G_k U = \frac{G_k}{G_1 + G_2 + \cdots + G_n} I \tag{2-5}$$

称式（2-5）为并联电阻电路的分流公式或分流定律。

由分流公式可知，并联支路的电导越大，该支路分得的电流也越大。

若并联的电阻只有两个，此时并联电路的等效电导值为

$$G = G_1 + G_2 = \frac{1}{R_1} + \frac{1}{R_2} = \frac{R_1 + R_2}{R_1 R_2}$$

等效电阻值为

$$R = \frac{R_1 R_2}{R_1 + R_2} \tag{2-6}$$

分流公式为

$$I_1 = \frac{G_1}{G_1 + G_2}I = \frac{R_2}{R_1 + R_2}I \qquad\qquad I_2 = \frac{G_2}{G_1 + G_2}I = \frac{R_1}{R_1 + R_2}I$$

在表示电阻的连接关系或写串、并联等效电阻运算式时，可以用"+"代表串联，用"//"符号代表并联，串、并联的先后次序可用加括号的方法进行调整。例如，$R_1//R_2 + R_3$ 代表 R_1 与 R_2 先并联，等效成一个电阻之后再与 R_3 串联；而 $R_1//(R_2 + R_3)$ 则表示 R_2 和 R_3 先串联，串联的等效电阻与 R_1 并联。

三、电阻混联电路

在由电阻联成的无源二端网络中，如果既有串联又有并联，那么这种电路的连接关系可称之为混联。混联构成的无源二端电阻网络同样可以等效成一个电阻，阻值的大小可以采用逐步等效替换的方法计算得到。

例 2.1 计算图 2-5 所示无源二端电阻网络 ab 的等效电阻。

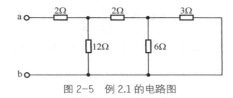

图 2-5 例 2.1 的电路图

解：电路中 6Ω 电阻和 3Ω 电阻是并联关系，这个并联部分的电路可以用一个电阻 R_1 来等效，其中，

$$R_1 = 6 // 3 = \frac{6 \times 3}{6 + 3} = 2\,\Omega$$

将图 2-5 中 6Ω 电阻并联 3Ω 电阻的电路用其等效电阻 R_1 替代，等效电路如图 2-6（a）所示。

在图 2-6（a）中，电阻 R_1 和与其串联的 2Ω 电阻又可以等效成一个电阻 R_2，如图 2-6（b）所示，R_2 的大小为

$$R_2 = R_1 + 2 = 2 + 2 = 4\,\Omega$$

电阻 R_2 与 12Ω 电阻又是并联关系，这条并联支路又可以等效成一个电阻 R_3，如图 2-6（c）所示，R_3 的阻值为

$$R_3 = R_2 // 12 = 4 // 12 = \frac{4 \times 12}{4 + 12} = 3\,\Omega$$

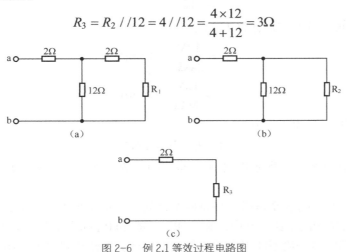

图 2-6 例 2.1 等效过程电路图

电阻 R_3 与 2Ω 电阻是串联关系，所以端 ab 间的等效电阻为 5Ω，即：

$$R_{ab} = R_3 + 2 = 3 + 2 = 5\Omega$$

例 2.2 用等效的方法计算图 2-7（a）所示电路中的电流 I、I_1、I_2 以及电压 U。

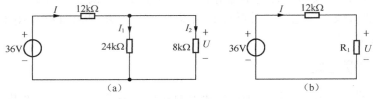

图 2-7 例题 2.2 的电路图

解：从电源端来看，$24k\Omega$ 与 $8k\Omega$ 电阻是并联关系，先将它等效成电阻 R_1，如图 2-7（a）所示，R_1 的大小为：

$$R_1 = 24 // 8 = \frac{24 \times 8}{24 + 8} = 6k\Omega$$

从电压源端看，R_1 与 $12k\Omega$ 电阻串联，等效电阻为：$R = R_1 + 12k\Omega = 18k\Omega$。

根据欧姆定律：

$$I = \frac{36V}{18k\Omega} = 2 \text{ mA}$$

由分流定律：

$$I_1 = \frac{8}{24 + 8} \times 2 = 0.5 \text{ mA}$$

$$I_2 = \frac{24}{24 + 8} \times 2 = 1.5 \text{ mA}$$

再根据欧姆定律：

$$U = 8k\Omega \times I_2 = 8k\Omega \times 1.5mA = 12 \text{ V}$$

当然，分析电路的思路往往不止一条。本题也可以根据图 2-7（b）用分压定律先求出 U：

$$U = \frac{6}{6 + 12} \times 36V = 12 \text{ V}$$

回到图 2-7（a），再由欧姆定律计算 I_1、I_2：

$$I_1 = \frac{12V}{24k\Omega} = 0.5 \text{ mA}$$

$$I_2 = \frac{12V}{8k\Omega} = 1.5 \text{ mA}$$

最后，根据结点的 KCL 求电流 I：

$$I = I_1 + I_2 = 2 \text{ mA}$$

例 2.3 已知图 2-8（a）所示电路中，$R_1 = 3\Omega$，$R_2 = 6\Omega$，$R_3 = 12\Omega$，$R_4 = 24\Omega$ 试计算等效电阻 R_{ab}。

解：图 2-8（a）中的 5 个电阻，任意两个之间的连接关系既不是串联也不是并联。这 5 个电阻构成了桥式结构的电路。其中，R_1、R_2、R_3 和 R_4 称作桥臂，搭在桥臂之间的 R_5 称作"桥"。桥式二端网络一般不能用串并联等效电阻计算方法计算等效电阻。但是当桥臂电阻阻值满足：

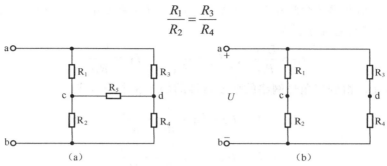

图 2-8　例 2.3 的电路图

时，不论输入电压 U 多大，电桥两端始终等电位，即 $U_{cd}=0$，称这样的桥为平衡桥。在分析平衡桥式二端网络等效电阻的时候，由于电阻 R_5 上的电流始终为 0，因此既可以将 R_5 断开，又可以将 R_5 两端短路，然后采用串、并联电路等效电阻计算的分析方法来分析。

本例题给定的桥的相关数据满足桥的平衡条件，属于平衡桥。

将 R_5 断开，如图 2-8（b）所示，ab 端的等效电阻为：

$$R_{ab}=(R_1+R_2)//(R_3+R_4)=\frac{(3+6)\times(12+24)}{(3+6)+(12+24)}=7.2\Omega$$

将 R_5 短路，即用导线连接 cd 两端，ab 端的等效电阻为：

$$R_{ab}=R_1//R_3+R_2//R_4=\frac{3\times12}{3+12}+\frac{6\times24}{6+24}=7.2\Omega$$

需要说明的是，当电桥不满足平衡条件时，就不能采用上述方法来计算等效电阻，而要采用下一节介绍的"电阻的 Y-△ 等效变换"的方法去分析。

2.3　Y 形和△形电阻网络的等效变换

电阻的 Y 形连接，是把 3 个电阻的一端连接在一起，另外三端构成一个放射状的三端网络，如图 2-9（a）所示，Y 形连接又叫星形连接。电阻的△连接，是把 3 个电阻首位相接，构成一个具有闭合回路，3 个连接点构成△形网络的 3 个端点，如图 2-9（b）所示，△形连接又称为三角形连接。

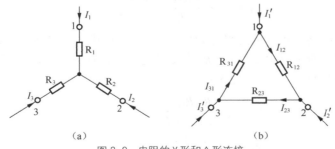

图 2-9　电阻的 Y 形和△形连接

前面我们研究了电路的等效条件，即如果两个电路具有完全相同的伏安特性，这两个电路就是等效电路。对于 Y 形和△形电阻网络，如果它们对应端钮间的电压相同时，流入对应端钮的电流也相同，则两者就具有相同的伏安特性。

设 Y 形和 △ 形网络 3 个端钮的电压都是：U_{12}、U_{23} 和 U_{31}，各端钮的电流如图。对于 △ 网络，3 个电阻中的电流分别为

$$I_{12} = \frac{U_{12}}{R_{12}} \quad , \quad I_{23} = \frac{U_{23}}{R_{23}} \quad , \quad I_{31} = \frac{U_{31}}{R_{31}}$$

根据结点的 KCL，得到三角形网络的伏安特性的如下 3 个表达式：

$$I_1' = I_{12} - I_{31} = \frac{U_{12}}{R_{12}} - \frac{U_{31}}{R_{31}}$$

$$I_2' = I_{23} - I_{12} = \frac{U_{23}}{R_{23}} - \frac{U_{12}}{R_{12}}$$

$$I_3' = I_{31} - I_{23} = \frac{U_{31}}{R_{31}} - \frac{U_{23}}{R_{23}}$$

对于 Y 形连接的电阻网络，则根据 KCL 和 KVL 找出其伏安特性表达式为

$$I_1 + I_2 + I_3 = 0$$
$$U_{12} = R_1 I_1 - R_2 I_2$$
$$U_{23} = R_2 I_2 - R_3 I_3$$

将上面 3 个表达式联立方程组解得：

$$I_1 = \frac{R_3 U_{12}}{R_1 R_2 + R_2 R_3 + R_3 R_1} - \frac{R_2 U_{31}}{R_1 R_2 + R_2 R_3 + R_3 R_1}$$

$$I_2 = \frac{R_1 U_{23}}{R_1 R_2 + R_2 R_3 + R_3 R_1} - \frac{R_3 U_{12}}{R_1 R_2 + R_2 R_3 + R_3 R_1}$$

$$I_3 = \frac{R_2 U_{31}}{R_1 R_2 + R_2 R_3 + R_3 R_1} - \frac{R_1 U_{23}}{R_1 R_2 + R_2 R_3 + R_3 R_1}$$

这 3 个表达式是 Y 形电阻网络的伏安特性表达式。将它与 △ 的对比，要使两者具有一样的伏安特性，表达式对应项系数必须相等。从而得到两者电路中各个电阻参数之间的关系：

$$\left. \begin{aligned} R_{12} &= \frac{R_1 R_2 + R_2 R_3 + R_3 R_1}{R_3} \\ R_{23} &= \frac{R_1 R_2 + R_2 R_3 + R_3 R_1}{R_1} \\ R_{31} &= \frac{R_1 R_2 + R_2 R_3 + R_3 R_1}{R_2} \end{aligned} \right\} \qquad （2\text{-}7）$$

如果已知 Y 形网络，求它的 △ 形等效电路中的对应电阻参数就可以用式（2-7）。

如果将式（2-7）看成是 R_1，R_2，R_3 为变量的方程，解出变量，就得到已知 △ 形网络参数求 Y 形等效电路参数的计算式（2-8）。

$$\left. \begin{aligned} R_1 &= \frac{R_{31} R_{12}}{R_{12} + R_{23} + R_{31}} \\ R_2 &= \frac{R_{12} R_{23}}{R_{12} + R_{23} + R_{31}} \\ R_3 &= \frac{R_{23} R_{31}}{R_{12} + R_{23} + R_{31}} \end{aligned} \right\} \qquad （2\text{-}8）$$

为了便于记忆，以上等效互换公式可以总结为

$$Y形电阻 = \frac{\triangle 形相邻电阻的乘积}{\triangle 一周电阻之和}$$

$$\triangle 形电阻 = \frac{Y形电阻两两之和}{Y形不相邻电阻}$$

若 Y 形连接中的 3 个电阻都相等，即 $R_1=R_2=R_3=R_Y$，则等效的△形的 3 个电阻也相等：

$$R_\triangle = R_{12}=R_{23}=R_{31}=3R_Y$$

反之，则：

$$R_Y = \frac{1}{3}R_\triangle$$

例 2.4　计算图 2-10（a）中电压源提供的电流 I。

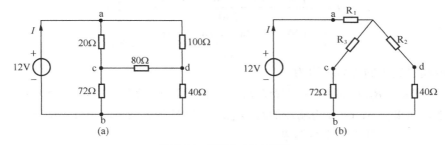

图 2-10　例题 2.4 的电路图

解：电源端右侧的二端无源电阻网络显然是一个不平衡电桥。分析时，用 Y 形-△形等效变换将其化成串、并联电路去分析。

将图 2-11（a）中以 a、c、d 三点为端点，由 20Ω，80Ω，100Ω 三个电阻围成的△形网络等效成 Y 形，如图 2-11（b）所示。其中，

$$R_1 = \frac{100 \times 20}{100 + 80 + 20} = 10\Omega$$

$$R_2 = \frac{100 \times 80}{100 + 80 + 20} = 40\Omega$$

$$R_3 = \frac{20 \times 80}{100 + 80 + 20} = 8\Omega$$

从电源端看进去的等效电阻为

$$R_{ab} = R_1 + (R_3 + 72) / (R_2 + 40) = 10 + (8 + 72) / (40 + 40) = 50\,\Omega$$

故由欧姆定律得：

$$I = \frac{12V}{50\Omega} = 0.24A$$

上述是将电路中的一个△形网络等效成 Y 形进行分析的。如果将其中的一个 Y 形网络等效成△，可以得到相同的结果。

将以 a、c、b 为端点，由 100Ω，80Ω，40Ω 三个电阻构成的 Y 形电路等效成△形，如图2-11 所示。

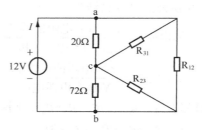

图 2-11　例 2.4 的另一种等效电路图

其中，

$$R_{12} = \frac{100 \times 80 + 80 \times 40 + 40 \times 100}{80} = 190\Omega$$

$$R_{23} = \frac{100 \times 80 + 80 \times 40 + 40 \times 100}{100} = 152\Omega$$

$$R_{31} = \frac{100 \times 80 + 80 \times 40 + 40 \times 100}{40} = 380\Omega$$

从电源端看进去的等效电阻为

$$R_{ab} = (R_{31} // 20 + R_{23} // 72) // R_{12} = (380 // 20 + 152 // 72) // 190 = 50\,\Omega$$

类似地，如果将 b、c、d 为端点的△形电路等效 Y 形，或者将以 a、b、d 为端点的 Y 形网络等效成△形，同样可以求得结果。

2.4　独立电源间的串联和并联等效

一、理想电压源的串联

将多个电压源串联起来构成一个二端电源网络，如图 2-12（a）所示。根据 KVL：

$$U = U_{S1} + U_{S2} - U_{S3}$$

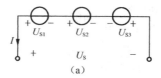

图 2-12　电压源串联的等效

从这个伏安特性可以看出，二端电源网络输出电压的大小与输出电流没有关系。这是电压源才具有的伏安特性。如果令图 2-12（b）中的电压源电压取：$U_S = U_{S1} + U_{S2} - U_{S3}$，则两电路就具有完全相同的伏安特性，它们是等效电路。

所以，如果电路中出现多个电压源相串联，可以将其等效为一个电压源，电压源的电压等于这些相串联的电压源电压的代数和。

二、理想电流源的并联

将多个电流源并联起来构成一个二端电源网络，如图 2-13（a）所示。根据 KCL：

$$I = I_{S1} + I_{S2} - I_{S3}$$

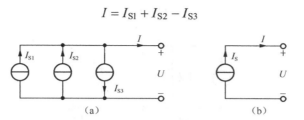

图 2-13　电流源并联的等效电路

从此表达式可以看出，电流源并联电路输出电流 I 与端口电压 U 无关。因此它的等效电路是一个电流源，如图 2-13（b）所示。其中：

$$I_S = I_{S1} + I_{S2} - I_{S3}$$

在电路分析的过程中，遇到多个电流源并联的支路，可以用一个等效的理想电流源代替，该等效电流源的电流等于原并联电流源电流的代数和。

理想电压源能否并联呢？请看图 2-14（a），如果 $U_{S1} \neq U_{S2}$，则这两个电压源组成的回路不满足 KVL。因此，只有两个一样的理想电压源，即 $U_{S1}=U_{S2}=U_S$ 时才可以并联，而且只能同极性端并联，其等效电路是同电压值的电压源。

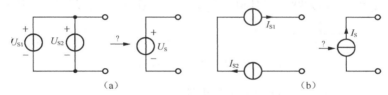

图 2-14　电压源间的并联以及电流源间的串联

同理，两个不同参数的电流源不能串联。由图 2-14（b）看出，当 $I_{S1} \neq I_{S2}$ 时，两电源的连接点上就不再满足 KCL。因此，只有两个相同的电流源，即 $I_{S1}=I_{S2}=I_S$，才可以串联，而且必须顺向串联。串联后，电路等效于数值为 I_S 的电流源。

三、电压源与电流源的串联和并联

图 2-15（a）所示为一个电压为 U_S 的电压源串联电流为 I_S 的电流源，显然该电路的伏安特性表达式为

$$I = I_S$$

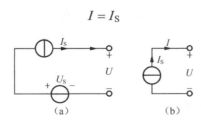

图 2-15　电压源与电流源的串联

因此，其等效电路是一个电流为 I_S 的电流源，如图 2-15（b）所示。

图 2-16（a）为一个电压为 U_S 的电压源并联电流为 I_S 的电流源，显然该电路的伏安特性表达式为

$$U = U_S$$

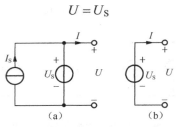

图 2-16　电压源与电流源的并联

因此，其等效电路是一个电压为 U_S 的电压源，如图 2-16（b）所示。

同理可以推得，由一个电阻与一个电压源并联构成的二端电路，其等效电路为一个电压源，电压源的电压值与原二端电路中电压源电压值相同；由一个电阻与一个电流源构成的串联二端电路，其等效电路为一个电流源，电流源的电流值等于原二端电路中电流源的电流值。

例 2.5　试计算图 2-17（a）所示电路中 5Ω 电阻上的电流 I，以及 10V 电压源的电流 I_1。

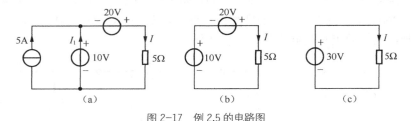

图 2-17　例 2.5 的电路图

解：先用等效的方法计算 5Ω 电阻上的电流 I。

图 2-17（a）左侧是一个 5A 电流源并联 10V 电压源电路，这个部分可以用 10V 电压源等效，如图 2-17（b）所示。

图 2-17（b）中左侧为 10V 电压源与 20V 电压源串联，可等效成一个 30V 的电压源，于是对于 5Ω 电阻来说，等效电路可化简为 2-17（c）。

由欧姆定律：

$$I = \frac{30V}{5\Omega} = 6A$$

再回到图 2-17（a），根据结点的 KCL，10V 电压源的电流 I_1 为

$$I_1 = I - 5 = 1A$$

2.5　电源模型及其等效变换

一、实际电源的两种模型

实际电压源如干电池、发电机等都有一定的内阻。当接上负载时，电源的内电阻上电压不再为零，于是实际电压源输出到负载端的电压就会下降。电源输出电流越大，电源内阻压降越大，输出到负载端的电压下降量就越大。所以实际电源的伏安特性既不同于理想电压源，也不同于理想电流源。实际电源（见图 2-18（a））的伏安特性曲线大致如图 2-18（b）所示。

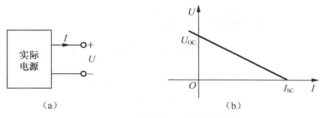

图 2-18 实际电源及其伏安特性

U_{OC} 是当电源输出电流 $I = 0$ 也就是输出端开路时的输出电压，简称为实际电源的开路电压；I_{SC} 是当实际电源输出电压 $U = 0$ 也就是输出端短路时的输出电流，简称为实际电源的短路电流。

把伏安特性曲线转换为表达式：

$$U = U_{OC} - \frac{U_{OC}}{I_{SC}}I = U_{OC} - R_S I \tag{2-9}$$

其中，R_s 称为实际电源的内阻：

$$R_S = -\frac{\Delta U}{\Delta I} = \frac{U_{OC}}{I_{SC}}$$

为了分析含实际电源电路方便起见，我们常用与实际电源具有相同伏安特性的最简等效电路替代电路中的实际电源去分析电路。这个实际电源的最简等效电路就是实际电源的理想化模型。实际电源的模型有两种，一种称为电压源模型或串联模型，它由一个电压源与一个电阻串联而成，如图 2-19（a）所示；另一种称为电流源模型或并联模型，它由一个电流源与一个电阻并联构成，如图 2-19（b）所示。

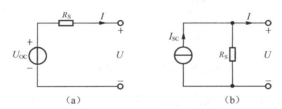

图 2-19 实际电源的两种模型

由于这两个模型都是实际电源的等效电路，所以这两个模型也互为等效电路。

二、电源模型之间的等效变换

上面已经讲到，同一个实际电源有两种等效电路模型，一种叫电压源模型，一种叫电流源模型，如图 2-19 所示。它们与原实际电源具有完全相同的伏安特性，这两个模型是等效电路。

如果抛开实际电源，就只研究这两种模型，显然只要两模型的参数满足：

$$U_{OC} = R_S I_{SC}$$

两者就具有完全相同的伏安特性，就是等效电路。在电路分析中，通过电源模型的相互等效替代，可以大大化简电路分析过程，使得电路分析变得简单便捷。电源模型等效变换是分析直流电阻电路的又一个重要方法。

例 2.6 用电源模型等效变换的方法给出图 2-20 所示电路的最简等效电路。

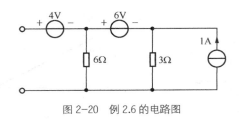

图 2-20　例 2.6 的电路图

解：先分析电路结构，然后找到电源模型，再由里向端口逐步等效，过程如图 2-21 所示。

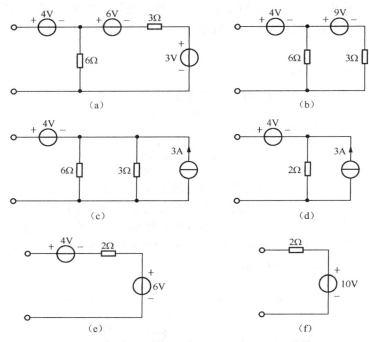

图 2-21　用电源模型等效变换的方法化简有源二端网络的过程

（1）将 3Ω 电阻与 1A 电流源构成的电流源模型等效成电压源模型，如图 2-21（a）所示。电压源模型中电压源的电压为 $3\Omega \times 1A = 3V$，模型中的电阻阻值为 3Ω。

（2）将图 2-21（a）中 6V 和 3V 串联的电压源等效成一个 9V 电压源，如图 2-21（b）所示。

（3）将图 2-21（b）中 9V 电压源与 3Ω 电阻构成的电压源模型等效成电流源模型，如图 2-21（c）所示，其中电流源模型中的电流源的电流为 9V/3Ω=3A，模型中的电阻阻值为 3Ω。

（4）将图 2-21（c）中 6Ω 并联 3Ω 的两个电阻等效成一个 2Ω 的电阻，如图 2-21（d）所示。

（5）将图 2-21（d）中 2Ω 电阻并联 3A 的电流源模型等效成电压源模型，如图 2-21（e）所示。其中电压源的电压为 $2\Omega \times 3A = 6V$，与之串联的电阻阻值为 2Ω。

（6）将图 2-21（e）中两个串联的电压源等效成一个电压源，电压为 6V+4V=10V。

最后得到如图 2-21（f）所示的最简等效电路。

例 2.7　利用电源模型等效变换的方法求图 2-22 中电流 I。

解：将 7Ω 电阻看成负载，负载两端向左侧看过去是有源二端网络，通过电源模型的等效变换可以将其化到最简。过程如下。

（1）将图 2-22 中 6V 电压源串联 2Ω 电阻支路等效为电流源模型，如图 2-23（a）所示，电流源的电流为 $6V / 2Ω = 3A$ ，电阻为 2Ω。

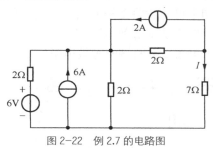

图 2-22　例 2.7 的电路图

（2）将图 2-23（a）中 6A 电流源并联 3A 电流源等效成一个 9A 电流源，将 2Ω 电阻并联 2Ω 电阻等效成一个 1Ω 电阻，如图 2-23（b）所示。

（3）将图 2-23（b）中 9A 电流源并联 1Ω 电阻构成的电流源模型等效成电压源模型，电压源的电压是 $1Ω×9A = 9V$ ，串联的电阻为 1Ω；将 4A 电流源与 2Ω 电阻并联构成的电流源模型也等效成电压源模型，其中电流源的电流为 $2Ω×2A = 4V$ ，串联的电阻为 2Ω，如图 2-23（c）所示。

（4）将图 2-23（c）中 9V 电压源反向串联 4V 电压源等效成一个 5V 电压源，1Ω 电阻串联 2Ω 电阻等效成一个 3Ω 电阻，这时电路被简化为图 2-23（d）所示电路。

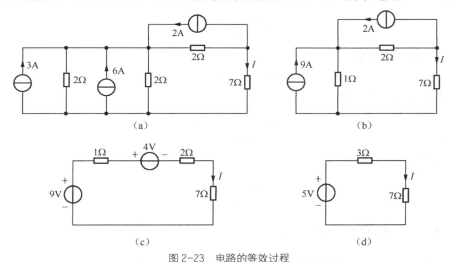

图 2-23　电路的等效过程

根据欧姆定律：

$$I = \frac{5}{3+7} = 0.5A$$

2.6　含受控源二端网络的等效变换

一、含受控源的无源二端网络

如果一个二端网络只含有电阻和受控源而不含有独立电源，这样的二端网络也属于无源二端网络。含受控源的无源二端网络的最简等效电路也是一个电阻。与普通电阻无源二端网络不同的是，含受控源的无源二端网络的等效电阻的电阻值有可能是负值。需要注意的是，在求等效电阻值的过程中，切不可随意将受控源去掉，而是将受控源保留在电路中，通过列写无源二端网络端口伏安特性的方法求等效电阻值。

例2.8 求图2-24中两个无源二端网络的等效电阻。

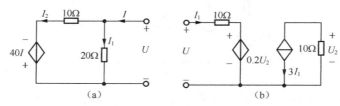

图 2-24　例 2.8 的电路图

解：（a）根据 KCL：

$$I_2 = I - I_1 = I - \frac{U}{20}$$

根据 KVL：
$$10I_2 - 40I - U = 0$$

将 I_2 带入并整理得：
$$U = -20I$$

由欧姆定律：

$$R = \frac{U}{I} = -20\Omega$$

（b）由左侧回路 KVL：

$$U = 10I_1 + 0.2U_2$$

由右侧回路中 10Ω 电阻用欧姆定律：
$$U_2 = -3I_1 \times 10$$

消去 U_2 得：
$$U = 4I_1$$

所以该二端网络的等效电阻为：

$$R = \frac{U}{I_1} = 4\Omega$$

二、含受控源的有源二端网络

如果一个含受控源二端网络中还含有独立电源，称这样的二端网络为含受控源的有源二端网络。含受控源的有源二端网络的最简等效电路也是电压源串联一个电阻，或者电流源并联一个电阻，即电源的电压源模型或者电流源模型。

例2.9 求图2-25（a）所示电路的最简等效电路。

解：写出图2-25（a）所示二端网络端口的伏安特性。

由 KCL：

$$I = \frac{U}{1\,500} + \frac{U-30}{1\,500} + \frac{U-750I_1}{1\,500}$$

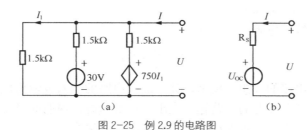

图 2-25 例 2.9 的电路图

由 KVL：$$U = 1500I_1$$

带入并消去 I_1 得图 2-25（a）所示电路的伏安特性：$$U = 12 + 600I$$

列出图 2-25（b）所示的伏安特性：$$U = U_{OC} + R_S I$$

对比两伏安特性关系得：$U_{OC} = 12V$，$R_S = 600\Omega$。因此，图 2-25（a）所示有源二端网络的串联型最简等效电路是 $12V$ 的电压源串联一个 600Ω 的电阻。

前面讲过，由独立电压源串联电阻构成的电压源模型，与独立电流源并联电阻构成的电流源模型，当满足一定条件的时候可以等效互换。受控源与电阻之间能否构成模型，能否进行类似的等效互换呢？答案是肯定的。只是要注意，在等效变换的过程中，控制量所在支路不能参加变换。因为控制量支路消失，就意味着控制量消失，没有控制量的受控源是没有意义的。

例 2.10 求图 2-26 所示一端口网络的输入电阻。

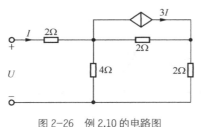

图 2-26 例 2.10 的电路图

解： 首先将受控电流源模型等效成受控电压源模型。

受控电压源的电压为 $3I \times 2 = 6I$ (V)，串联的电阻为 2Ω，这个 2Ω 电阻再与和它串联的 2Ω 电阻等效成一个 4Ω 电阻，等效后的电路如图 2-27（a）所示。

然后，将图 2-27（a）中受控电压源与 4Ω 串联的受控电压源模型等效为受控电流源模型，电流源的电流为 $6I/4 = 1.5I(A)$，电阻 4Ω。将这个 4Ω 电阻与同其并联的 4Ω 电阻等效为一个 2Ω 的电阻，等效后的电路如图 2-27（b）所示。

最后，将图 2-27（b）中受控电流源与 2Ω 电阻的受控电流源并联模型等效成串联模型，合并端口处 2Ω 后的等效电路如图 2-27（c）所示。

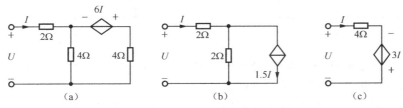

图 2-27 受控源模型间等效变换过程

根据 KVL：$U = 4I - 3I = I$

根据欧姆定律得等效电阻：

$$R = \frac{U}{I} = 1\Omega$$

受控源是放大器电路的理想化模型，计算放大电路的输入或输出电阻的电路模型必定是含受控源的电路。当含受控源的电路输出电阻出现负值时，说明此时受控源在电路中发出功率。这在以后学习模拟电子技术课程时要遇到并会深入研究。

习　　题

2.1　求等效电阻 R_{ab}。图（c）中的每个电阻均为 9Ω。

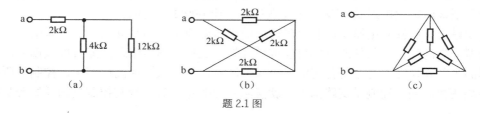

题 2.1 图

2.2　在题图中，求含受控源电路的等效电阻 R_{ab}。

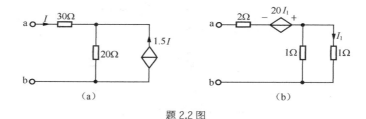

题 2.2 图

2.3　一个标有"220V 40W"字样的灯泡，接在 380V 的电源上，要使灯泡正常工作，需要串联多大的电阻，电阻的额定功率应该不小于多少瓦？

2.4　用等效的方法分析电路中各支路电流。

2.5　求电压 U_o。

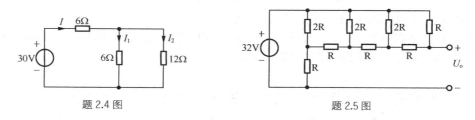

题 2.4 图　　　　　　　　　　　题 2.5 图

2.6　（1）若题 2.6 图（a）和图（b）所示的两个三端电路为等效电路，则图（b）所示电路中电阻 R_{12}、R_{23} 和 R_{31} 的阻值应分别取多大？

（2）若题 2.6 图（c）和图（d）所示的三端电路为等效电路，则图（d）所示电路中 R_1、

R_2 和 R_3 的数值应分别取多大？

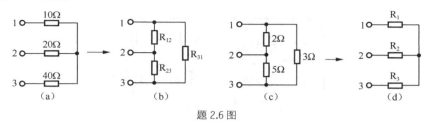

题 2.6 图

2.7 用 Y-△等效变换求无源二端网络的等效电阻 R_{ab}。

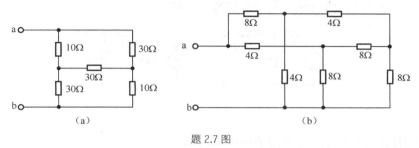

题 2.7 图

2.8 计算题图中的电压 U_{ab} 和 U_{cd}。

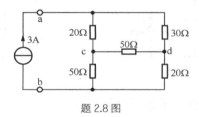

题 2.8 图

2.9 求图示有源二端网络最简等效电路。

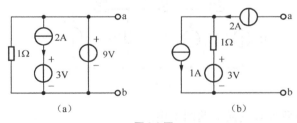

题 2.9 图

2.10 求图示有源二端网络最简等效电路。

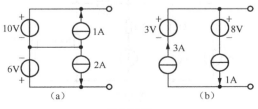

题 2.10 图

2.11　求图示二端网络含电压源的最简等效电路。

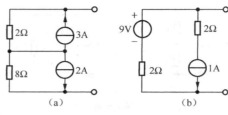

题 2.11 图

2.12　求图示二端网络含电流源的最简等效电路。

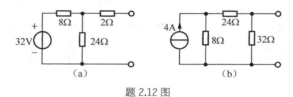

题 2.12 图

2.13　利用电源模型等效变换求题图中电流 I。

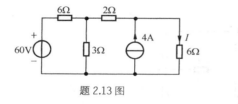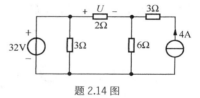

题 2.13 图　　　　　　　　　　题 2.14 图

2.14　利用电源模型等效变换求题图中电压 U。

2.15　利用电源模型等效变换求题图中电流 I。

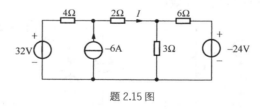

题 2.15 图

2.16　利用电源模型等效变换求题图中电流 I。

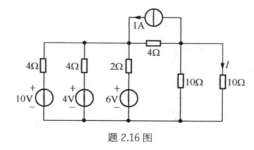

题 2.16 图

2.17　在题图中，利用电源模型等效变换的方法证明弥尔曼定理：

$$U_{AB} = \frac{\sum G_i U_{Si}}{\sum G_i}$$

即只有两个结点的电路，两结点之间的电压等于各支路电压源电压与该支路电导乘积的代数和除以各支路电导的总和。

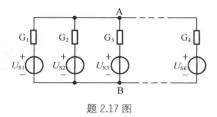

题 2.17 图

2.18　求含受控源的无源二端网络等效电阻 R_{ab}。

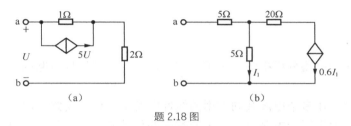

题 2.18 图

2.19　求图中电流 I、电压 U。

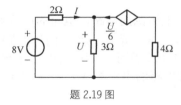

题 2.19 图

2.20　求图中电流 I、电压 U。

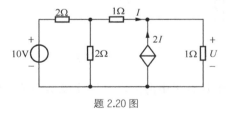

题 2.20 图

本章介绍电路分析中经常使用到的一些重要电路定理，主要有叠加定理、等效电源定理和替代定理。

3.1 叠加定理

叠加定理是线性电路分析中的一个重要定理，它反映了线性电路的一个基本性质，即线性或可叠加性。

叠加定理内容：在多个电源共同作用的线性电路中，任一支路的电压、电流响应等于电路中每个独立源单独作用于电路时，产生的响应的代数和。所谓每一个电源单独作用是指让电路中的所有电源都作用一次，当一个电源作用时其他独立源置零（电压源位置短路，电流源位置开路）。

图 3-1（a）所示为具有两个电压源的电路，电路的电流响应 $I = (1+2)\mathrm{V} / 1\Omega = 3\mathrm{A}$。如果让 1V 电压源单独作用，如图 3-1（b）所示，则产生的电流响应分量为 $I' = 1\mathrm{V} / 1\Omega = 1\mathrm{A}$；再让 2V 电压源单独作用，如图 3-1（c）所示，则产生的电流响应分量为 $I'' = 2\mathrm{V} / 1\Omega = 2\mathrm{A}$；根据叠加定理，两电源共同作用时电路的电流响应 $I = I' + I'' = 1 + 2 = 3\mathrm{A}$，这与直接计算的结果一致。

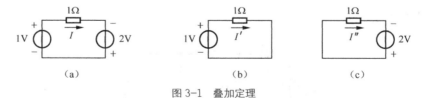

图 3-1　叠加定理

运用叠加定理，可把一个具有多电源的电路转化成多个单一电源的电路去分析，从而大大降低电路分析的难度。

需要注意的是：电路中的受控源不能单独作用于电路，应保留在每个独立源单独作用的电路中；叠加时电路中各响应分量的参考方向需与原电路中各响应的参考方向相同，若取不同就要注意叠加结果时取代数和，即注意各分量前的"+"、"−"号；单独作用的电路中各分量的变量也应该与原电路响应的变量有所区别，比如原电路中某支路电流变量为 I，则让各电源单独作用时这条支路的电流不能仍用 I，而要用 $I_{(1)}$、$I_{(2)}$ 或者 I'、I'' 等能与原响应变量 I

区别开来的变量。另外，电路的功率不能直接叠加，这是因为功率与电压或电流的平方成正比，与激励不成线性关系。

例 3.1 电路如图 3-2（a）所示，试用叠加定理计算电路中的电流 I。

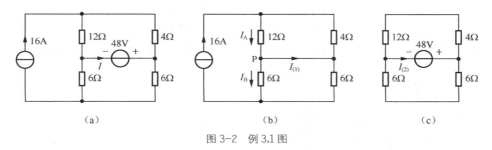

图 3-2　例 3.1 图

解： 让电流源单独作用于电路，假设电流源单独作用时电流为 $I_{(1)}$，如图 3-2（b）所示。则由两个电阻的并联分流定律

$$I_A = \frac{4}{12+4} \times 16A = 4A \qquad I_B = \frac{6}{6+6} \times 16A = 8A$$

根据 P 点的 KCL 得

$$I_{(1)} = I_A - I_B = 4 - 8 = -4A$$

让电压源单独作用，假设电压源单独作用时，电流响应为 $I_{(2)}$，如图 3-2（c）所示。

$$I_{(2)} = \frac{48}{12+4} + \frac{48}{6+6} = 7A$$

根据叠加定理

$$I = I_{(1)} + I_{(2)} = -4 + 7 = 3A$$

例 3.2 电路如图 3-3（a）所示，使用叠加定理计算电压 U 和电流 I。

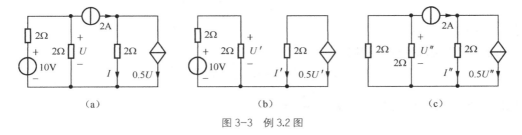

图 3-3　例 3.2 图

解： 让电压源单独作用，设电压源单独作用时两个响应分别为 U' 和 I'，等效电路如图 3-3（b）所示。

对于 10V 电压源来说，两个 2Ω 的电阻串联，每个 2Ω 电阻分得一半电压，于是有

$$U' = 5V$$

电流 I' 与受控电流源的电流大小相等方向相反，所以

$$I' = -0.5U' = -2.5A$$

让 2A 电流源单独作用，等效电路如图 3-3（c）所示。左侧两个 2Ω 电阻并联，通过每个电阻的电流为 1A，所以电压 U'' 为

$$U'' = -2 \times 1 = -2V$$

在根据结点的 KCL

$$I'' = 2 - 0.5U'' = 3\text{A}$$

根据叠加定理

$$U = U' + U'' = 5 + (-2) = 3\text{V}$$
$$I = I' + I'' = -2.5 + 3 = 0.5\text{A}$$

例 3.3 电路如图 3-4（a）所示，应用叠加定理求电压 U_X 以及 2Ω 电阻消耗的功率 P。

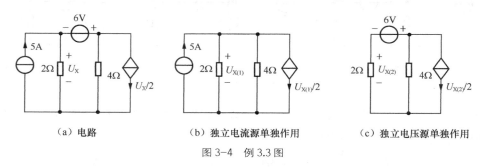

（a）电路   （b）独立电流源单独作用   （c）独立电压源单独作用

图 3-4 例 3.3 图

解： 电路中有两个独立电源，按照叠加定理应分解成两个电路的叠加。

令 5A 独立电流源单独作用，独立电压源代之以短路，受控电流源保留，电路如图 3-4（b）所示。根据 KCL

$$\frac{U_{X(1)}}{2} + \frac{U_{X(1)}}{4} + \frac{U_{X(1)}}{2} = 5$$

解得 $U_{X(1)} = 4\text{V}$。

令 6V 独立电压源单独作用，独立电流源代之以开路，受控电流源保留，电路如图 3-4（c）所示。根据 KCL

$$\frac{U_{X(2)}}{2} + \frac{6 + U_{X(2)}}{4} + \frac{U_{X(2)}}{2} = 0$$

解得 $U_{X(2)} = -1.2\text{V}$。

因此，两个独立电源共同作用时

$$U_X = U_{X(1)} + U_{X(2)} = 2.8\text{V}$$

2Ω 电阻元件消耗的电功率： $P = \frac{2.8^2}{2} = 3.92(\text{W})$

显然

$$P \neq P_{(1)} + P_{(2)} = \frac{4^2}{2} + \frac{(-1.2)^2}{2} = 8.72(\text{W})$$

叠加定理描述的是线性电路响应和独立电源激励之间的线性关系，这种关系可以用表达式来表达，即

$$y(t) = k_1 f_1(t) + k_2 f_2(t) + \cdots + k_n f_n(t) = \Sigma k_i f_i(t)$$

其中，$y(t)$ 为响应，$f_i(t)$ 为电路中第 i 个激励激励，k_i 为比例系数。

当电路中的独立电源只有一个的时候，上式就变成 $y(t) = k f(t)$。此式说明，在只有一个独立源的线性电阻电路中，激励与响应成正比例。我们把这个结论称为齐性定理。

例 3.4 图 3-5 所示电路中，N 为无源线性电阻网络，已知：当 $U_S = 10\text{V}$、$I_S = 2\text{A}$ 时电压

$U_X = 30V$ ；当 $U_S = -10V$ 、$I_S = 1A$ 时电压 $U_X = 0$ ；试问当 $U_S = 1V$ ，$I_S = -1A$ 时电压 $U_X = ?$。

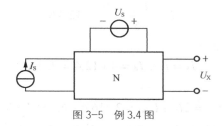

图 3-5　例 3.4 图

解：根据叠加定理

$$U_X = k_1 U_S + k_2 I_S$$

把已知条件带入得

$$\begin{cases} 30 = 10k_1 + 2k_2 \\ 0 = -10k_1 + 1k_2 \end{cases}$$

解得

$$k_1 = 1 , \quad k_2 = 10$$

所以

$$U_X = U_S + 10I_S$$

当 $U_S = 1V$ ，$I_S = -1A$ 时，电压 $U_X = 1 + 10 \times (-1) = -9V$。

例 3.5　应用齐性定理计算图 3-6（a）所示电路中电流 I。

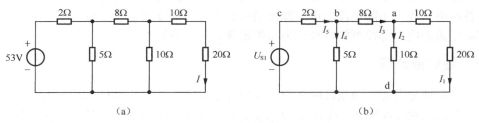

图 3-6　例 3.5 图

解：假设电压源 U_{S1} 在 20Ω 电阻所在支路产生的电流为 I_1，如图 3-6（b）所示。假设 $I_1 = 1A$，则 ad 间的电压为

$$U_{ad} = (10 + 20) \times 1 = 30V$$

10Ω 支路电阻的电流为

$$I_2 = \frac{30}{10} = 3A$$

由 KCL，8Ω 电阻的电流为

$$I_3 = I_1 + I_2 = 1 + 3 = 4A$$

8Ω 电阻的电压为

$$U_{ba} = 4 \times 8 = 32V$$

根据 KVL，5Ω 电阻的电压为

$$U_{bd} = U_{ba} + U_{ad} = 32 + 30 = 62V$$

根据欧姆定律，5Ω 电阻的电流为

$$I_4 = \frac{U_{bd}}{5} = \frac{62}{5} = 12.4\text{A}$$

根据 KCL，2Ω 所在支路电流为

$$I_5 = I_3 + I_4 = 4 + 12.4 = 16.4\text{A}$$

根据 KVL，电压源电压为

$$U_S = 2I_5 + U_{bd} = 2 \times 16.4 + 62 = 94.8 \text{ V}$$

就是说，当电压源的电压为 94.8V 时，20Ω 支路产生 1A 的电流。根据齐性定理，当电压源的电压为 53V 时，20Ω 支路产生的电流为

$$I = \frac{1\text{A}}{94.8\text{V}} \times 53\text{V} \approx 0.559\text{A}$$

3.2 等效电源定理

在某些实际问题中只需计算电路中某一支路的电压和电流，而无需计算其他支路的电压和电流。在这种情况下，如能求出待求支路以外的有源二端线性网络的最简等效电路，并用它代替原电路中的有源二端网络来求响应，要比在原电路中直接求响应方便得多。有源二端网络的最简等效电路有两种形式，一种是实际电源的电压源模型，另一种是实际电源的电流源模型。这两种模型统称为等效电源模型，与模型相关的定理又称为等效电源定理。将有源二端线性网络等效为实际电源的电压源模型的定理称为戴维南定理；将有源二端线性网络等效为实际电源的电流源模型的定理称为诺顿定理。下面分别加以介绍。

一、戴维南定理

戴维南定理是有源二端线性网络的串联型等效电路定理，所谓有源二端线性网络是指含有独立电源的二端线性网络。戴维南定理的内容：任何一个有源二端线性网络就其外部性能来说，可以用一个实际电压源的模型（理想电压源与电阻的串联组合）等效代替，电压源的电压等于原有源二端线性网络的开路电压，与电压源串联的内阻等于原有源二端线性网络除去独立源之后的无源二端线性网络的等效电阻。有源二端网络的戴维南等效电路如图 3-7 所示。

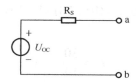

图 3-7 有源二端电路的戴维南等效电路

要求出一个具体的有源二端线性网络的戴维南等效电路，关键在于求出这个有源二端网络的开路电压和等效电阻。所谓开路电压 U_{OC} 是指外电路（负载）断开后两端的电压；等效电阻是指将原有源二端线性网络除独立源变为无源二端线性网络后（独立电压源短路，独立电流源开路，保留受控源）的入端电阻 R_S。如图 3-8 中 N 为有源二端网络，N_0 为当 N 中所

有独立源置零之后得到的无源二端网络。

图 3-8　戴维南等效电路中的两个参数

　　戴维南等效电阻的具体计算方法：当有源二端线性网络内部不含受控源时，一般是将独立源置零后，应用电阻的等效变换（电阻串联、并联、Y-△形转换等）的方法计算等效电阻；当有源二端线性网络内部含有受控源时有两种方法可用，第一种是输入法，即独立源置零后在端口加电压求电流或加电流求电压的方法，第二种是用开路电压除以短路电流的方法。即

$$R_\mathrm{S} = \frac{U_\mathrm{OC}}{I_\mathrm{SC}}$$

　　戴维南定理在分析电路响应中的应用如图 3-9 所示，图中 N_S 为有源二端线性网络。如果要分析外电路中指定支路的电压或电流响应，可以先求 N_S 的戴维南等效电路，然后用这个等效电路替代原电路中的有源二端网络 N_S，如图 3-9（b）所示，再在这个经过"简化"的等效电路中求出要求的响应。显然，这样做比起直接分析图 3-9（a）所示的原电路要简单得多。

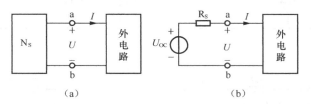

图 3-9　戴维南定理的应用过程

　　例 3.6　应用戴维南定理计算图 3-10（a）所示电路中的电流 I。

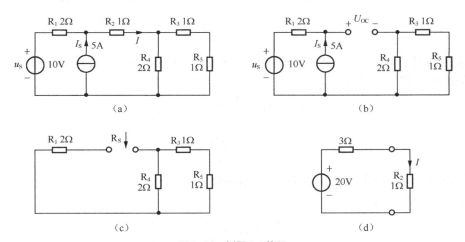

图 3-10　例题 3.6 的图

　　解：　断开 R_2 得到一个有源二端网络，首先求它的戴维南等效电路。
　　求这个有源二端网络开路电压 U_OC，如图 3-10（b）所示。即

$$U_{OC} = U_S + R_1 I_S = 10 + 2 \times 5 = 20V$$

再求戴维南等效电阻，将独立源置零（独立电压源短路，独立电流源开路），如图 3-10（c）所示。

$$R_S = R_1 + R_4 / (R_3 + R_5) = R_1 + \frac{R_4(R_3 + R_5)}{R_4 + (R_3 + R_5)} = 2 + 1 = 3\Omega$$

用戴维南等效电路替代原电路中有源二端网络得到的等效电路如图 3-10（d）所示。

$$I = \frac{20}{3+1} = 5A$$

例 3.7 应用戴维南定理计算图 3-11（a）所示电路中的电压 U。

解： 将 4Ω 电阻开路得到一个有源二端网络如图 3-11（b）所示，先求其开路电压 U_{OC}。

此时控制变量 $I = 0$，因此受控电流源的电流也为零，受控电流源相当于开路。端口开路电压就等于 2Ω 电阻的电压加上右侧 $1/3V$ 电压源的电压，即

$$U_{OC} = \frac{1}{3} + \frac{1}{1+2} \times 2 = 1V$$

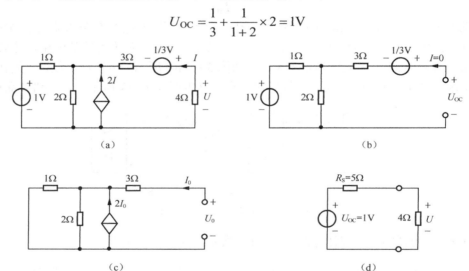

图 3-11 例 3.7 的图

再求戴维南等效电阻。将电路中所有独立源置零（独立电压源短路，保留受控源），再在端口之间加电压源 U_0，如图 3-11（c）所示。根据基尔霍夫定律

$$U_0 = 3I_0 + \frac{1 \times 2}{1+2}(I_0 + 2I_0)$$

则

$$R_S = \frac{U_0}{I_0} = 5\Omega$$

用戴维南等效电路替代原来的有源二端网络后的等效电路如图 3-11（d）所示。最后，由串联电阻的分压公式求得

$$U = \frac{4}{4 + R_S} U_{OC} = \frac{4}{4+5} \times 1 = \frac{4}{9}V$$

二、诺顿定理

既然实际电源的电压源模型和电流源模型之间可以进行等效转换，那么有源二端线性网

络也可以用实际电源的电流源（电阻和理想电流源的并联等效）模型作等效电路，即诺顿定理。诺顿定理是有源二端线性网络的并联型等效电路定理，定理的内容：任何一个有源二端线性网络就其外部性能来说，可以用一个实际电源的电流源模型（电阻和理想电流源的并联组合）等效代替，电流源的电流等于原有源二端线性网络的短路电流，与电流源并联的电阻的电阻值等于原有源二端网络除独立源后的等效电阻。

求一个有源二端网络的诺顿等效电路的关键在于正确求出它的短路电流和等效电阻。所谓短路电流是指外电路（负载）短路后流过短路导线的电流 I_{SC}，等效电阻是指将原有源二端线性网络除去独立源变为无源二端线性网络后（独立电压源短路，独立电流源开路，保留受控源）的入端等效电阻 R_S。

诺顿定理在化简电路分析中的应用，可以通过图 3-12 说明。图 3-12（a）所示为线性有源二端网络 N_S 通过端 ab 连接一个外电路的电路。如果要求外电路上的响应，可以先将有源二端网络 N_S 用其诺顿等效电路去替代，如图 3-12（d）所示，然后在这个简化的电路中计算外电路的响应。显然，在这个电路中分析响应往往比原电路要简单得多。图 3-12（b）是计算 N_S 的短路电流的电路；图 3-12（c）所示电路为计算有源二端网络 N_S 等效电阻 R_S 的电路。

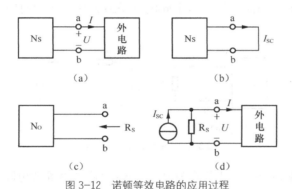

图 3-12　诺顿等效电路的应用过程

例 3.8　应用诺顿定理计算图 3-13（a）所示电路中的电流 I。

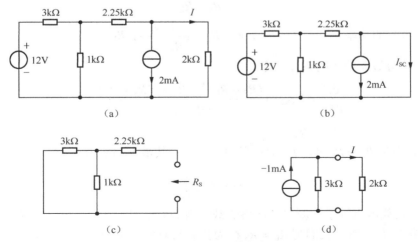

图 3-13　例题 3.8 的电路图

解： 首先断开 2Ω 电阻得到一个有源二端网络，接下来求它的诺顿等效电路。

将有源二端网络端口短路，如图 3-13（b）所示，求短路电流 I_{SC}。

由叠加定理得

$$I_{SC} = \frac{12}{3+1//2.25} \times \frac{1}{1+2.25} - 2 = -1\text{mA}$$

再求诺顿等效电阻，去独立源后的等效电路如图 3-13（c）所示。

$$R_S = 2.25 + 3//1 = 2.25 + \frac{3 \times 1}{3+1} = 3\text{k}\Omega$$

最后把 2Ω 电阻接到诺顿等效电路中，如图 3-13（d）所示，由分流公式计算电流响应 I。

$$I = (-1) \times \frac{3}{3+2} = -0.6\text{mA}$$

三、最大功率传输

在电子技术中，常常在给定电源或信号源的情况下，分析计算负载所获得的最大功率，这就引出了一个问题，即当负载为多大的时候，负载能从为其提供能量的有源二端网络中获得最大功率？最大功率又如何计算？这个问题就是最大功率传输问题。下面我们应用戴维南定理研究这个问题。

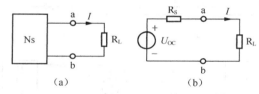

图 3-14　最大功率传输问题图

图 3-14 中有源二端网络 N_S，其负载为 R_L，若 N_S 的戴维南等效电路参数分别为 U_{OC} 和 R_S，则流经负载 R_L 的电流

$$I = \frac{U_{OC}}{R_S + R_L}$$

负载 R_L 吸收的功率 $\qquad P = I^2 R_L = (\frac{U_{OC}}{R_S + R_L})^2 R_L$

为了得到 R_L 获得最大功率的条件，令

$$\frac{\mathrm{d}P}{\mathrm{d}R_L} = U_{OC}^2 \times (\frac{(R_S + R_L)^2 - R_L \times 2(R_S + R_L)}{(R_S + R_L)^2}) = 0$$

得 $\qquad\qquad\qquad R_L = R_S$

就是说当负载电阻 $R_L = R_S$ 时，R_L 所获得功率最大，其最大功率为

$$P_{\max} = \frac{U_{OC}^2}{4R_S}$$

可见，当负载电阻等于有源二端网络的戴维南等效电阻（或称有源二端网络的内阻）时，负载可以获得最大功率。我们把 $R_L = R_S$ 称为负载与有源二端网络匹配。需要说明的是，当负载获得最大功率时，传输效率最大仅为 50%，因此，最大功率问题一般用在传输功率不大

的电路中研究。

例 3.9 图 3-15 所示电路中，当负载电阻 R_L 的值多大时，可以获得最大功率，并计算出最大功率的值；如果 $R_L = 1k\Omega$，计算负载 R_L 消耗的功率。

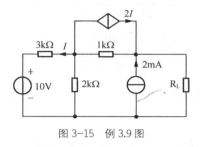

图 3-15 例 3.9 图

解： 将负载 R_L 电阻开路如图 3-16（a）所示。首先用叠加定理计算开路电压 U_{OC}。让 10V 电压源单独作用，如图 3-16（b）所示。

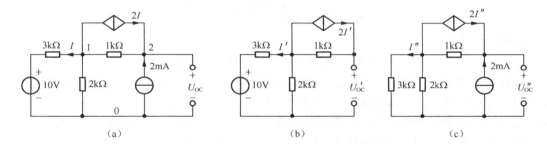

（a） （b） （c）

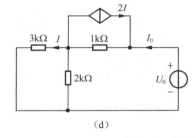 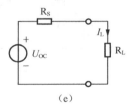

（d） （e）

图 3-16 例 3.9 电路分析图

$$I' = -\frac{10}{2+3} = -2\text{mA}$$

$$U'_{OC} = \frac{2}{2+3} \times 10 + 1 \times 2I' = 0$$

让 2mA 电流源单独作用，等效电路如图 3-16（c）所示。此时

$$I'' = \frac{2}{3+2} \times 2\text{mA} = 0.8\text{ mA}$$

$$U''_{OC} = 3I'' + 1 \times (2I'' + 2) = 6\text{V}$$

故由叠加定理 $$U_{OC} = U'_{OC} + U''_{OC} = 6\text{V}$$

再求戴维南等效电阻。将电路中所有独立源置零（独立电压源短路，独立电流源开路，

保留受控源），再在端口之间加电压源 U_0，如图 3-16（d）所示。

$$\begin{cases} U_0 = 1 \times 10^3 \times (I_0 + 2I) + 3 \times 10^3 \times I \\ I = I_0 \dfrac{2 \times 10^3}{2 \times 10^3 + 3 \times 10^3} = 0.4I_0 \end{cases}$$

即

$$U_0 = 3 \times 10^3 I_0$$

因此，

$$R_S = \frac{U_0}{I_0} = 3\text{k}\Omega$$

戴维南等效电路如图 3-16（e）所示。可见，当负载电阻 $R_L = R_S = 3\text{k}\Omega$ 时，负载获得最大功率，最大功率为

$$P_{\max} = \frac{U_{OC}^2}{4R_S} = \frac{6^2}{4 \times 3 \times 10^3} = 3(\text{mW})$$

如果 $R_L = 1\text{k}\Omega$，负载电流

$$I_L = \frac{U_{OC}}{R_S + R_L} = \frac{6}{3 \times 10^3 + 1 \times 10^3} = 1.5(\text{mA})$$

消耗的功率

$$P = I_L^2 R_L = (1.5 \times 10^{-3})^2 \times 1 \times 10^3 = 2.25(\text{mW})$$

最后需要说明一下的是，当戴维南等效电阻为 0 时，有源二端网络只有戴维南等效电路，没有诺顿等效电路，而且戴维南等效电路是一个电压源；当戴维南等效电阻为无穷大时，有源二端网络只有诺顿等效电路，而没有戴维南等效电路，诺顿等效电路就是一个电流源。

例 3.10 求图 3-17 中两个电路的戴维南和诺顿等效电路。

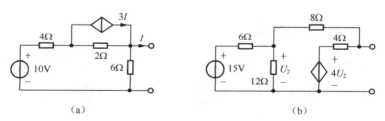

（a） （b）

图 3-17 例 3.10 图

解： 图 3-17（a）所示电路中，先计算开路电压。

当端口开路的时候，$I = 0$，受控电流源相当于断开，如图 3-18（a）所示。此时

$$U_{OC} = \frac{6}{4 + 2 + 6} \times 10 = 5\text{V}$$

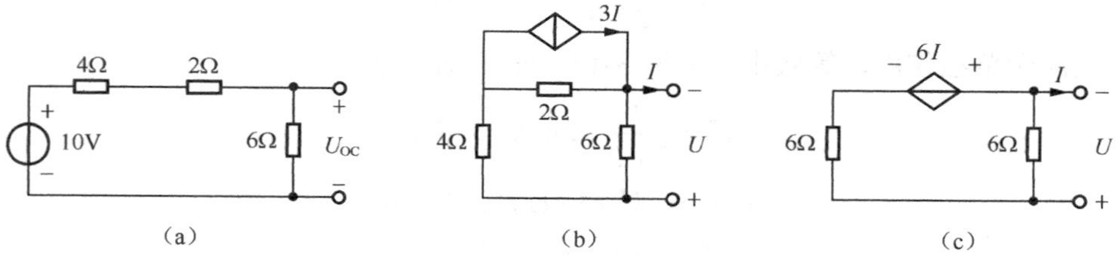

（a） （b） （c）

图 3-18 例 3.10（a）求戴维南等效电路分析图

将 10V 电压源位置短路，如图 3-18（b）所示，用电源模型等效变换可进一步等效为如 3-18（c）所示。用加电压的方法计算戴维南等效电阻。由 KCL

$$\frac{U+6I}{6}+\frac{U}{6}=I$$

即 $\qquad U=0$

所以，该电路的戴维南等效电阻为

$$R_{S}=\frac{U}{I}=\frac{0}{I}=0$$

因此，该电路的戴维南等效电路为一个 5V 的电压源，其诺顿等效电路不存在。

在图 3-17（b）所示电路中，先求短路电流。

当端口短路时，等效电路如图 3-19（a）所示。

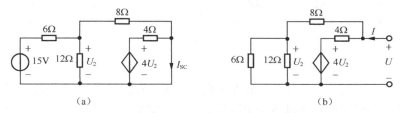

（a）   （b）

图 3-19　例 3.10（b）电路求诺顿等效电路分析图

其中，对于 15V 电压源来说，12Ω 电阻与 8Ω 电阻是并联关系，所以电压

$$U_{2}=\frac{12//8}{6+12//8}\times15=\frac{20}{3}\text{V}$$

根据 KCL 得

$$I_{SC}=\frac{U_{2}}{8}+\frac{4U_{2}}{4}=\frac{9U_{2}}{8}=7.5\text{A}$$

然后求戴维南等效电阻，电路如图 3-19（b）所示。由 KCL 得

$$\frac{U}{6//12+8}+\frac{U-4U_{2}}{4}=I$$

$$U_{2}=\frac{6//12}{6//12+8}U=\frac{1}{3}U$$

消去 U_2 得 $\qquad I=0$

就是说，无论两端加多大电压其电流都为 0，可见其戴维南等效电阻为无穷大。因此该电路的戴维南等效电路不存在，而诺顿等效电路为一个数值为 7.5A 的电流源。

3.3　替代定理

替代定理又称置换定理，是一个应用范围非常广泛的定理，不仅适用线性电路，也适用于非线性电路。在电路分析中，常用来对电路进行简化，使电路易于分析和计算。

替代定理可以叙述如下：给定任意一个线性电阻电路，其中第 k 条支路的电压 U_k 和电流 I_k 已知，那么这条支路就可以用一个具有电压等于 U_k 的独立电压源，或者用一个具有电流等于 I_k 的独立电流源来替代，替代后电路中全部电压和电流均将保持原值（电路在改变前后，各支路电压和电流均应是唯一的）。

定理中所提到的第 k 条支路可以是无源的，例如只含有一个电阻，也可以是有源的，但是一般不应当含有受控源或该支路的电压或电流为其他支路中受控源的控制量。

举一个简单例子来说明替代定理。对于图 3-20（a）所示的电阻电路，不难求得各支路电流为 $I_1=2A$，$I_2=1A$，$I_3=1A$，电压 $U_3=8V$。若用电压为 8V 的电压源替代支路 3，如图 3-20（b）所示，则不难求得各支路电流仍将不变，即有 $I_1=2A$，$I_2=1A$，$I_3=1A$，若用电流为 1A 的电流源替代支路 3，如图 3-20（c）所示，则不难看出电路中各电压和电流仍能保持原值。

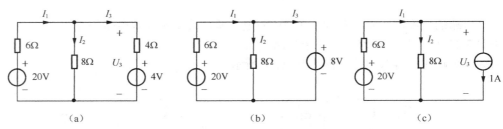

图 3-20　替代定理示例

替代定理可以证明如下。当第 k 条支路被一电压源 U_S 所替代，由于改变后的新电路和原电路的连接是完全相同的，所以两个电路的 KVL 和 KCL 方程也将相同。两个电路的全部支路的约束关系，除第 k 条支路外，也是完全相同的。现在，新电路的第 k 条支路的电压被规定为 $U_S=U_k$，即等于原电路的第 k 条支路电压，而它的电流则可以是任意的。这是电压源的特点。根据假定，电路在改变前后的各支路电压和电流均应是唯一的，而原电路的全部电压和电流又将满足新电路的全部约束关系，因此也就是后者的唯一解。如果第 k 条支路被一个电流源所替代，也可作类似的证明。

例 3.11　求图 3-21 所示电路中电阻 R 的阻值。

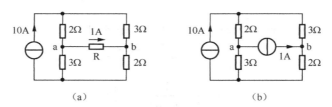

图 3-21　例 3.11 电路图

解： 电阻 R 的电流为 1A，则用 1A 电流源替代电阻 R，如图 3-21（b）所示。替代之后 ab 间的电压 U_{ab} 不会发生改变。因此，可以在图 3-21（b）中应用叠加定理计算出 U_{ab}。

让 10A 电流源单独作用，1A 电流源支路断开，则 ab 间的电压为

$$U'_{ab} = \frac{10}{2} \times 3 - \frac{10}{2} \times 2 = 5V$$

让 1A 电流源单独作用，10A 电流源支路断开，则 ab 间的电压为

$$U''_{ab} = -[(3+2) \mathbin{/\mkern-5mu/} (2+3)] \times 1 = -2.5(V)$$

根据叠加定理

$$U_{ab} = U'_{ab} + U''_{ab} = 5 - 2.5 = 2.5(V)$$

从图 3-21（a）可知，由欧姆定律

$$R = \frac{U_{ab}}{1A} = \frac{2.5V}{1A} = 2.5\Omega$$

习　　题

3.1　应用叠加定理求题 3.1 图电路中电压 u_{ab} 。

3.2　应用叠加定理求题 3.2 图电路中电压 u 。

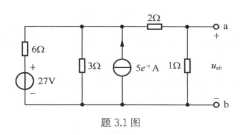

题 3.1 图

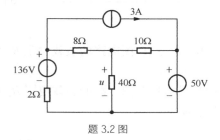

题 3.2 图

3.3　应用叠加定理求题 3.3 图电路中电流源的端电压 U 和独立电压源的电流 I 。

3.4　已知 $u_S(t) = 6e^{-t}V$ ， $i_S(t) = (3 - 6\sin 2t)A$ ，试应用叠加定理求题 3.4 图电路中电流 i 。

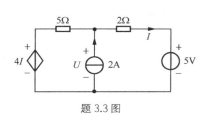

题 3.3 图

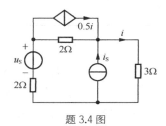

题 3.4 图

3.5　在题 3.5 图电路中，当电流源 i_{S1} 电压源 u_{S1} 反向时（ u_{S2} 不变），电压 u_{ab} 是原来的 0.5 倍；当 i_{S1} 和 u_{S2} 反向时（ u_{S1} 不变），电压 u_{ab} 为原来的 0.3 倍。问：仅 i_{S1} 反向（ u_{S1} 、 u_{S2} 均不变）时，电压 u_{ab} 应为原来的几倍？

3.6　在题 3.6 图电路中， $U_{S1} = 10V, U_{S2} = 15V$ ，当开关在位置 1 时，毫安表的读数为 40 mA ，当开关倒向位置 2 时，毫安表的读数为 –60 mA 。如果把开关倒向位置 3，则毫安表的读数为多少？

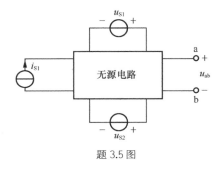

题 3.5 图

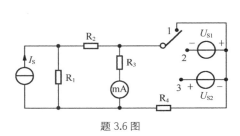

题 3.6 图

3.7 应用戴维南定理求题 3.2 图所示电路中电压 u。

3.8 求题 3.8 图电路的戴维南等效电路。

3.9 求题 3.9 图的一端口的戴维南和诺顿等效电路。

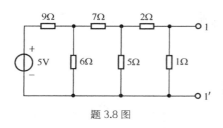

题 3.8 图

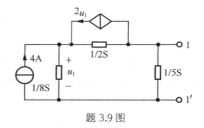

题 3.9 图

3.10 题 3.10 图电路的负载电阻 R_L 可变，试问 R_L 等于何值时可吸收最大功率？此最大功率等于多少？

3.11 题 3.11 图电路的负载电阻 R_L 可变，试问 R_L 等于何值时可获得最大功率？此最大功率等于多少？

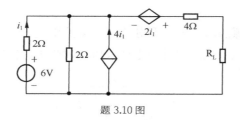

题 3.10 图

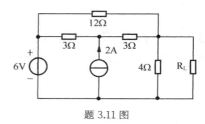

题 3.11 图

3.12 在题 3.12 图电路中，N_S 是含有独立电源的电阻网络，已知负载 R_L 得到最大功率是 1W，求 a、b 左边的戴维南等效电路。

3.13 应用替代定理求题 3.13 图电路中的 R。

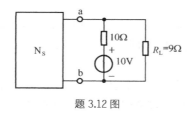

题 3.12 图

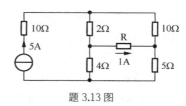

题 3.13 图

本章主要介绍线性电阻电路的几种一般分析方法。这些方法包括支路电流法、网孔电流法和结点电压法。通过本章学习，学会假设的独立变量，准确地列写相应的电路方程。作为一般分析方法的应用，本章还对理想运算放大器的特点以及含有理想运算放大器的分析作了简单的介绍。

4.1 支路电流法

支路分析法是基本的电路方程法，有支路电流法和支路电压法，本节仅介绍支路电流法。

支路电流法是以电路中各支路电流为独立变量，应用 KVL 和 KCL 以及元件的 VCR 列出电路的方程组求解独立变量的方法。应用支路电流法分析计算电路的一般步骤如下。

（1）选择各支路电流的参考方向。

（2）选定 $n{-}1$ 个独立结点，列写其 KCL 方程。

（3）选定 $b{-}(n{-}1)$ 个回路，标出回路的绕行方向，列写 KVL 方程。

（4）联立求解上述方程，得到 b 个支路电流。

（5）求解其他待求量。

例 4.1 应用支路电流法列写图 4-1（a）所示电路的方程。

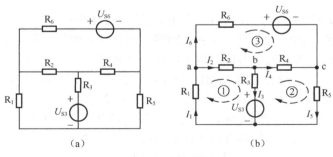

（a）	（b）

图 4-1 例 4.1 图

解：首先选择各支路电流的参考方向、网孔回路及绕行方向如图 4-1（b）所示。列出结点 a、b、c 的 KCL 方程：

$$-I_1 + I_2 + I_6 = 0$$

$$-I_2 + I_3 + I_4 = 0$$
$$-I_4 + I_5 - I_6 = 0$$

根据 KVL，对回路 1、2、3 列写电压方程：

$$R_1 I_1 + R_2 I_2 + R_3 I_3 = -U_{S3}$$
$$-R_3 I_3 + R_4 I_4 + R_5 I_5 = U_{S3}$$
$$-R_2 I_2 - R_4 I_4 + R_6 I_6 = -U_{S6}$$

联立并求解上述 6 个方程即可得到各支路电流。

从例 4.1 可见，应用支路电流法求解 b 条支路的支路电流，需要解 b 个方程的方程组，当电路的支路数比较多、结构比较复杂时，意味着所列写的 b 元一次方程组的求解过程很繁琐，计算量很大，这就是支路电流法的缺点。

支路电流法要求 b 个支路电压均能以支路电流表示，当一条支路仅含电流源而又不存在与之并联的电阻时，该支路电压就无法用支路电流表示。这种无并联电阻的电流源称为无伴电流源。当电路中存在这类支路时，必须加以处理后才能应用支路电流法。

4.2 网孔电流法

为了使方程数目减少，就需要使待求未知量的数目减少，因此就要寻求一组数目少于支路数的独立变量。以图 4-2 所示的平面电路为例，该电路有 3 条支路，两个结点，各支路的编号和参考方向如图所示。下面通过此图说明网孔法中选用的网孔电流是满足要求的一组独立变量，并推导网孔法方程的标准形式。

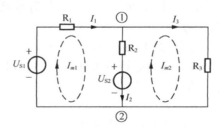

图 4-2　网孔电流法

假想在平面电路的每一个网孔均有一个电流沿着各自的网孔流动，这些假想的电流称为各个网孔的网孔电流。由于网孔是一组独立回路，因此网孔电流是独立的回路电流。网孔电流的参考方向可以选定为顺时针方向，也可以选为逆时针方向。图 4-2 中，假设两网孔的网孔电流分别为 I_{m1} 和 I_{m2}。网孔电流 I_{m1} 沿支路 1 流到结点①时不再流入支路 3，直接经支路 2 流至结点②，再沿支路 1 返回；同理 I_{m2} 只在构成网孔 2 的支路 2 和支路 3 中连续流动而不再流入支路 1 中。网孔电流流经支路，共同形成各支路电流。图 4-2 中，支路 1 只有网孔电流 I_{m1} 流过，且 I_1 与 I_{m1} 同向，则该支路电流 $I_1 = I_{m1}$；支路 3 中只有网孔电流 I_{m2} 流过，且方向与 I_3 相同，则 $I_3 = I_{m2}$；两个网孔电流共同流过支路 2 形成了 I_2，在图示参考方向下 $I_2 = I_{m1} - I_{m2}$。可见，如果已知各网孔电流，就可以求得电路中任一条支路的电流，同时，每一个网孔电流在它流进一个结点就又从该结点的另一条支路流出，所以，网孔电流自动满足 KCL。因此，在利用网孔电流作为未知量列写方程时，只需列写所有网孔的 KVL 方程即可。这种以网孔电流为未知量列写方程对电路进行分析的方法称为网孔电流法，简称网孔法。

需要说明的是，网孔法仅适用于平面电路。

由以上分析可见，对于一个有 n 个结点 b 条支路的电路来说，网孔电流的独立方程就是 KVL 的独立方程数，为 $b-(n-1)$，与支路电流法相比，方程个数少了 $(n-1)$ 个。根据以上的分析，图 4-2 中两个网孔的 KVL 方程分别为

网孔 1 $$R_1 I_1 + R_2 I_2 = U_{S1} - U_{S2}$$

网孔 2 $$-R_2 I_2 + R_3 I_3 = U_{S2}$$

将所有的支路电流用图中的网孔电流表示，经整理得方程

$$(R_1 + R_2)I_{m1} - R_2 I_{m2} = U_{S1} - U_{S2}$$

$$-R_2 I_m + (R_2 + R_3)I_{m2} = U_{S2}$$

具有两个网孔的电路，网孔电流方程可以写成标准形式

$$R_{11} I_{m1} + R_{12} I_{m2} = U_{S11}$$

$$R_{21} I_{m1} + R_{22} I_{m2} = U_{S22}$$

其中，R_{11}、R_{22} 分别称为网孔 1 和网孔 2 的自电阻，简称自阻，$R_{11} = R_1 + R_2$，$R_{22} = R_2 + R_3$，自电阻总取正值；R_{12} 是网孔 1 与网孔 2 的互电阻，R_{21} 是网孔 2 与网孔 1 的互电阻，简称互阻，在没有受控电源的情况下，$R_{12} = R_{21}$，互阻可能取正值，也可能取负值，当两个网孔电流 I_{m1} 和 I_{m2} 在公共支路上参考方向相同时，互阻取正值；否则取负值，当两个网孔之间没有公共电阻，则互阻为零。对于图 4-2 所示电路，$R_{12} = R_{21} = -R_2$。U_{S11} 和 U_{S22} 分别为网孔 1 和网孔 2 所有电源电压的代数和，当电压源的参考方向与网孔电流方向相反时取 "+" 反之取 "–"。

对于具有 m 个网孔的平面（不含受控源的）电路，网孔电流方程的一般形式为

$$\left.\begin{array}{l} R_{11}I_{m1} + R_{12}I_{m2} + R_{13}I_{m3} + \cdots + R_{1m}I_{mm} = U_{S11} \\ R_{21}I_{m1} + R_{22}I_{m2} + R_{23}I_{m3} + \cdots + R_{2m}I_{mm} = U_{S22} \\ R_{31}I_{m1} + R_{32}I_{m2} + R_{33}I_{m3} + \cdots + R_{3m}I_{mm} = U_{S33} \\ \cdots\cdots \\ R_{m1}I_{m1} + R_{m2}I_{m2} + R_{m3}I_{m3} + \cdots + R_{mm}I_{mm} = U_{Smm} \end{array}\right\} \tag{4-1}$$

式中，R_{kk}（$k=1,2,3,\ldots,m$）为网孔 k 的自阻，总取正值；R_{jk}（$j \neq k$）为网孔 j 与网孔 k 的互阻，其正、负取决于两网孔电流在公共支路上参考方向是否相同，若方向相同，则取正值，否则取负值；方程右边 U_{S11}，U_{S22}，...，U_{Smm} 分别为网孔 1、网孔 2、...、网孔 m 中所有电源电压的代数和，当电压源的参考方向与网孔电流方向相反时取 "+"，反之取 "–"。根据以上规则，可对一般电阻电路直接写出网孔电流方程，不必进行推导。应用网孔电流法分析计算电路的一般步骤如下。

（1）选择网孔电流的参考方向。

（2）以网孔电流为独立变量列写 KVL 方程，注意互阻的正、负号。

（3）求解出 $b-(n-1)$ 个网孔电流。

（4）求解其他待求量。

例 4.2 电路如图 4-3 所示，应用网孔电流法计算支路电流 I。

解：选择网孔电流的参考方向如图 4-3 所示，网孔电流方程为

$$\begin{cases} (1+2+3)I_{m1} - 3I_{m2} - 2I_{m3} = 16 - 6 \\ -3I_{m1} + (3+1+2)I_{m2} - 1I_{m3} = 6 - 4 \\ -2I_{m1} - 1I_{m2} + (1+3+2)I_{m3} = -2 \end{cases}$$

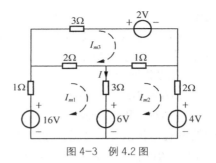

图 4-3　例 4.2 图

整理

$$\begin{cases} 6I_{m1} - 3I_{m2} - 2I_{m3} = 10 \\ -3I_{m1} + 6I_{m2} - I_{m3} = 2 \\ -2I_{m1} - I_{m2} + 6I_{m3} = -2 \end{cases}$$

解得网孔电流　　　　　$I_{m1} = 3\text{A}$ ，$I_{m2} = 2\text{A}$ ，$I_{m3} = 1\text{A}$

支路电流　　　　　　　$I = I_{m1} - I_{m2} = 1\text{A}$

例 4.3　应用网孔电流法计算图 4-4 所示电路中 8V 电压源的功率。

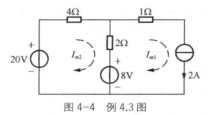

图 4-4　例 4.3 图

　解：本题的特点是电路中有独立电流源，且电流源在电路的外边界上，按照图中给定的网孔电流的参考方向，方程为

$$\begin{cases} I_{m1} = 2 \\ (4+2)I_{m2} - 2I_{m1} = 20 - 8 \end{cases}$$

解得　　　　　　　　　$I_{m1} = 2\text{A}$ ，$I_{m2} = \dfrac{8}{3}\text{A}$

8V 电压源吸收的功率　　$P_{8\text{V}} = 8 \times (I_{m2} - I_{m1}) = 8 \times \dfrac{2}{3}\text{W} = \dfrac{16}{3}\text{W}$

　需要说明，如果电流源不在电路的外边界上，而在两个网孔的公共支路上，除网孔电流外，将无伴电流源的端电压作为一个求解变量列入方程，这样，虽然多了一个变量，但是无伴电流源所在支路的电流为已知，故增加了一个网孔电流的附加方程，这样，独立方程数与独立变量数仍然相同。

　例 4.4　计算图 4-5 所示电路中的电压 U_0。

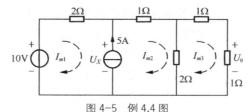

图 4-5　例 4.4 图

解：设电流源端电压为 U_x，参考方向如图所示。将电流源用数值为 U_x 的电压源替代（替代定理），则该电路的网孔方程为

$$\begin{cases} 2I_{m1} = 10 - U_X \\ 3I_{m2} - 2I_{m3} = U_X \\ -2I_{m2} + 4I_{m3} = 0 \end{cases}$$

补充方程 $\qquad\qquad\qquad I_{m2} - I_{m2} = 5$

联立解得 $\qquad\qquad\quad I_{m1} = 0 ，\ I_{m2} = 5\text{A} ，\ I_{m3} = 2.5\text{A} ，\ U_X = 10\text{V}$

所以， $\qquad\qquad\qquad U_0 = 1I_{m3} = 2.5\text{V}$

当电路中含有受控电源时，把受控电源作为独立电源列入 KVL 方程中，同时补充控制量和网孔电流之间的关系方程。

例 4.5 列写图 4-6 所示电路的网孔电流方程。

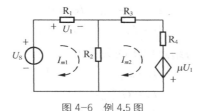

图 4-6 例 4.5 图

解：在建立方程时，首先把受控电源当独立源处理，然后将控制变量用网孔电流来表示。选择网孔作为独立回路，参考方向如图所示。方程为

$$\begin{cases} (R_1 + R_2)I_{m1} - R_2 I_{m2} = U_S \\ -R_2 I_{m1} + (R_2 + R_3 + R_4)I_{m2} = \mu U_1 \end{cases}$$

补充方程 $\qquad\qquad\qquad U_1 = R_1 I_{m1}$

4.3 结点电压法

网孔电流法中的变量为网孔电流，它自动满足结点上电流的 KCL，从而减少了电路方程的个数，那么能否找到另外一组电路变量使之自动满足 KVL，从而在列写电路方程时，可省去 KVL 方程而达到减少电路方程的目的，结点电压法正是基于这种思想提出来的。

结点电压法的基本方法：选择电路中的某一结点为参考结点，令其电位为零，其余结点对该参考结点的电压称为结点电压（即电位），在 n 个结点的电路中有（$n-1$）个结点电压。以（$n-1$）个结点电压为独立变量，按照 KCL 列写方程并求解电路的方法称为结点电压法。

图 4-7 所示电路有 3 个结点，如果以结点③作为参考结点，则结点①、②对参考结点③的电压为结点电压，分别用 U_{n1}、U_{n2} 表示，则各支路电压可以用结点电压表示为

$$U_1 = U_{n1} ，\ U_2 = U_{n2} ，\ U_3 = U_{n1} - U_{n2}$$

对于 G_1、G_2、G_3 组成的回路则有

$$U_1 - U_2 - U_3 = U_{n1} - U_{n2} - (U_{n1} - U_{n2}) = 0$$

上式说明，沿着任一回路以结点电压表示的各支路电压的代数和恒等于零，即结点电压自动满足 KVL。

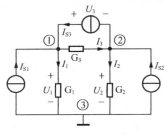

图 4-7 结点电压法

可见，结点电压是一组独立变量，对于具有 n 个结点的电路，每个独立结点对应一个独立的 KCL 方程，独立方程数为 $(n-1)$。与支路电路法相比，方程数目减少了 $b-(n-1)$。

对于图 4-7 所示电路，对结点①、②分别列 KCL 方程

$$\left.\begin{array}{l} I_1 + I_3 - I_{S1} - I_{S3} = 0 \\ I_2 - I_3 - I_{S2} + I_{S3} = 0 \end{array}\right\} \tag{4-2}$$

根据欧姆定律，支路电流与结点电压的关系为

$$\left.\begin{array}{l} I_1 = G_1 U_{n1} \\ I_2 = G_2 U_{n2} \\ I_3 = G_3(U_{n1} - U_{n2}) \end{array}\right\} \tag{4-3}$$

将式（4-3）代入式（4-2）整理得到该电路结点电压方程的标准形式

$$\begin{cases} (G_1 + G_3)U_{n1} - G_3 U_{n2} = I_{S1} + I_{S3} \\ -G_3 U_{n1} + (G_2 + G_3)U_{n2} = I_{S2} - I_{S3} \end{cases}$$

实际上，这个方程组可以由电路图直接列出，而不必经过以上步骤。一个具有 n 个结点的电路，结点电压方程的一般形式为

$$\left.\begin{array}{l} G_{11}U_{n1} + G_{12}U_{n2} + G_{13}U_{n3} + \cdots + G_{1(n-1)}U_{n(n-1)} = I_{S11} \\ G_{21}U_{n1} + G_{22}U_{n2} + G_{23}U_{n3} + \cdots + G_{2(n-1)}U_{n(n-1)} = I_{S22} \\ \cdots\cdots \\ G_{(n-1)1}U_{n1} + G_{(n-2)2}U_{n2} + G_{(n-3)3}U_{n3} + \cdots + G_{(n-1)(n-1)}U_{n(n-1)} = I_{S(n-1)(n-1)} \end{array}\right\} \tag{4-4}$$

式中，G_{kk} 为结点 k 的自电导，简称自导，其值等于该结点连接的所有支路电导之和，取正值；G_{jk} 为结点 j 与结点 k 的互电导，简称互导，其值等于两个结点之间公共支路的电导之和，取负值。若两个结点没有公共支路或虽然有公共支路但其电导为零，则 $G_{jk} = 0$。显然，在没有受控电源的情况下 $G_{jk} = G_{kj}$。方程右边为结点 k 所连接的电源电流的代数和，流入该结点电流取"+"，反之取"–"。注意：如果电路中有电流源串联电阻（电导）的支路，则该电阻（电导）不能列入自电导或互电导中的计算中。

例 4.6 求图 4-8 所示电路的结点电压。

解： 该题的参考结点和独立结点已给定，令其各独立结点电压分别为 U_{n1}，U_{n2}、U_{n3}，电路中存在电压源串联电阻支路，我们可以首先将它等效成电流源模型然后列写方程组。

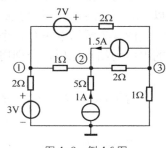

图 4-8 例 4.6 图

$$\begin{cases} (\frac{1}{2}+\frac{1}{2}+\frac{1}{1})U_{n1}-\frac{1}{1}U_{n2}-\frac{1}{2}U_{n3}=\frac{3}{2}-\frac{7}{2} \\ -\frac{1}{1}U_{n1}+(\frac{1}{1}+\frac{1}{2})U_{n2}-\frac{1}{2}U_{n3}=1+1.5 \\ -\frac{1}{2}U_{n1}-\frac{1}{2}U_{n2}+(\frac{1}{2}+\frac{1}{2}+\frac{1}{1})U_{n3}=\frac{7}{2}-1.5 \end{cases}$$

整理得

$$\begin{cases} 4U_{n1}-2U_{n2}-U_{n3}=-4 \\ -2U_{n1}+3U_{n2}-U_{n3}=5 \\ -U_{n1}-U_{n2}+4U_{n3}=4 \end{cases}$$

解得 $\qquad U_{n1}=1\text{V}, \quad U_{n2}=3\text{V}, \quad U_{n3}=2\text{V}$

如果电路中含有受控电源，则在建立结点电压方程时，首先要把受控电源当作独立电源处理，然后将控制量用结点电压表示。

例 4.7 列写图 4-9（a）所示电路的结点电压方程。

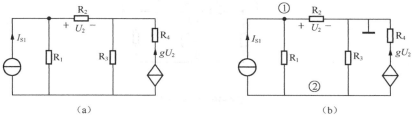

图 4-9 例 4.7 图

解： 在建立方程时，首先把受控电源当作独立电源处理，然后将控制量用结点电压表示。选择独立结点和参考结点如图 4-9（b）所示。得结点电压方程

$$\begin{cases} (\frac{1}{R_1}+\frac{1}{R_2})U_{n1}-\frac{1}{R_1}U_{n2}=I_{S1} \\ -\frac{1}{R_1}U_{n1}+(\frac{1}{R_1}+\frac{1}{R_3})U_{n2}=-I_{S1}-gU_2 \end{cases}$$

辅助方程 $\qquad U_2=U_{n1}$
整理得

$$\begin{cases} (\frac{1}{R_1}+\frac{1}{R_2})U_{n1}-\frac{1}{R_1}U_{n2}=I_{S1} \\ (-\frac{1}{R_1}+g)U_{n1}+(\frac{1}{R_1}+\frac{1}{R_3})U_{n2}=-I_{S1} \end{cases}$$

如果电路中含有无伴电压源时，就无法将支路电流用支路电压表示，此时，一方面可以设流过无伴电压源的电流为 I_X，这样增加了一个变量 I_X，同时也增加了一个结点电压和无伴电压源电压的约束关系方程，因此，独立方程数与独立变量数仍然相同；另一方面，对于含有无伴电压源的电路，若选择与无伴电压源的"−"极性相连接的结点为参考结点，则与无伴电压源的"+"极性相连接的结点电压为已知，就是无伴电压源的电压，该结点的 KCL

方程不需要列，将更简单。

例 4.8　电路如图 4-10（a）所示，求电压 U 和电流 I。

解：图 4-10（a）中含有无伴电压源，对无伴电压源有两种处理方法。

方法 1：选择参考结点、独立结点如图 4-10（b）所示。设流过 2V 无伴电压源的电流为 I_x，结点电压方程为

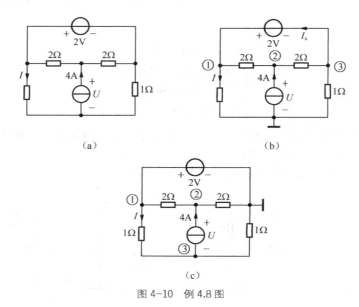

（a）　　　　　　　　　　（b）

（c）

图 4-10　例 4.8 图

$$\begin{cases} (1+\dfrac{1}{2})U_{n1} - \dfrac{1}{2}U_{n2} = I_X \\ -\dfrac{1}{2}U_{n1} + (\dfrac{1}{2}+\dfrac{1}{2})U_{n2} - \dfrac{1}{2}U_{n3} = 4 \\ -\dfrac{1}{2}U_{n2} + (\dfrac{1}{2}+1)U_{n3} = -I_X \end{cases}$$

辅助方程　　　　$U_{n1} - U_{n3} = 2$

联立解得　　　　$U_{n1} = 3V,\quad U_{n2} = 6V,\quad U_{n3} = 1V$

电压和电流分别为 $U = U_{n2} = 6V,\quad I = \dfrac{U_{n1}}{1} = 3A$

方法 2：对于含有无伴电压源的电路，若选择与无伴电压源的"–"极性相连的结点为参考结点，则需要列写的方程个数将会减少。参考结点、独立结点的选取如图 4-10（c）所示。此时的结点电压方程为

$$U_{n1} = 2V$$

$$-\dfrac{1}{2}U_{n1} + (\dfrac{1}{2}+\dfrac{1}{2})U_{n2} = 4$$

$$-U_{n1} + (1+1)U_{n3} = -4$$

联立解得　　　　$U_{n2} = 5V,\quad U_{n3} = -1V$

电压和电流分别为　　$U = U_{n2} - U_{n3} = 5 - (-1) = 6\text{V}$,　$I = \dfrac{U_{n1} - U_{n3}}{1} = \dfrac{2 - (-1)}{1} = 3\text{A}$

应用结点电压法分析计算电路的一般步骤如下。

（1）指定参考结点，其余结点对参考结点之间的电压就是结点电压。

（2）按式（4-4）列写结点电压方程，注意自导总是正的，互导总是负的；并注意各结点注入电流前面的"+"、"–"号。

（3）求解出（n-1）个结点电压。

（4）求解其他待求量。

（5）当电路中有受控源或无伴电压源时需另行处理。

前面讨论了电路的几种分析方法，对于有 n 个结点 b 条支路的电路而言，用网孔法需要 b-(n-1)个方程，结点电压法需要（n-1）个方程，在具体电路中采用哪种方法分析计算，视电路结构而定，当独立结点数少于网孔回路数时，用结点电压法较方便，反之用网孔电流法，一般很少采用支路电流法。

注意，当电路只有两个结点的时候，可以用结点法推出计算两个结点之间的电压的通式。图 4-11 就是两个结点的电路，用电源模型等效变换将电路中所有支路等效成电流源模型。选②结点为参考点，设①结点的结点电压为 U_1，列写电路的结点电压方程。

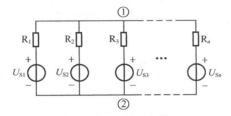

图 4-11　只有两个结点的电路

$$\left(\frac{1}{R_1} + \frac{1}{R_2} + \frac{1}{R_3} + \cdots + \frac{1}{R_n}\right)U_1 = \frac{U_{S1}}{R_1} + \frac{U_{S2}}{R_2} + \frac{U_{S3}}{R_3} + \cdots + \frac{U_{Sn}}{R_n}$$

所以①②两结点之间的电压 U_{12} 为

$$U_{12} = U_1 = \frac{\dfrac{U_{S1}}{R_1} + \dfrac{U_{S2}}{R_2} + \dfrac{U_{S3}}{R_3} + \cdots + \dfrac{U_{Sn}}{R_n}}{\dfrac{1}{R_1} + \dfrac{1}{R_2} + \dfrac{1}{R_3} + \cdots + \dfrac{1}{R_n}} = \frac{\displaystyle\sum_{k=1}^{n} G_k U_{Sk}}{\displaystyle\sum_{k=1}^{n} G_k}$$

把这个计算两个结点电路电压的表达式称为弥尔曼定理，这个定理在第 7 章"三相交流电路"的电路分析中经常使用。

例 4.9　求图 4-12 电路 ab 间的电压以及电流 I。

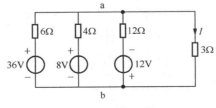

图 4-12　例 4.9 图

解：根据弥尔曼定理

$$U_{ab} = \frac{\dfrac{36}{6} + \dfrac{8}{4} + \dfrac{-12}{12}}{\dfrac{1}{6} + \dfrac{1}{4} + \dfrac{1}{12} + \dfrac{1}{3}} = 8.4(V)$$

$$I = \frac{U_{ab}}{3} = \frac{8.4}{3} = 2.8(A)$$

4.4 含运算放大器电路的分析

运算放大器在各种电路中已经得到广泛的应用。运算放大器简称运放，它是一个多端的受控源器件，电路符号如图 4-13（a）所示。由于在分析含运算放大器的电路时，我们只关心其输入和输出量之间的关系，所以，在画运放符号的时候，通常不画出电源、接地等连线，而只画出输入端、输出端和接地端，如图 4-13（b）所示。图 4-13（c）所示为理想运算放大器的图形符号。

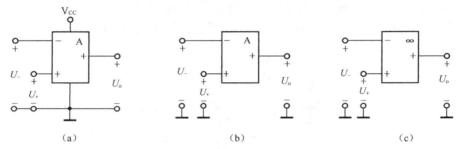

图 4-13 运算放大器的符号

运算放大器是一种高放大倍数（几万到几十万）的电压放大器，能放大直流电压和一定频率的交流电压。由于它与电阻、电容或电感适当连接，可以完成输入信号的加法、减法、比例、微分、积分等运算，所以称它为运算放大器。运算放大器有两个输入端，打"+"号的为同相输入端，当输入信号从这一端与接地端输入时，从输出端输出的电压与输入电压同极性（正弦交流放大时，两信号同相位）；打"−"号的为反相输入端，当输入信号从这一端与接地端输入时，从输出端输出的电压与输入电压极性相反（正弦交流放大时，两信号反相）。用一个表达式来表达这个关系即

$$U_O = A(U_+ - U_-)$$

其中，A 为实际运放的开环放大倍数。运放是一种电压控制电压源，其等效电路如图 4-14 所示。图中 R_i 为运算放大器的输入电阻（一般在几十千欧姆到几兆欧姆之间），R_o 为实际运算放大器的输出电阻（一般为几十到几百欧姆）。

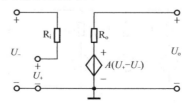

图 4-14 运算放大器的等效电路

　　理想运放的开环放大倍数 $A=\infty$，而运放工作在线性放大区域时，U_0 为有限量，因此两输入端的电压 $U_+ - U_-$ 趋于 0，即 $U_+ = U_-$。我们把理想运放同相输入端与反相输入端始终等电位的现象称为"虚短"。另外理想运放的输入电阻 R_i 为无穷大，所以输入端流入运放的电流为 0，我们把理想运放这个特性称为"虚断"。理想运放输出电阻 $R_o=0$，输出具有理想电压源特性。分析含有理想运算放大器的电路，主要采用电路的一般分析方法。

　　例 4.10　含运放的电阻电路如图 4-15 所示，试分析电路输入电压 U_i 和输出电压 U_o 的关系。

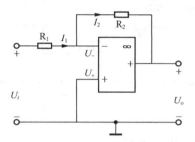

图 4-15　例 4.10 图　反相比例器

　　解： 根据虚断，$I_1 = I_2$，即

$$\frac{U_i - U_-}{R_1} = \frac{U_- - U_o}{R_2}$$

再根据运放的虚短性质：$U_- = U_+ = 0$，则

$$U_O = -\frac{R_2}{R_1}U_i$$

　　显然，当两个外接电阻 R_1、R_2 的阻值一定时，输出电压和输入电压之间是正比例关系，因此，我们称这个电路为比例器。由于输出电压的极性总是和输入相反，所以叫反相比例器。当电阻 R_1 和电阻 R_2 的阻值相等时，$U_o = -U_i$，放大电路称为反相器。

　　例 4.11　图 4-16 所示为同相比例器电路，试分析其工作原理。

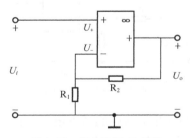

图 4-16　例 4.11 图　比例器

　　解： 列写反相输入端的结点电压方程

$$(\frac{1}{R_1} + \frac{1}{R_2})U_- - \frac{1}{R_2}U_o = 0$$

由虚短得：$U_- = U_+ = U_i$，带入上式得

$$U_o = (1 + \frac{R_2}{R_1})U_i$$

　　显然，当两个外接电阻 R_1、R_2 的阻值一定时，输出电压和输入电压之间也是正比例关系，

因此我们称这个电路为比例器。不过与上一个例题不同的是，输出电压的极性总是和输入相同，所以叫同相比例器。当 $R_2=0$，或者 $R_1=\infty$ 时，$U_\text{o} = U_\text{i}$，即输出电压总是等于输入电压，这样的电路我们称之为电压跟随器。

例 4.12 图 4-17 所示为加法器电路，试分析其工作原理。

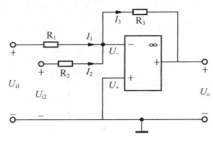

图 4-17 例 4.12 图 加法器

解： 列写反相输入端的结点电压方程

$$(\frac{1}{R_1}+\frac{1}{R_2}+\frac{1}{R_3})U_- -\frac{1}{R_1}U_\text{i1}-\frac{1}{R_2}U_\text{i2}-\frac{1}{R_3}U_\text{o}=0$$

由虚短得：$U_- = U_+ = 0$，带入上式得

$$U_\text{o}=-(\frac{R_3}{R_1}U_\text{i1}+\frac{R_3}{R_2}U_\text{i2})$$

显然，当两个外接电阻 R_1、R_2 的阻值一定时，输出电压等于两个输入电压信号按一定的比例相加，因此我们称这个电路为加法器。当 $R_1=R_2=R_3$ 时，$U_\text{o}=-(U_\text{i1}+U_\text{i2})$。

例 4.13 图 4-18 所示为减法器电路，试分析其工作原理。

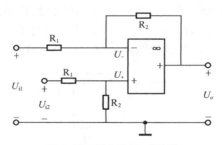

图 4-18 例 4.13 图 减法器

解： 分别列写反相输入端和同相输入端的结点电压方程

$$(\frac{1}{R_1}+\frac{1}{R_2})U_- -\frac{1}{R_1}U_\text{i1}-\frac{1}{R_2}U_\text{o}=0$$

$$(\frac{1}{R_1}+\frac{1}{R_2})U_+ -\frac{1}{R_1}U_\text{i2}=0$$

由虚短得：$U_- = U_+$，带入上式得

$$U_\text{o}=\frac{R_2}{R_1}(U_\text{i2}-U_\text{i1})$$

显然，当两个外接电阻 R_1、R_2 的阻值一定时，输出电压等于两输入电压信号比例后相减，

因此我们称这个电路为减法器。当 $R_1=R_2$ 时，$U_\text{o} = U_\text{i2} - U_\text{i1}$。

习　　题

4.1　用支路电流法求题 4.1 图所示电路的电流 i_5，设已知：$R_1 = R_2 = 10\Omega$，$R_3 = 4\Omega$，$R_4 = R_5 = 8\Omega$，$R_6 = 2\Omega$，$u_\text{S3} = 20\text{V}$，$u_\text{S6} = 40\text{V}$。

4.2　用网孔电流法求解题 4.1 图所示电路中电流 i_5

4.3　用网孔电流法求解题 4.3 图所示电路中电流 I。

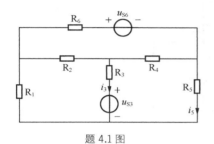

题 4.1 图

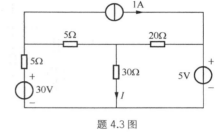

题 4.3 图

4.4　用网孔电流法求解题 4.4 图所示电路中电流 I_a 及电压 U_0。

4.5　用网孔电流法求解题 4.5 图所示电路 5Ω 电阻中的电流 i。

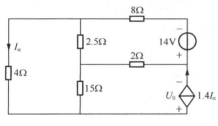

题 4.4 图

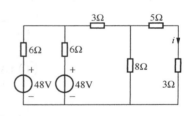

题 4.5 图

4.6　用网孔电流法求解题 4.6 图所示电路中的 U_R。

4.7　用网孔电流法求解题 4.7 图所示电路中的 I。

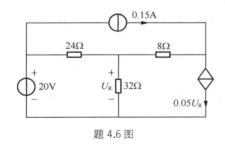

题 4.6 图

题 4.7 图

4.8　列出题 4.8 图所示电路的结点电压方程。

4.9　列出题 4.9 图所示电路的结点电压方程。

4.10　列出题 4.10 图所示电路的结点电压方程。

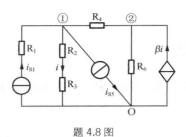

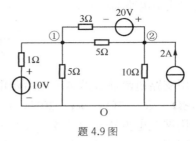

题 4.8 图　　　　　　　　　　　题 4.9 图

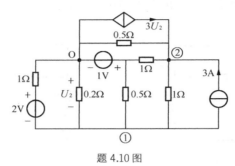

题 4.10 图

4.11 用结点电压法求解题 4.6。

4.12 用结点电压法求解题 4.7。

4.13 题 4.13 图所示电路中电源为无伴电压源，用结点电压法求解电流 I_S 和 I_0。

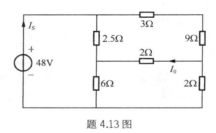

题 4.13 图

4.14 用结点电压法求解题 4.14 图所示电路中电压 U。

4.15 加法器如图，已知 $R_3=10\text{k}\Omega$，加法器的输出电压与输入电压的关系是

$$u_\text{o} = -5u_{\text{i}1} - 0.5u_{\text{i}2}$$

求电阻 R_1、R_2 的阻值。

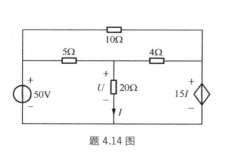

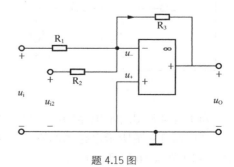

题 4.14 图　　　　　　　　　　题 4.15 图

4.16　求证题图电路中：

$$i_2 = \frac{R_1}{R_2} i_1$$

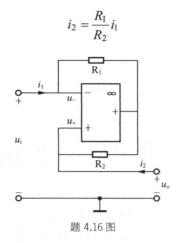

题 4.16 图

4.17　求图中负载电流 I。

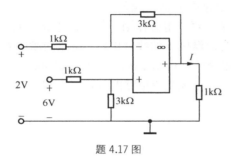

题 4.17 图

第 **5** 章　稳恒交流电路分析

　　本章主要介绍稳态正弦交流电路的分析方法。内容包括正弦量及其相量，电容元件和电感元件，正弦交流电路中电阻、电感、电容元件的伏安特性及其相量形式，阻抗与导纳，稳态正弦交流电路分析的一般方法，正弦交流电路的功率，交流电路中的最大功率传输问题，功率因数的提高，正弦交流电路中的谐振现象。

　　前面几章研究的电路都是在直流电源作用下的稳态电路，其特点是激励和响应都是常数。本章将介绍由单一频率正弦交流激励下的线性电路，电路的激励和响应的大小以及方向都随着时间变化而变化。正弦交流电路的分析由于涉及三角函数间的运算而显得相对复杂，但在采用复数替代正弦量进行运算之后，正弦交流电路的分析又变得和直流稳态电路分析一样简单。

5.1　正弦量

一、正弦量的三要素

　　随时间呈正弦或余弦规律变化的电流或电压，统称为正弦量。正弦量可用瞬时表达式或波形图来描述。正弦电压 $u(t)$ 瞬时表达式为：

$$u(t) = U_m \cos(\omega t + \phi_u)$$

其中，U_m 是正弦电压的最大值，又称振幅或者幅值；$(\omega t + \phi_u)$ 为正弦电压的相位角，在相位角之中，ω 代表相位角随时间的变化率，称为角频率，单位为弧度/秒（rad/s）；ϕ_u 是 $t = 0$ 时相位角的大小，简称为初相角或初相位，单位是度（deg）或者是弧度（rad）。幅值、角频率和初相位合称为正弦量的三要素。

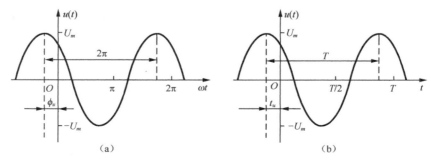

图 5-1　正弦量 $u(t)$ 的波形图

　　正弦量是周期性函数，自变量为相角时正弦函数的周期为 2π，即 $360°$。以相角 ωt 为自变量的正弦函数波形图如图 5-1（a）所示。

　　交流电中的正弦量是时间的函数，相角随着时间 t 变化而变化。通常把正弦量完成一个循环所需要的时间定义为正弦量的周期，用 T 表示，因为 $\omega T = 2\pi$，则

$$\omega = \frac{2\pi}{T}$$

周期的单位为秒（s）。图 5-1（b）绘出了正弦量 $u(t)$ 函数值随时间 t 变化的波形图。其中

$$t_u = \frac{\phi_u}{\omega}$$

　　把在单位时间内完成周期的个数定义为频率，用 f 表示，则

$$f = \frac{1}{T}$$

频率 f 的单位为赫兹（Hz）。我国工业用电的频率为 50Hz，周期 0.02s。

　　角频率与频率之间的关系是

$$\omega = \frac{2\pi}{T} = 2\pi f$$

　　使用正弦量需要注意的几个问题。

　　（1）在工程上把 ω 和 f 都称为频率，但在定量计算时必须加以区别。

　　（2）对于初相位的数值，通常要求 $|\phi| \leqslant \pi$，不满足的可采用加或者减 $2n\pi$ 的方法进行修正，其中 n 为整数。

　　（3）在正弦电路中，正弦电压、电流参考方向的假设依然十分重要，因为没有参考方向，负电压、负电流将失去意义。

二、同频率正弦量之间的相位差

　　两个同频率正弦函数 $u(t)$、$i(t)$

$$u(t) = U_m \cos(\omega t + \phi_u)$$
$$i(t) = I_m \cos(\omega t + \phi_i)$$

两者的相位差

$$\varphi = (\omega t + \phi_u) - (\omega t + \phi_i) = \phi_u - \phi_i$$

即两同频率正弦量的相位差就等于两者的初相位之差。为了方便比较两个正弦量相位的超前和落后关系，规定相位差的取值范围：$|\varphi| \leqslant \pi$。

　　如果 $\varphi = \phi_u - \phi_i > 0$，即 $\phi_u > \phi_i$，称正弦量 $u(t)$ 超前 $i(t)$，或者 $i(t)$ 滞后 $u(t)$，如图 5-2 所示。从图上不难看出，$u(t)$ 到达正的最大值的时刻总是领先 $i(t)$。

　　如果 $\varphi = \phi_u - \phi_i = 0$，即 $\phi_u = \phi_i$，称正弦量 $u(t)$ 与 $i(t)$ 同相。波形图如图 5-3（a）所示。如果 $\varphi = \phi_u - \phi_i = \pm \pi / 2$，称这两个正弦量的相位关系为正交，图 5-3（b）画出了 $\varphi = \pi / 2$ 时的波形图。如果 $\varphi = \phi_u - \phi_i = \pi$，则称两个正弦量的相位关系为反相，波形图如图 5-3（c）所示。

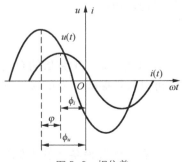

图 5-2　相位差

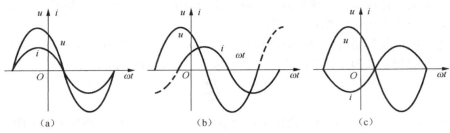

图 5-3　三种特殊的相位关系

三、正弦量的有效值

正弦电流、电压的瞬时值是随时间变化的，在电工技术中，往往并不需要知道每一瞬间的大小，在这种情况下，就需要为它规定一个表征它大小的特定值，这就是有效值。

交流电的有效值是这么定义的：将交流电流 $i(t)$ 和直流电流 I 分别加到两个阻值相同的电阻上，如果两个电阻在相同时间内消耗的电功一样，则把直流电流 I 的大小定义为交流电流 $i(t)$ 的有效值。

设电阻的电阻值为 R，交流电流加到电阻上，在一个电流周期 T 内消耗的能

$$P = \int_0^T p(t)\mathrm{d}t = \int_0^T i^2 R\mathrm{d}t = R\int_0^T i^2\mathrm{d}t$$

当直流电流加到电阻 R 上，电阻在 T 时间内消耗的电能

$$P = I^2 RT$$

根据有效值的定义，有

$$I^2 RT = R\int_0^T i^2\mathrm{d}t$$

得交流电流的有效值与瞬时值之间的关系

$$I = \sqrt{\frac{1}{T}\int_0^T i^2\mathrm{d}t} \tag{5-1}$$

把正弦交流电流表达式

$$i(t) = I_m \cos(\omega t + \phi_i)$$

带入式（5-1）得

$$I = \frac{I_m}{\sqrt{2}} \approx 0.707 I_m \tag{5-2}$$

类似地，可得

$$U = \frac{U_m}{\sqrt{2}} \approx 0.707 U_m \tag{5-3}$$

由此可见，正弦量的有效值等于其振幅的 0.707 倍，与正弦量的频率、初相位无关。有效值可以代替振幅作为正弦量三要素中的一个要素。正弦量的瞬时表达式还可以写成如下形式

$$u(t) = \sqrt{2}U \cos(\omega t + \phi_u)$$

$$i(t) = \sqrt{2}I \cos(\omega t + \phi_i)$$

交流电气设备铭牌上标的电流值、电压值，交流电压表和电流表测量的数值一般都是指

有效值。在日常生活中，我们常说居民用电的交流电压数值为 220V，指的就是有效值，其最大值为 $220\sqrt{2}$ ，约为 311V。

　　例 5.1　已知正弦电流的波形图如图 5-4 所示，写出该正弦电流的瞬时表达式，并计算其有效值。

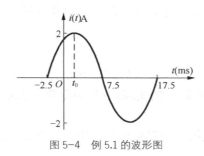

图 5-4　例 5.1 的波形图

　　解：正弦电流的最大值

$$I_m = 2\text{A} \ ,$$

有效值　　　　　　$I = \sqrt{2} \approx 1.414\text{A}$
周期　　　　　　$T = 17.5 - (-2.5) = 20\text{ms} = 0.02 \text{ s}$

角频率　　　　　　$\omega = \dfrac{2\pi}{T} = 100\pi \approx 314 \text{ rad / s}$

$$t_0 = \frac{7.5 - (-2.5)}{2} + (-2.5) = 2.5\text{ms} = 0.0025\text{s}$$

初相位　　　　　　$\phi_i = \omega(-t_0) = -100\pi \times 0.002\,5 = -\dfrac{\pi}{4} \ \text{ rad}$

所以，该正弦电流的瞬时表达式为

$$i(t) = 2\cos(100\pi t - 45°)\text{A}$$

　　例 5.2　已知两正弦电流的表达式

$$i_1(t) = 5\cos\left(\omega t + \frac{3}{4}\pi\right)\text{A} \ , \quad i_2(t) = 3\cos\left(\omega t - \frac{\pi}{2}\right)\text{A}$$

求两个电流之间的相位差，并说明它们波形的相位超前与滞后关系。

　　解：电流 $i_1(t)$ 和 $i_2(t)$ 的相位差

$$\varphi = \phi_1 - \phi_2 = \frac{3\pi}{4} - (-\frac{\pi}{2}) = \frac{5\pi}{4}$$

显然，$|\varphi| > \pi$，这个角度在坐标里是第三象限角，用 $|\varphi| \leq \pi$ 的角度表述就应该是

$$\varphi = \frac{5\pi}{4} - 2\pi = -\frac{3\pi}{4}$$

电流 $i_1(t)$ 的波形滞后 $i_2(t)$ 波形 $\dfrac{3\pi}{4}$，即 135°，或电流 $i_2(t)$ 超前电流 $i_1(t)$ 135°。

5.2　相量

　　相量是用来代表同一频率正弦量的复数，引进相量之后，可以把正弦交流电路中三角函

数之间的运算转变成复数之间的运算，从而减低了正弦交流电路分析的难度。在讲相量之前，首先复习一下有关复数的基本知识。

一、复数的表示

复数的表示方法有多种，各表示形式之间又可以相互转换。

1. 代数形式

复数 F 的代数形式为

$$F = a + jb$$

其中，a、b 均为实数。a 称为复数 F 的实部；b 称为复数 F 的虚部；j 称为虚数符号，$j^2 = -1$。

2. 复平面中的向量表示

复数在由实轴和虚轴构成的平面直角坐标系中，可用有向线段（向量）来表示，如图 5-5 所示。

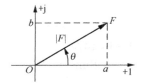

图 5-5 复数的复平面表示法

向量 F 的长度 $|F| = OF$ 称为复数 F 的模，模总是正值。向量 F 与实轴正方向的夹角称为复数的辐角。复平面中用向量表示的复数，由其模和辐角的大小确定。

3. 三角函数形式

由图 5-5 可知，如果将向量表示的复数转变成代数形式，则实部：$a = |F|\cos\theta$；虚部：$b = |F|\sin\theta$。这样，复数又可以用三角函数形式表示

$$F = |F|(\cos\theta + j\sin\theta)$$

式中

$$|F| = \sqrt{a^2 + b^2}$$
$$\theta = \arctan(b/a)$$

4. 复指数形式

根据欧拉公式

$$e^{j\theta} = \cos\theta + j\sin\theta$$

复数可以用复指数形式表示

$$F = |F|e^{j\theta}$$

在电路分析中为方便起见，常把这种复指数形式的复数写成极坐标形式

$$F = |F| \underline{/\theta}$$

例 5.3 将下列复数化为代数形式：

$2\underline{/45°}$　（2）$1\underline{/90°}$　（3）$1\underline{/-90°}$　（4）$1\underline{/0°}$　（5）$1\underline{/180°}$

解：

（1） $2\underline{/45°} = 2(\cos 45° + j\sin 45°) = \sqrt{2} + j\sqrt{2}$

（2） $1\underline{/90°} = 1(\cos 90° + j\sin 90°) = j$

（3） $1\underline{/-90°} = 1[\cos(-90°) + j\sin(-90°)] = -j$

（4） $1\underline{/0°} = 1(\cos 0° + j\sin 0°) = 1$

（5） $1\underline{/180°} = 1(\cos 180° + j\sin 180°) = -1$

例 5.4 将下列复数化为极坐标形式

（1） $F_1 = 1 + j$　　　（2） $F_2 = 1 - j$　　　（3） $F_3 = -1 + j\sqrt{3}$　　　（4） $F_4 = -\sqrt{3} - j$

解：

（1） $|F_1| = \sqrt{1^2 + 1^2} = \sqrt{2}$ ， $\theta_1 = \arctan 1 = 45°$

F_1 的极坐标形式为 $F_1 = \sqrt{2}\underline{/45°}$

（2） $|F_2| = \sqrt{1^2 + (-1)^2} = \sqrt{2}$ ， $\theta_2 = \arctan(-1) = -45°$

F_2 的极坐标形式为 $F_2 = \sqrt{2}\underline{/-45°}$

（3） $|F_3| = \sqrt{1^2 + (\sqrt{3})^2} = 2$ ， $\theta_3 = 180° + \arctan(-\sqrt{3}) = 120°$

F_3 的极坐标形式为 $F_3 = 2\underline{/120°}$

（4） $|F_4| = \sqrt{(-\sqrt{3})^2 + (-1)^2} = 2$ ， $\theta_4 = -180° + \arctan(1/\sqrt{3}) = -150°$

F_4 的极坐标形式为： $F_4 = 2\underline{/-150°}$

二、复数间的运算

1. 复数的加减法运算

复数的加减法可以用复数的代数形式进行。设 $F_1 = a_1 + jb_1$ ， $F_2 = a_2 + jb_2$ ，则

$$F_1 \pm F_2 = (a_1 + jb_1) \pm (a_2 + jb_2) = (a_1 \pm a_2) + j(b_1 \pm b_2)$$

即，两个复数相加减，等于它们的实部相加减、虚部相加减。

复数的加减法还可以在复平面内用矢量加减法进行。以 F_1 和 F_2 为平行四边形相邻的两个边作平行四边形，则平行四边形的对角线就是 F_1 与 F_2 的和 F。这个方法称作平行四边形法则，如图 5-6（a）所示。将 F_1 或 F_2 平移到平行四边形的对边，则两个加数矢量首尾相接，由图 5-6（b）可以看出，连接加数矢量始端和末端的矢量也是它们的和，这种作图的方法叫三角形法则。

复数的减法可以化成加法来运算

$$F_1 - F_2 = F_1 + (-F_2)$$

由平行四边形法则可知，平行四边形的另一条对角线就是两者之差，差矢量的箭头指向被减数，如图 5-6（c）所示。

如果相加减的两个复数是极坐标形式，可以先将它们的形式转换成代数形式再进行加法或减法运算。

2. 复数的乘除法运算

复数的乘除法运算则以复数的复指数形式或极坐标形式较为方便。

设：$F_1 = |F_1| e^{j\theta_1} = |F_1| \underline{/\theta_1}$，$F_2 = |F_2| e^{j\theta_2} = |F_2| \underline{/\theta_2}$，则

$$F_1 \cdot F_2 = |F_1| e^{j\theta_1} \cdot |F_2| e^{j\theta_2} = |F_1| \cdot |F_2| e^{j(\theta_1+\theta_2)}$$

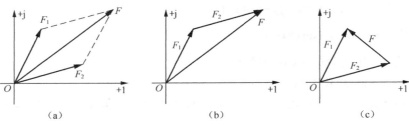

图 5-6　复数加法的几何运算方法

或

$$F_1 \cdot F_2 = |F_1| \underline{/\theta_1} \cdot |F_2| \underline{/\theta_2} = |F_1| \cdot |F_2| \underline{/\theta_1 + \theta_2}$$

$$\frac{F_1}{F_2} = \frac{|F_1| e^{j\theta_1}}{|F_2| e^{j\theta_2}} = \frac{|F_1|}{|F_2|} e^{j(\theta_1-\theta_2)}$$

或

$$\frac{F_1}{F_2} = \frac{|F_1| \underline{/\theta_1}}{|F_2| \underline{/\theta_2}} = \frac{|F_1|}{|F_2|} \underline{/\theta_1 - \theta_2}$$

可见，两个复数相乘是它们的模相乘，辐角相加；两个复数相除是它们的模相除，辐角相减。

在复数中，有一个特殊的复数 j。它是一个模为 1，辐角为 90° 的复数。任何一个复数乘以它之后，模不变，辐角加 90°。在复平面坐标里，相当于把原来那个复数向量逆时针旋转 90°。另一个特殊的复数是-j。它是一个模为 1，辐角为-90° 的复数。一个复数乘以-j之后，模不变，辐角减少 90°。在复平面坐标里面，相当于把原来的那个复数向量顺时针旋转 90°。

通常把模相同，辐角互为相反数的两个复数称为共轭复数。比如 $F_1 = |F| \underline{/\theta} = a + bj$ 与 $F_2 = |F| \underline{/-\theta} = a - bj$ 就是一对共轭复数，它们的共轭关系可表示为 $F_1 = F_2^*$。相共轭的两个复数相乘会得到什么呢？等于复数模的平方。

$$F_1 \cdot F_2 = |F| \underline{/\theta} \cdot |F| \underline{/-\theta} = |F|^2 \underline{/0°} = |F|^2 = a^2 + b^2$$

在两个代数形式表示的复数进行除法运算时，常用共轭复数间的这个特点实现分母的实化。

$$\frac{F_1}{F_2} = \frac{a_1 + jb_1}{a_2 + jb_2} = \frac{(a_1 + jb_1)(a_2 - jb_2)}{(a_2 + jb_2)(a_2 - jb_2)} = \frac{a_1 a_2 + b_1 b_2}{a_2^2 + b_2^2} + j\frac{a_2 b_1 - a_1 b_2}{a_2^2 + b_2^2}$$

乘法也可以用复数的代数形式直接计算结果

$$F_1 \cdot F_2 = (a_1 + jb_1)(a_2 + jb_2) = (a_1 a_2 - b_1 b_2) + j(a_1 b_2 + a_2 b_1)$$

3. 复数的相等

复数 $F_1 = a + jb = |F_1| \underline{/\phi_1}$，$F_2 = c + jd = |F_2| \underline{/\phi_2}$，若 $F_1 = F_2$，则

$$\left.\begin{array}{l} a = c \\ b = d \end{array}\right\}$$

或者

$$|F_1| = |F_2|$$
$$\phi_1 = \phi_2$$

两个复数相等即实部相等同时虚部相等，或者模相等同时辐角相等。

例 5.5 已知：$F_1 = 5\sqrt{2} + 5\sqrt{2}\mathrm{j}$，$F_2 = 10\sqrt{2}\underline{/135°}$，试计算 $F_1 + F_2$、$F_1 \cdot F_2$ 的值。

解：计算两个复数之和时，先把复数化为代数形式；计算两个复数之积时，先把两个复数化成极坐标形式

$$F_1 = 5\sqrt{2} + 5\sqrt{2}\mathrm{j} = 10\underline{/45°}，\quad F_2 = 10\sqrt{2}\underline{/135°} = -10 + \mathrm{j}10$$

$$F_1 + F_2 = (5\sqrt{2} - 10) + \mathrm{j}(5\sqrt{2} + 10) \approx -2.929 + \mathrm{j}17.071$$

$$F_1 \cdot F_2 = 100\sqrt{2}\underline{/180°} = -100\sqrt{2}$$

例 5.6 若 $100\underline{/0°} + A\underline{/30°} = 175\underline{/\varphi}$，其中 A 为实数，$0 < \varphi < 90°$。求 A 和 φ。

解：将等式两边中的复数都化为代数形式

$$(100 + A\cos 30°) + \mathrm{j}A\sin 30° = 175\cos\varphi + \mathrm{j}175\sin\varphi$$

根据复数相等的条件

$$100 + A\cos 30° = 175\cos\varphi$$
$$A\sin 30° = 175\sin\varphi$$

解得

$$A = 81.1，\quad \varphi = 13.4°$$

三、相量

根据欧拉公式

$$\mathrm{e}^{\mathrm{j}\theta} = \cos\theta + \mathrm{j}\sin\theta$$

令 $\theta = \omega t + \phi$ 则

$$\mathrm{e}^{\mathrm{j}(\omega t + \phi)} = \cos(\omega t + \phi) + \mathrm{j}\sin(\omega t + \phi)$$

显然

$$\cos(\omega t + \phi) = \mathrm{Re}[\mathrm{e}^{\mathrm{j}(\omega t + \phi)}]$$
$$\sin(\omega t + \phi) = \mathrm{Im}[\mathrm{e}^{\mathrm{j}(\omega t + \phi)}]$$

式中 Re[ ] 是对括号中复数取实部，Im[ ] 代表对括号中的复数取虚部。

正弦电压 $u(t) = U_m\cos(\omega t + \phi_u)$ 可以表示为：

$$u(t) = \mathrm{Re}[U_m\mathrm{e}^{\mathrm{j}(\omega t + \phi_u)}]$$
$$= \mathrm{Re}[U_m\mathrm{e}^{\mathrm{j}\phi_u} \cdot \mathrm{e}^{\mathrm{j}\omega t}]$$
$$= \mathrm{Re}[\dot{U}_m \cdot \mathrm{e}^{\mathrm{j}\omega t}]$$

式中

$$\dot{U}_m = U_m\mathrm{e}^{\mathrm{j}\phi_u} = U_m\underline{/\phi_u} \tag{5-4}$$

$\dot{U}_m$ 是一个与时间无关的复数，其模是正弦电压的振幅，其辐角是正弦电压的初相位。称 $\dot{U}_m$ 为 $u(t)$ 的振幅相量或最大值相量。

在单一频率的线性电路中，所有响应都是同频率的正弦量，不同的是各个响应的振幅和初相位。而这两个信息全部包含在振幅相量之中，因此在电路分析的时候，常用相量代表正弦量来分析计算，使得正弦交流电路的分析变得简单。

如果以正弦量的有效值为模，初相位为辐角，这样构成的相量称为有效值相量。比如正弦电压的有效值相量可写为 $\dot{U} = U \underline{/\phi_u}$，显然 $\dot{U}_m = \sqrt{2}\dot{U}$。

关于正弦量与相量的关系有一个重要的结论，这就是多个正弦量和的相量等于这些正弦量相量的和。接下来就以两个正弦量的和为例证明一下。

设两个正弦量 $u_1(t) = U_{1m}\cos(\omega t + \phi_{u1})$，$u_2(t) = U_{2m}\cos(\omega t + \phi_{u2})$，则

$$u(t) = u_1(t) + u_2(t) = \mathrm{Re}[U_{1m}\mathrm{e}^{\mathrm{j}(\omega t + \phi_{u1})}] + \mathrm{Re}[U_{2m}\mathrm{e}^{\mathrm{j}(\omega t + \phi_{u2})}]$$

$$= \mathrm{Re}[U_{1m}\mathrm{e}^{\mathrm{j}(\omega t + \phi_{u1})} + U_{2m}\mathrm{e}^{\mathrm{j}(\omega t + \phi_{u2})}]$$

$$= \mathrm{Re}[(U_{1m}\mathrm{e}^{\mathrm{j}\phi_{u1}} + U_{2m}\mathrm{e}^{\mathrm{j}\phi_{u2}})\mathrm{e}^{\mathrm{j}\omega t}]$$

$$= \mathrm{Re}[(\dot{U}_{1m} + \dot{U}_{2m})\mathrm{e}^{\mathrm{j}\omega t}]$$

$$= \mathrm{Re}[\dot{U}_m\mathrm{e}^{\mathrm{j}\omega t}]$$

因此，正弦量 $u(t)$ 的振幅相量：$\dot{U}_m = \dot{U}_{1m} + \dot{U}_{2m}$。这个结论很有用，它是推导出 KCL、KVL 相量形式的理论基础。

将相量用复平面中的有向线段表示，以展示电路中各物理量之间相对大小和相位关系的图叫相量图。

例 5.7 已知：$i(t) = i_1(t) + i_2(t)$，其中，$i_1(t)$、$i_2(t)$ 分别为 $i_1(t) = 10\cos(\omega t + 30°)\mathrm{A}$，$i_2(t) = 8\sqrt{2}\cos(\omega t + 150°)\mathrm{A}$。试求电流 $i(t)$ 的瞬时表达式，计算其有效值，绘出相量图。

解：写出 $i_1(t)$、$i_2(t)$ 的有效值相量

$$\dot{I}_1 = 5\sqrt{2}\underline{/30°}\ \mathrm{A},\ \dot{I}_2 = 8\underline{/150°}\ \mathrm{A}$$

因为
$$i(t) = i_1(t) + i_2(t)$$

所以
$$\dot{I} = \dot{I}_1 + \dot{I}_2 = 5\sqrt{2}\underline{/30°} + 8\underline{/150°} \approx 7.58\underline{/96°}\ \mathrm{A}$$

因此
$$i(t) = 7.58\sqrt{2}\cos(\omega t + 96°)\mathrm{A}$$

因为有效值相量的模就是对应正弦量有效值，所以 $i(t)$ 有效值：$I = 7.58\mathrm{A}$。相量图如图 5-7 所示。

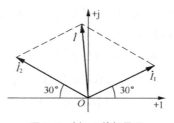

图 5-7 例 5.7 的相量图

在使用相量的时候要注意如下两点：一是相量代表正弦量，但是不等于正弦量；

　　二是只有代表正弦量的复数才是相量，有些量尽管也是复数，但是它不代表正弦量，所以它不是相量。三是注意相量符号书写的规范性，相量变量的符号是在大写字母头上加一点，不可用小写字母。

5.3　储能元件

　　在正弦交流电路中，除了电阻、电源元件之外，还将遇到储存磁场能的电感以及储存电场能的电容元件，因此在介绍正弦交流电路分析方法之前必须了解一下它们的特性。

一、电感元件

　　电感元件是实际电感线圈的理想化模型。通过物理知识可知，当电感线圈中通入电流 $i(t)$，线圈中产生磁场，磁场在线圈截面上的通量叫磁通量，用字母 Φ 表示，单位为韦伯（Wb）。若线圈有 N 匝，每匝线圈磁场相互交链，则磁链为

$$\Psi = N\Phi$$

　　显然，磁链 Ψ 是电流 $i(t)$ 的函数。当元件周围的媒质为非铁磁物质的时候，磁链 Ψ 与电流 $i(t)$ 成正比例关系。这一关系可表为

$$\Psi = L\,i(t)$$

式中，比例系数 L 称为线圈的电感量，在国际单位制中，电感量的单位为亨利（H），磁链的单位为韦伯（Wb）。这种把电能转换成磁场能的理想元件称为电感元件。由于线圈中磁链 Ψ 与流过它的电流 $i(t)$ 关系（韦安特性）是线性的，故称这种电感元件为线性电感元件，其符号如图 5-8 所示。

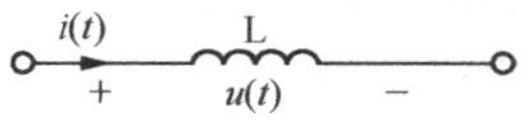

图 5-8　电感元件的符号

　　理想的电感线圈中通入直流电流，线圈中就产生不随时间变化的稳恒磁场，由于它不会再在线圈中感应出电压来，因此线圈两端电压为零。但是，当电感线圈中通入交变电流时，线圈中就会出现交变的磁链，而交变的磁链又会在线圈两端感应出电压来，即

$$u = \frac{\mathrm{d}\Psi}{\mathrm{d}t}$$

将 $\Psi - i$ 的关系带入上式，并考虑到线性电感的电感量 L 不随时间变化，得

$$u = L\frac{\mathrm{d}\,i(t)}{\mathrm{d}t} \tag{5-5}$$

此式就是电感元件的伏安特性关系，也就是电感元件电流、电压的瞬时关系表达式。

　　式（5-5）表明：在某一时刻电感的电压取决于这个时刻电流的变化率，而不是该时刻电流的数值。在稳恒直流电路中，流过电感的电流为常数，随时间的变化率为零，所以电感两端电压也一定为零。对于外电路来说，工作在稳恒直流电路中的电感元件相当于一根导线。当电感中有变化的电流通过时，线圈两端将会出现电压，而且电流变化越快，电感两端电压就会越高。

　　必须注意的是，式（5-5）是在关联参考方向下的公式，如果电感的电压、电流的参考方向呈非关联，那么在公式前必须加一个负号，即

$$u = -L\frac{\mathrm{d}\,i(t)}{\mathrm{d}t} \qquad (5\text{-}6)$$

当然，电感伏安特性表达式也可以写成积分的形式

$$i(t) = \frac{1}{L}\int_{-\infty}^{t} u(\tau)\mathrm{d}\tau$$

如果 $t = 0$ 时刻为初始时刻，则

$$i(t) = \frac{1}{L}\int_{-\infty}^{0} u(\tau)\mathrm{d}\tau + \frac{1}{L}\int_{0}^{t} u(\tau)\mathrm{d}\tau$$

$$= i(0) + \frac{1}{L}\int_{0}^{t} u(\tau)\mathrm{d}\tau \qquad (t > 0)$$

此表达式说明：电感元件在某个时刻的电流的大小不仅和这个时刻的电压有关，还跟之前每时每刻的电压有关。显然，这种带有"记忆特性"的元件与前面介绍的电阻元件有着明显的区别，通常称电感元件为记忆元件或动态元件，而称电阻元件为即时元件或静态元件。

下面研究一下电感元件在一段时间内吸收的能量。假设起始时刻点为 t_1，终了时刻点为 t_2。在 t_1 到 t_2 时间段内吸收的能量为

$$W_L = \int_{t_1}^{t_2} u(t)i(t)\mathrm{d}t = L\int_{i(t_1)}^{i(t_2)} i(t)\mathrm{d}i(t) = \frac{1}{2}Li^2(t_2) - \frac{1}{2}Li^2(t_1)$$

$$= W_L(t_2) - W_L(t_1)$$

电感元件在 t 时刻具有的能量公式为

$$W_L(t) = \frac{1}{2}Li^2(t) \qquad (5\text{-}7)$$

由此可见，电感在 t 时刻具有的能量，只跟 t 时刻电感的电流有关，而与其电压没有关系，因而称电感的电流为电感元件的状态量。

当两个电感元件串联起来，从两端看能否等效成一个电感呢？答案是肯定的。看图 5-9（a），由电感的伏安特性以及 KVL 得

$$u = u_1 + u_2 = L_1\frac{\mathrm{d}\,i}{\mathrm{d}t} + L_2\frac{\mathrm{d}\,i}{\mathrm{d}t} = (L_1 + L_2)\frac{\mathrm{d}\,i}{\mathrm{d}t} = L\frac{\mathrm{d}\,i}{\mathrm{d}t}$$

于是有

$$L = L_1 + L_2$$

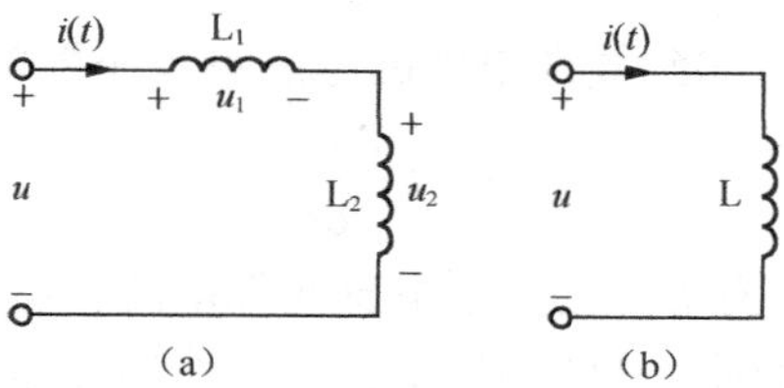

图 5-9　电感元件的串联

由此可以看出，多个线性电感元件串联可以等效为一个电感，等效电感量为相串联所有电感的电感量之和。

不难证明，多个电感元件相并联，也等效于一个电感元件，等效电感元件的电感量的倒数，等于相并联的各个电感元件电感量的倒数和。对于两个电感元件并联：

$$L = \frac{L_1 L_2}{L_1 + L_2}$$

例 5.8　有一电感元件，L=0.5H，通过电感电流的波形如图 5-10（a）所示，试绘出关联参考方向下电感电压的波形图。

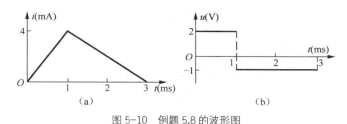

图 5-10　例题 5.8 的波形图

解：分时间段分别计算。

当 $0 \leqslant t < 1\text{ms}$ 时，　　　　　$u = L\frac{\mathrm{d}i}{\mathrm{d}t} = 0.5 \times \frac{4 \times 10^{-3}}{1 \times 10^{-3}} = 2\text{V}$ ；

当 $1\text{ms} \leqslant t \leqslant 3\text{ms}$ 时，　　　$u = L\frac{\mathrm{d}i}{\mathrm{d}t} = 0.5 \times \frac{-4 \times 10^{-3}}{2 \times 10^{-3}} = -1\text{V}$ ；

其他时间段，电感电流都恒为零，所以电压也为零。电感电压的波形图如图 5-10（b）所示。

二、电容元件

电容元件是实际电容器的理想化模型，符号如图 5-11 所示。

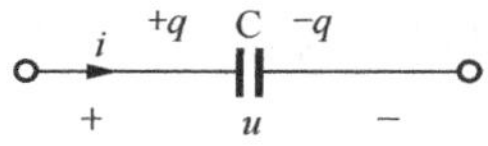

图 5-11　电容元件符号

电容元件是存储电场能的器件，存储的电量与电压的关系特性称为电容的伏库特性。对于线性电容元件，伏库特性是过原点的一根直线，也就是说电容中存储的电量与电压成正比例关系，用公式可表示为

$$q(t) = C\,u(t)$$

其中比例系数 C 称为电容的容量，容量的单位是法拉（F）。

根据电流强度的定义

$$i(t) = \frac{\mathrm{d}q}{\mathrm{d}t}$$

将电容元件伏库特性关系带入上式，就可以得到电容元件的伏安特性关系

$$i(t) = C\frac{\mathrm{d}\,u(t)}{\mathrm{d}t} \tag{5-8}$$

式（5-8）表明电容电流的大小与电压的变化率成正比。电压的变化率越大则电容的电流也就越大。电压变化率越小，电容的电流也越小。当电容电压不变化时，电容电流就变为零。一个元件上有电压却没有电流，这和断路的效果相同，所以说电容有隔直的作用。

同样要声明一下的是，式（5-8）是在电流电压参考方向关联情况下的公式。如果参考方

向非关联，公式前面要加负号，即

$$i(t) = -C \frac{\mathrm{d}\, u(t)}{\mathrm{d}t}$$

如果用电压来表示电流，则可得到电容的伏安特性另外一种表达形式

$$u(t) = \frac{1}{C} \int_{\infty}^{t} i(\tau)\mathrm{d}\tau$$

设 $t = 0$ 为电路工作的初始时刻，则

$$u(t) = \frac{1}{C} \int_{-\infty}^{0} i(\tau)\mathrm{d}\tau + \frac{1}{C} \int_{0}^{t} i(\tau)\mathrm{d}\tau$$

$$= u(0) + \frac{1}{C} \int_{0}^{t} i(\tau)\mathrm{d}\tau$$

可见，电容元件在 t 时刻的电压的大小，不仅与该时刻电容的电流有关，还与之前各个时刻电容电流的大小有关。所以电容也是一种记忆元件或动态元件。

接下来研究一下电容元件从 t_1 到 t_2 这段时间内吸收的能量。

$$W_C = \int_{t_1}^{t_2} u(t)i(t)\mathrm{d}t = C \int_{u(t_1)}^{u(t_2)} u(t)\mathrm{d}u(t) = \frac{1}{2}Cu^2(t_2) - \frac{1}{2}Cu^2(t_1)$$

$$= W_C(t_2) - W_C(t_1)$$

电容元件在 t 时刻具有的能量公式为

$$W_C(t) = \frac{1}{2}C\, u^2(t) \tag{5-9}$$

由此可见，电容元件在 t 时刻具有的能量，只跟 t 时刻电容上的电压大小有关，而与其电流没有关系，因而称电容电压为电容元件的状态量。

如果将多个电容并联起来使用可以等效为一个较大容量的电容，图 5-12（a）以两个电容并联加以说明。

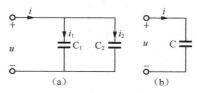

图 5-12 电容元件的并联

根据结点的 KVL 得

$$i = i_1 + i_2 = C_1 \frac{\mathrm{d}\, u}{\mathrm{d}t} + C_2 \frac{\mathrm{d}\, u}{\mathrm{d}t} = (C_1 + C_2)\frac{\mathrm{d}\, u}{\mathrm{d}t} = C \frac{\mathrm{d}\, u}{\mathrm{d}t}$$

等效电容 $C = C_1 + C_2$。

还可以证明，当多个电容串联，等效容量的倒数等于各个串联电容容量的倒数和。对于两个电容时

$$C = \frac{C_1 C_2}{C_1 + C_2}$$

例 5.9 1F 的电容元件，其电压和电流的参考方向关联，已知电容电压的波形图如图 5-13（a）所示，试画出电容电流的波形图，并说明电容上能量随时间的变化情况。

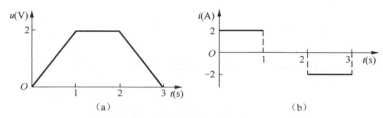

图 5-13 例题 5.9 的波形图

解：分段分析电流。

当 $0 \leqslant t < 1s$ 时，$\qquad i(t) = C\dfrac{\mathrm{d}\,u(t)}{\mathrm{d}t} = 1 \times 2 = 2\mathrm{A}$；

当 $1s \leqslant t < 2s$ 时，$\qquad i(t) = C\dfrac{\mathrm{d}\,u(t)}{\mathrm{d}t} = 1 \times 0 = 0$；

当 $2s \leqslant t < 3s$ 时，$\qquad i(t) = C\dfrac{\mathrm{d}\,u(t)}{\mathrm{d}t} = 1 \times (-2) = -2\mathrm{A}$；

其他时刻点的电压为零且恒定不变，因此电流都为零。电容电流的波形图如图 5-13（b）所示。

逐点分析能量变化

当 $t = 0$ 时，$u(0) = 0$，$W_C(0) = 0$；开始电容上没有能量。

当 $0 < t \leqslant 1s$ 时，$u(t) = 2t\,(\mathrm{V})$，$W_C(t) = \dfrac{1}{2}Cu^2(t) = 2t^2\,(\mathrm{J})$；电容里被不断充入能量，当 $t = 1s$ 时能量达到最大值 2J。

当 $1s < t \leqslant 2s$ 时，$u(t) = 2\,(\mathrm{V})$，$W_C(t) = 2\,(\mathrm{J})$；电容既不充电也不放电，能量保持不变。

当 $2s < t \leqslant 3s$ 时，$u(t) = 6 - 2t\,(\mathrm{V})$，$W_C(t) = 2(3-t)^2\,(\mathrm{J})$；电容这段时间在不断放电，当 $t = 3s$ 时，电容上的能量已放至零。

这个例题告诉我们，电容元件上电流实际上是电容充放电形成的，电荷并没有越过中间的电介质到另一个极板。放电时，电流方向和充电时正好相反，所以电流呈现负值。

5.4　电路元件伏安特性的相量形式

在正弦电路中各支路电流、电压都是同频率正弦量，为了使正弦电路用相量法去分析，首先研究一下电路中 3 个基本元件伏安特性的相量形式。

一、电阻元件

图 5-14（a）为电阻元件，电阻值为 R，电流和电压的参考方向关联。设流过电阻的电流为
$$i(t) = I_m \cos(\omega t + \phi_i)$$
则电阻两端的电压
$$u(t) = R\,i(t) = RI_m \cos(\omega t + \phi_i) = U_m \cos(\omega t + \phi_u)$$
由此可见，在正弦交流电路中，电阻的电流和电压为同频率的正弦量，有效值关系为
$$U = R\,I$$

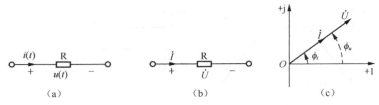

图 5-14　正弦交流电路中的电阻元件

相位关系为

$$\phi_u = \phi_i$$

这表明电阻元件电压有效值和电流有效值之间的关系与直流电阻电路中的欧姆定律完全相同，电压与电流始终同相位。用相量形式表示这种关系

$$\dot{U} = R\dot{I} \qquad\qquad （5-10）$$

电阻元件在相量中的电路模型如图 5-14（b）所示，相量图如图 5-14（c）所示。

二、电感元件

图 5-15（a）为电感元件，电感量为 L，电流和电压的参考方向关联。设流过电感的电流为

$$i(t) = I_m \cos(\omega t + \phi_i)$$

则由电感元件伏安特性的瞬时表达式

$$u = L\frac{\mathrm{d}i}{\mathrm{d}t}$$

将电流表达式带入得

$$u(t) = -\omega L I_m \sin(\omega t + \phi_i) = \omega L I_m \cos(\omega t + \phi_i + 90°) = U_m \cos(\omega t + \phi_u)$$

由此可见，在正弦交流电路中，电感的电流和电压为同频率的正弦量，有效值关系为

$$U = \omega L\,I$$

相位关系为

$$\phi_u = \phi_i + 90°$$

这表明电感元件电压有效值和电流有效值之间的关系类似于直流电阻电路中的欧姆定律，不过比例系数不是电感量 L，而是感抗 ωL；电感电压的初相位超前电流初相位 $90°$。用相量形式表示这种关系

$$\dot{U} = \mathrm{j}\omega L\dot{I} \qquad\qquad （5-11）$$

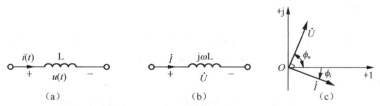

图 5-15　正弦交流电路中的电感元件

电感元件的在相量中的电路模型如图 5-15（b）所示，相量图如图 5-15（c）所示。

三、电容元件

图 5-16（a）为电容元件，电容量为 C，电流与电压参考方向关联。设电容的电压为

$$u(t) = U_m \cos(\omega t + \phi_u)$$

则电容元件伏安特性的瞬时表达式为

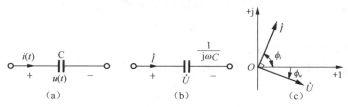

图 5-16　正弦交流电路中的电容元件

$$i(t) = C \frac{\mathrm{d}u(t)}{\mathrm{d}t}$$

将正弦电压带入得

$$i(t) = -\omega C U_m \sin(\omega t + \phi_u) = \omega C U_m \cos(\omega t + \phi_u + 90°) = I_m \cos(\omega t + \phi_i)$$

由此可见，在正弦交流电路中，电容电流和电压是同频率的正弦量，有效值关系为

$$U = \frac{1}{\omega C} I$$

相位关系为

$$\phi_u = \phi_i - 90°$$

这表明电感元件电压有效值和电流有效值之间也具有类似于电阻电路中的欧姆定律的关系，比例系数为容抗；电容电压初相位滞后电流初相位 90°。用相量形式表示这种关系

$$\dot{U} = \frac{1}{\mathrm{j}\omega C} \dot{I} \tag{5-12}$$

电容元件的在相量中的电路模型如图 5-16（b）所示，相量图如图 5-16（c）所示。

5.5　电路定律的相量形式

一、欧姆定律的相量形式

在关联参考方向下，定义二端元件的电压相量与电流相量的比值为元件的阻抗，用字母 Z 表示，即

$$Z = \frac{\dot{U}}{\dot{I}} \tag{5-13}$$

阻抗的单位为欧姆（Ω）。

根据这个定义，再结合上节中元件伏安特性的相量形式得到 3 个基本元件的阻抗。
电阻元件 R 的阻抗为

$$Z_R = R$$

电感元件 L 的阻抗为

$$Z_L = j\omega L$$

电容元件 C 的阻抗为

$$Z_C = \frac{1}{j\omega C}$$

有了阻抗定义之后，3 个元件伏安特性的相量形式可统一写成

$$\dot{U} = Z\dot{I} \tag{5-14}$$

通常把这个式子称为欧姆定律的相量形式。

定义元件阻抗的倒数为该元件的导纳，用字母 Y 表示，即

$$Y = \frac{\dot{I}}{\dot{U}} = \frac{1}{Z}$$

导纳的单位为西门子（S）。

三个基本元件的导纳如下。

电阻元件的导纳

$$Y_R = \frac{1}{R} = G$$

电感元件的导纳

$$Y_L = \frac{1}{j\omega L} = -j\frac{1}{\omega L}$$

电容元件的导纳

$$Y_C = j\omega C$$

定义了导纳之后，欧姆定律的相量形式又可以表示为

$$\dot{I} = Y\dot{U} \tag{5-15}$$

式（5-14）、（5-15）都是在元件电流、电压参考方向关联时欧姆定律的表达式，在参考方向非关联时这两个式子前面都要加一个负号。

二、基尔霍夫定律的相量形式

在线性正弦电路中，所有电流和电压都是同频率的正弦量，因而基尔霍夫定律也可以用相量表示。

对电路中的任意一个结点有 KCL 约束关系

$$\sum i = 0$$

根据"多个同频率正弦量和的相量等于这些正弦量相量的和"的特性得

$$\sum \dot{I} = 0 \tag{5-16}$$

这便是基尔霍夫电流定律的相量形式。

对电路中任意一个回路有 KVL 约束关系

$$\sum u = 0$$

由正弦量相量的特性可得

$$\sum \dot{U} = 0 \tag{5-17}$$

这便是基尔霍夫电压定律的相量形式。

如果我们把基尔霍夫定律和欧姆定律时域表达式分别与其相量形式进行对比，不难发现它们极其相似。也就是说，引用相量和阻抗概念之后正弦电路中的规律和稳态直流电阻电路中的规律是一样的，因而可以用类似直流电阻电路的分析方法去分析正弦交流电路。我们称这种分析正弦交流电路方法为相量法。

需要强调的是，要采用相量法就必须将电路中的正弦量转变成对应的相量，元件参数转变成对应的阻抗或者导纳，转变后的电路称为原电路的相量模型。在相量模型中，我们可以用类似直流电阻电路的分析方法计算出响应的相量，若把相量还原为对应的正弦量就得到响应的瞬时表达式。

例 5.10 流过 $0.5\,\mathrm{F}$ 的电容的电流为 $i(t)=\sqrt{2}\cos(100t-30°)\mathrm{A}$，如果电容电压和电流参考方向关联，用相量法计算电容的电压 $u(t)$。

解：电容元件电流相量为 $\dot{I}=1\underline{/-30°}\,\mathrm{A}$

电容元件的阻抗为

$$Z=\frac{1}{\mathrm{j}\omega C}=-\mathrm{j}\frac{1}{100\times0.5}=-0.02\mathrm{j}\,\Omega$$

根据欧姆定律的相量形式，电容元件的电压相量为

$$\dot{U}=Z\dot{I}=-0.02\mathrm{j}\times1\underline{/-30°}=0.02\underline{/-120°}\,\mathrm{V}$$

将相量还原成正弦量，得电容电压为

$$u(t)=0.02\sqrt{2}\cos(100t-120°)\,\mathrm{V}$$

例 5.11 图 5-17（a）所示的电路中，$i_\mathrm{S}=5\sqrt{2}\cos(10^3t+30°)\mathrm{A}$，$R=30\,\Omega$，$L=0.12\mathrm{H}$，$C=12.5\mathrm{\mu F}$，求电压 u_ad 和 u_bd。

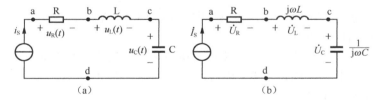

图 5-17　例 5.11 的电路图

解：建立正弦交流电路 5-17（a）的相量模型图，如图 5-17（b）所示。

图中 $\dot{I}_\mathrm{S}=5\underline{/30°}\,A$，$\mathrm{j}\omega L=\mathrm{j}120\Omega$，$-\mathrm{j}\dfrac{1}{\omega C}=-\mathrm{j}80\Omega$。

根据元件伏安特性（VCR）的相量形式

$$\dot{U}_\mathrm{R}=R\dot{I}=150\underline{/30°}\,\mathrm{V}$$

$$\dot{U}_\mathrm{L}=\mathrm{j}\omega L\dot{I}=600\underline{/120°}\,\mathrm{V}$$

$$\dot{U}_\mathrm{C}=-\mathrm{j}\frac{1}{\omega C}\dot{I}=400\underline{/-60°}\,\mathrm{V}$$

根据 KVL：

$$\dot{U}_\mathrm{ad}=\dot{U}_\mathrm{R}+\dot{U}_\mathrm{L}+\dot{U}_\mathrm{C}=250\underline{/83°}\,\mathrm{V}$$

$$\dot{U}_{bd} = \dot{U}_L + \dot{U}_C = 200\underline{/120°}\,V$$

将相量还原为正弦量

$$u_{ad} = 250\sqrt{2}\cos(10^3 t + 83°)\text{V}$$

$$u_{bd} = 200\sqrt{2}\cos(10^3 t + 120°)\text{V}$$

例 5.12　图 5-18 电路的相量模型中，各交流电流表的读数均为该支路电流的有效值，其中电流表 A_1 的读数为 1A，A_2 的读数为 4A，A_3 的读数为 3A，求电流表 A 和 A_4 的读数。

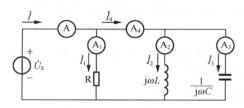

图 5-18　例 5.12 的电路模型图

解法 1：

设 $\dot{I}_1 = 1\underline{/0°}\,A$，则 $\dot{U}_S$ 的辐角为零。

电感电压超前电流 90°，所以 $\dot{I}_2 = 4\underline{/-90°} = -4\text{j}\,A$

电容电压滞后电流 90°，所以 $\dot{I}_3 = 3\underline{/90°} = 3\text{j}\,A$

根据结点的 KCL 相量形式

$$\dot{I}_4 = \dot{I}_2 + \dot{I}_3 = -\text{j} = 1\underline{/-90°}\,A$$

$$\dot{I} = \dot{I}_1 + \dot{I}_2 + \dot{I}_3 = 1 - \text{j} = \sqrt{2}\underline{/45°}\,A$$

所以，电流表 A_4 的读数为 1A，电流表 A 的读数约为 1.414A。

解法 2：用作相量图的方法。

在用作相量图辅助分析电路时，如果所有电压电流的初相位都未知，可任意假设一个正弦量的初相位为零，其相量辐角为零，称这样的相量为参考相量。本题中选电压 $\dot{U}_S$ 为参考相量，作相量图，如图 5-19 所示。

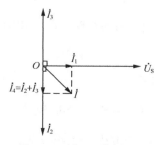

图 5-19　例 5.12 的相量图

相量图中，相量的长度就是相量的模，也就是电流的有效值。

电流表 A_4 的读数为 $|\dot{I}_4| = |\dot{I}_2 + \dot{I}_3| = |4 - 3| = 1A$；

电流表 A 的读数为 $|\dot{I}| = \sqrt{I_4^2 + I_1^2} = \sqrt{2} \approx 1.414A$；

相量图辅助分析方法是正弦交流电路分析的一个重要方法。

5.6　阻抗和导纳

上一节中介绍过元件阻抗和导纳的定义，本节将在此基础上进一步研究无源二端网络的阻抗、导纳以及它们串联和并联的特性，为介绍稳态正弦交流电路分析打下基础。

一、三个基本元件的阻抗和导纳

前面已经研究过，电阻 R 的阻抗值就等于电阻值 R，它是一个实数，而且与频率无关。电阻的导纳是其电阻值的倒数，也就是它的电导值。

电感量为 L 的电感元件的阻抗为

$$Z_L = j\omega L = jX_L$$

为了研究其特性，定义电感阻抗的虚部为感抗，用 X_L 表示：

$$X_L = \omega L$$

显然，感抗 X_L 正比于频率 ω，频率越低感抗越小，当频率低至 0 时，感抗为 0，所以，在直流电作用下电感相当于一根导线（短路）；反之，频率越高感抗越大，频率高至无穷大时，感抗变为无穷大，这时电感元件相当于断开。

电感的导纳为

$$Y_L = \frac{1}{Z_L} = -j\frac{1}{\omega L} = jB_L$$

把电感导纳的虚部定义为感纳，用字母 B_L 表示

$$B_L = -\frac{1}{\omega L}$$

感纳的单位是西门子（S）。

电容量为 C 的电容元件的阻抗为

$$Z_C = \frac{1}{j\omega C} = -j\frac{1}{\omega C} = jX_C$$

式中，X_C 称为容抗

$$X_C = -\frac{1}{\omega C}.$$

显然，容抗与频率有关：频率越低 $|X_C|$ 就越大。当频率低至 0 时，也就是电容工作在稳恒直流电作用下，$|X_C|$ 趋近于无穷大，电容等效于开路，这就是电容的隔直效果。电容工作的频率越高，$|X_C|$ 就越低，电容导通交流电流的能力就越强。当频率高至无穷大时，则 $|X_C|$ 趋近于 0，这时的电容相当于一根导线（短路）。

电容的导纳为 $Y_C = j\omega C = jB_C$。这里，称电容导纳的虚部 B_C 为容纳

$$B_C = \omega C$$

容纳的单位是西门子（S）。

二、无源二端网络的阻抗和导纳

由电阻、电容、电感和受控源构成的网络称为无源二端网络，无源二端网络在已知频率

下可以等效为一个阻抗，如图 5-20 所示。等效阻抗为

$$Z = \frac{\dot{U}}{\dot{I}}$$

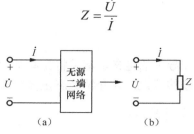

图 5-20　无源二端网络的等效阻抗

与电阻、电感、电容元件的阻抗相比，无源二端网络的阻抗实部和虚部往往都不为 0，其一般形式可写成

$$Z = R + jX = |Z| \underline{/\varphi_z} \tag{5-18}$$

阻抗写成代数形式时，实部 R 称为阻抗 Z 的电阻，虚部 X 称为阻抗 Z 的电抗；写成极坐标形式时，$|Z|$ 称为阻抗模，φ_z 称为阻抗角。根据复数代数形式与极坐标形式之间的关系不难得到

$$|Z| = \sqrt{R^2 + X^2}$$

$$\varphi_z = \arctan(\frac{X}{R})$$

这些关系可以用 R、jX 和 Z 三个复数在复平面构成直角三角形来描述，如图 5-21 所示，称此三角形为阻抗三角形。

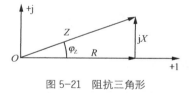

图 5-21　阻抗三角形

接下来，研究一下阻抗模和阻抗角的含义。因为

$$Z = \frac{\dot{U}}{\dot{I}} = \frac{U \underline{/\phi_u}}{I \underline{/\phi_i}} = \frac{U}{I} \underline{/\phi_u - \phi_i} = |Z| \underline{/\varphi_z}$$

得

$$|Z| = \frac{U}{I}$$

$$\varphi_z = \phi_u - \phi_i$$

由此可以看出，阻抗模等于阻抗两端电压有效值与流过阻抗的电流有效值之比，阻抗角等于电压的初相位与电流的初相位之差。

当阻抗角 $\varphi_z = 0$ 时，其电压与电流同相位，称这种阻抗为纯电阻性阻抗；当阻抗角 $\varphi_z > 0$ 时，则其电压相位超前电流，称这种阻抗为感性阻抗；当阻抗角 $\varphi_z < 0$ 时，则电压相位滞后电流，称这种阻抗为容性阻抗。阻抗写成代数形式时，只要看虚部的符号也可以判别阻抗的

性质。如果阻抗 $X > 0$，则该阻抗是感性的，若 $X < 0$，则该阻抗为容性的，若 $X = 0$，则该阻抗为纯电阻性质的。

类似地，定义无源二端网络阻抗的倒数为其导纳

$$Y = \frac{1}{Z} = G + jB = |Y| \underline{/ \varphi_Y}$$

Y 的实部 G 称为导纳的电导，Y 的虚部 B 称为导纳的电纳；Y 的模称为导纳模，Y 的辐角称为导纳角。同一个二端网络的阻抗模、阻抗角与其导纳模、导纳角之间的关系

$$|Y| = \frac{1}{|Z|} \quad , \quad \phi_Y = -\phi_Z$$

导纳的单位为西门子（S）。

三、阻抗的串联和并联

多个阻抗首尾相接构成二端网络称为阻抗的串联，如图 5-22（a）所示。根据 KVL 的相量形式

$$\dot{U} = \dot{U}_1 + \dot{U}_2 + \cdots + \dot{U}_n = (Z_1 + Z_2 + \cdots + Z_n)\dot{I}$$

所以，多个阻抗串联可等效为一个阻抗，阻抗值等于相串联的所有阻抗值之和，即

$$Z = Z_1 + Z_2 + \cdots + Z_n = \sum_{k=1}^{n} Z_k$$

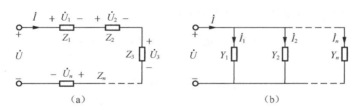

图 5-22　阻抗的串联和并联

等效导纳

$$\frac{1}{Y} = \frac{1}{Y_1} + \frac{1}{Y_2} + \cdots + \frac{1}{Y_n} = \sum_{k=1}^{n} \frac{1}{Y_k}$$

阻抗 Z_k 上分得的电压相量

$$\dot{U}_k = \frac{Z_k}{Z} \dot{U}$$

多个阻抗并列地连接在相同的两个结点上的连接方式称为阻抗的并联，如图 5-22（b）所示。

根据 KCL 的相量形式

$$\dot{I} = \dot{I}_1 + \dot{I}_2 + \cdots + \dot{I}_n = (Y_1 + Y_2 + \cdots + Y_n)\dot{U}$$

所以，多个阻抗并联可等效为一个阻抗，等效阻抗的导纳值等于相并联的所有阻抗导纳值之和，即

$$Y = Y_1 + Y_2 + \cdots + Y_n = \sum_{k=1}^{n} Y_k$$

等效阻抗

$$\frac{1}{Z} = \frac{1}{Z_1} + \frac{1}{Z_2} + \cdots + \frac{1}{Z_n} = \sum_{k=1}^{n} \frac{1}{Z_k}$$

阻抗 Z_k 上分得的电流相量

$$I_k = \frac{Y_k}{Y} I$$

在正弦交流电路分析过程中，两个阻抗并联的情况遇到得较多。两个阻抗并联等效阻抗计算公式为

$$Z = \frac{Z_1 Z_2}{Z_1 + Z_2}$$

分流公式

$$\dot{I}_1 = \frac{Z_2}{Z_1 + Z_2} \dot{I}$$

$$\dot{I}_2 = \frac{Z_1}{Z_1 + Z_2} \dot{I}$$

式中，$\dot{I}_1$、$\dot{I}_2$ 分别为阻抗 Z_1、Z_2 的支路电流相量，$\dot{I}$ 为总电流相量。

例 5.13 如图 5-23 所示，试计算二端网络 a b 在角频率分别为 $\omega_1 = 10 \text{ rad/s}$、$\omega_2 = 100 \text{ rad/s}$ 以及 $\omega_3 = 1000 \text{ rad/s}$ 三种情况下的阻抗，并说明阻抗的性质。

解： 3 个元件串联，等效阻抗等于 3 个元件阻抗之和：

$$Z = R + \text{j}\omega L + \frac{1}{\text{j}\omega C} = R + \text{j}(\omega L - \frac{1}{\omega C})$$

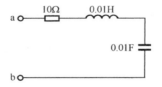

图 5-23 例 5.13 的电路图

当 $\omega = \omega_1 = 10 \text{rad/s}$ 时，$Z = 10 + \text{j}(0.1 - 10) = 10 - 9.9\text{j} \, \Omega$，容性阻抗；

当 $\omega = \omega_2 = 100 \text{rad/s}$ 时，$Z = 10 + \text{j}(1 - 1) = 10 \, \Omega$，电阻性阻抗；

当 $\omega = \omega_3 = 1000 \text{rad/s}$ 时，$Z = 10 + \text{j}(10 - 0.1) = 10 + \text{j}9.9 \, \Omega$，感性阻抗。

因为电感、电容元件的阻抗与频率有关，所以在求含有电感、电容元件无源二端网络的等效阻抗时必须给定频率，否则就无法确定阻抗的大小和性质。类似地，在求一个阻抗的最简等效电路时，也应该指定在哪一个频率下的等效电路，否则结果不确定。

例 5.14 图 5-24（a）中，N 为无源二端网络，端口电压、电流的表达式为

$$u(t) = 10\sqrt{2} \cos(10^3 t) \text{V}, \quad i(t) = \sqrt{2} \sin(10^3 t + 30°) \text{A}$$

（1）求二端网络的阻抗 Z 和导纳 Y，并说明阻抗的性质；

（2）求其最简串联和并联等效电路。

解： 写出电流和电压的有效值相量

$$\dot{U} = 10\underline{/0^\circ}\,\text{V}\,,\quad \dot{I} = 1\underline{/-60^\circ}\,\text{A}$$

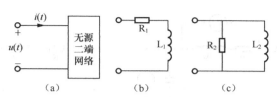

图 5-24 例 5.14 的电路图

（1）根据欧姆定律的相量形式

$$Z = \frac{\dot{U}}{\dot{I}} = \frac{10\underline{/0^\circ}}{1\underline{/-60^\circ}} = 10\underline{/60^\circ}\,\Omega$$

导纳

$$Y = \frac{1}{Z} = \frac{1}{10\underline{/60^\circ}} = 0.1\underline{/-60^\circ}\,\text{S}$$

因为阻抗角 $\varphi_Z = 60^\circ > 0$ ，所以这个阻抗呈感性。

（2）将阻抗化为代数形式

$$Z = 10\underline{/60^\circ} = 5 + \text{j}5\sqrt{3}\,\Omega$$

此阻抗可以看成 $5\,\Omega$ 电阻阻抗与 $\text{j}5\sqrt{3}\,\Omega$ 电感阻抗串联等效得到，即

$$R_1 = 5\,\Omega\,,\quad X_1 = 5\sqrt{3}\,\Omega$$

又因为感抗 $X_1 = \omega L_1$ ，得 $L_1 = \dfrac{X_1}{\omega} = \dfrac{5\sqrt{3}}{1000} \approx 8.66 \times 10^{-3}\,\text{H} = 8.66\text{mH}$

该阻抗在频率 $\omega = 10^3\,\text{rad}/\text{s}$ 时最简串联等效电路如图 5-24（b）所示。

将导纳化为代数形式

$$Y = 0.1\underline{/-60^\circ} = 0.05 - \text{j}0.05\sqrt{3}\,\text{S}$$

此表达式可以理解为 0.05S 的电阻性导纳与 $-\text{j}0.05\sqrt{3}\text{S}$ 的电感导纳并联得到，即

$$G_2 = 0.05\,\text{S}\,,\quad B_2 = -0.05\sqrt{3}\,\text{S}$$

而 $R_2 = \dfrac{1}{G_2} = 20\,\Omega$ ，

又因为 $B_2 = -\dfrac{1}{\omega L_2} = -\dfrac{1}{10^3 L_2}$ ，得 $L_2 \approx 15.55 \times 10^{-3}\,\text{H} = 15.55\text{mH}$

该阻抗在频率 $\omega = 10^3\,\text{rad}/\text{s}$ 时最简并联等效电路如图 5-24（c）所示。

例 5.15 图 5-25（a）中已知 $u_\text{S} = 200\sqrt{2}\cos(314t + 60^\circ)\text{V}$ ，电流表 A 的读数为 2A，电压表 V_1 、 V_2 的读数均为 200V，求电路中元件参数 R 、 L 、 C 。

解法 1： 作出电路的相量模型图，如图 5-25（b）所示， $\dot{U}_\text{S} = 200\underline{/60^\circ}\,\text{V}$ 。

设 $\dot{U}_1 = 200\underline{/\phi_1}\,\text{V}$ ， $\dot{U}_2 = 200\underline{/\phi_2}\,\text{V}$ ， $\dot{I} = 2\underline{/\phi_i}\,\text{A}$ 。

根据回路 KVL 的相量形式

$$200\underline{/60^\circ} = 200\underline{/\phi_1} + 200\underline{/\phi_2}$$

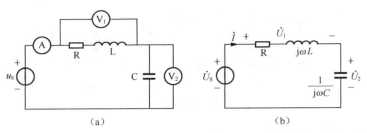

图 5-25 例 5.15 的电路图

根据欧姆定律的相量形式

$$-j\frac{1}{\omega C} = \frac{\dot{U}_2}{\dot{I}} = 100\underline{/\phi_2 - \phi_i}$$

由欧姆定律相量形式以及阻抗串联的等效规律

$$R + j\omega L = \frac{\dot{U}_1}{\dot{I}} = 100\underline{/\phi_1 - \phi_i}$$

联立上述 3 个方程，解得：

$\phi_1 = 120^\circ$，$\phi_2 = 0^\circ$，$\phi_i = 90^\circ$，$R = 86.6\Omega$，$L = 0.159\text{H}$，$C = 31.85\mu\text{F}$。

解法 2： 由于电表的读数是有效值，与电源 u_S 的初相位没有关系，所以，可以先不考虑 $\dot{U}_S$ 的辐角，而设电流相量作为参考相量作相量图，如图 5-26（a）所示。

相量图中，$\dot{U}_R$、$\dot{U}_L$ 分别是电阻、电感的电压相量，参考方向与 $\dot{U}_1$ 相同。

因为 $U_S = U_1 = U_2 = 200\text{V}$ 所以，$\triangle O\dot{U}_1\dot{U}_S$ 以及 $\triangle O\dot{U}_2\dot{U}_S$ 都是等边三角形

则 $\angle \dot{U}_L O\dot{U}_1 = 60^\circ$。于是 $U_R = U_1 \sin 60^\circ = 200 \times \frac{\sqrt{3}}{2} \approx 173.2\text{V}$。

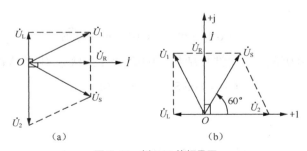

图 5-26 例 5.15 的相量图

$$U_L = U_1 \cos 60^\circ = 200 \times \frac{1}{2} \approx 100\text{V}$$

因此 $R = U_R / I = 173.2 / 2 = 86.6\Omega$

$$\omega L = U_L / I = 100 / 2 = 50\Omega，\quad L = 0.159\text{H}$$

$$\omega C = I / U_2 = 2 / 200 = 0.01\text{S}，\quad C = 31.85\mu\text{F}$$

由于本题目中 $\dot{U}_S$ 在复平面中辐角为 60°，所以只要将图 5-26（a）所示的相量图，以 O 为原点逆时针方向整体旋转 90°，如图 5-26（b）所示，即可得到原题准确的相量图，在这个

图上可以读出每个相量的辐角大小。

5.7 稳恒正弦交流电路分析

从前面的研究可知，在电路的相量模型中，基尔霍夫定律和欧姆定律的形式与直流电阻电路中的形式完全一致。因此，基于这个基本定律之上的直流电路中的定理、定律以及分析方法可以直接移植到相量模型中来。

例 5.16 如图 5-27 所示，用等效的概念分析计算各支路电流相量。

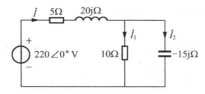

图 5-27 例 5.16 的电路模型图

解：从电源端向右侧看，二端网络的等效阻抗 Z

$$Z = 5 + 20\text{j} + 10 \,//\, (-15\text{j}) = 5 + 20\text{j} + \frac{10 \times (-15\text{j})}{10 + (-15\text{j})} \approx 19.46 \underline{/\,52.2^\circ}\ \Omega$$

电流 $\dot{I}$

$$\dot{I} = \frac{\dot{U}}{Z} = \frac{220 \underline{/\,0^\circ}}{19.46 \underline{/\,52.2^\circ}} = 11.30 \underline{/\,-52.2^\circ}\ \text{A}$$

由分流定律

$$\dot{I}_1 = \frac{-15\text{j}}{10 + (-15\text{j})} \dot{I} = 9.40 \underline{/\,-85.7^\circ}\ \text{A}$$

$$\dot{I}_2 = \frac{10}{10 + (-15\text{j})} \dot{I} = 6.27 \underline{/\,4.1^\circ}\ \text{A}$$

例 5.17 图 5-28（a）所示电路中，已知 $u_S = 10\sqrt{2} \cos(10^3 t)\text{V}$，求电流 i_1、i_2，电压 u_{ab}。

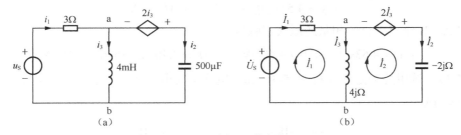

图 5-28 例 5.17 的电路图

解：建立电路的相量模型，如图 5-28（b）所示，其中，$\dot{U}_S = 10 \underline{/\,0^\circ}\text{V}$。下面用网孔法计算要求的响应的相量。假设两个网孔的网孔电流分别为 $\dot{I}_1$、$\dot{I}_2$，两个网孔的网孔方程

$$\begin{cases} (3 + 4\text{j})\dot{I}_1 - 4\text{j}\dot{I}_2 = 10 \underline{/\,0^\circ} \\ -4\text{j}\dot{I}_1 + (4\text{j} - 2\text{j})\dot{I}_2 = -2\dot{I}_3 \end{cases}$$

补充受控源的控制量与网孔电流之间的关系：$\dot{I}_3 = \dot{I}_1 - \dot{I}_2$

解方程组得 $\dot{I}_1 = 4.47\underline{/63.4°}$ A，$\dot{I}_2 = 7.07\underline{/45°}$ A，$\dot{I}_3 = 3.16\underline{/-161.6°}$ A

ab 间的电压相量 $\dot{U}_{ab} = 4j\dot{I}_3 = 12.6\underline{/-71.6°}$ V

将这些响应的相量还原为正弦量，得

$i_1 = 4.47\sqrt{2}\cos(10^3 t + 63.4°)$A，$\qquad$ $i_2 = 7.07\sqrt{2}\cos(10^3 t + 45°)$A，

$u_{ab} = 12.6\sqrt{2}\cos(10^3 t - 71.6°)$V。

例 5.18 试用结点法分析图 2-29（a）电路中 A、B 结点的电位，已知：$u_S = 3\sqrt{2}\cos(10^3 t)$V，$i_S = 2.5\sqrt{2}\cos(10^3 t)$A。

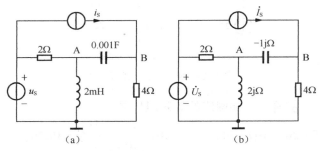

图 5-29　例 5.18 的电路图

解：建立电路的相量模型，如图 2-29（b）所示，模型中 $\dot{U}_S = 3\underline{/0°}$ V，$\dot{I}_S = 2.5\underline{/0°}$ A。设 A、B 结点的结点点位相量分别为：$\dot{U}_A$、$\dot{U}_B$，则列写结点方程

$$\begin{cases} (\dfrac{1}{2} + \dfrac{1}{2j} + \dfrac{1}{-1j})\dot{U}_A - \dfrac{1}{2} \times 3\underline{/0°} - \dfrac{1}{-1j} \times \dot{U}_B = 0 \\[3mm] -\dfrac{1}{-1j}\dot{U}_A + (\dfrac{1}{-1j} + \dfrac{1}{4})\dot{U}_B = 2.5\underline{/0°} \end{cases}$$

解方程得：

$$\dot{U}_A = 4.53\underline{/40°}\text{ V}，\quad \dot{U}_B = 3.4\underline{/21°}\text{ V}$$

最后，将 A、B 结点电位的相量还原成正弦量得

$$u_A(t) = 4.53\sqrt{2}\cos(10^3 t + 40°)\text{V}，\quad u_B(t) = 3.40\sqrt{2}\cos(10^3 t + 21°)\text{V}$$

例 5.19 试用叠加定理分析图 5-30（a）电路中的电流 $i(t)$，已知：$u_S = 4\sqrt{2}\sin(t)$V，$i_S = \sqrt{2}\cos(t)$A。

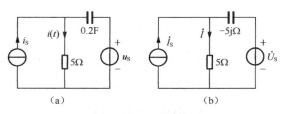

图 5-30　例 5.19 的电路图

解： 建立电路的相量模型，如图 5-30（b）所示，其中 $\dot{I}_S = 1\underline{/0^\circ}$ A ，$\dot{U}_S = 4\underline{/-90^\circ}$ V 。

让电流源模型单独作用，如图 5-31（a）所示。根据分流定律

$$\dot{I}' = \frac{-5\mathrm{j}}{5 + (-5\mathrm{j})} \dot{I}_S = \frac{-5\mathrm{j}}{5 + (-5\mathrm{j})} \times 1\underline{/0^\circ} = 0.5 - 0.5\mathrm{j}\ \mathrm{A}$$

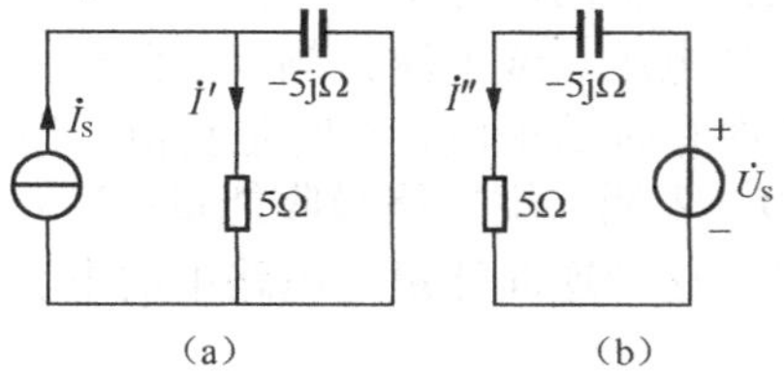

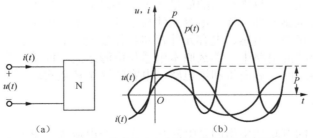

图 5-31　例 5.18 的电路模型图中各电源单独作用

让电压源模型单独作用，如图 5-31（b）所示。

$$\dot{I}'' = \frac{\dot{U}_S}{5 + (-5\mathrm{j})} = \frac{4\underline{/-90^\circ}}{5 + (-5\mathrm{j})} = 0.4 - 0.4\mathrm{j}\ \mathrm{A}$$

根据叠加定理

$$\dot{I} = \dot{I}' + \dot{I}'' = 0.9 - 0.9\mathrm{j} = 0.9\sqrt{2}\underline{/-45^\circ}\ \mathrm{A}$$

把电流相量还原为正弦量得正弦电流

$$i(t) = 1.8\cos(t - 45^\circ)\ \mathrm{A}$$

5.8　正弦电路的功率

稳恒直流电路中，电流电压都是常数，只要使用 $P = UI$（关联）或 $P = -UI$（非关联）即可计算元件消耗的功率。在正弦交流电路中，电流电压都随时间变化，电路中又出现电感电容两种动态元件，因而正弦电路中的功率计算问题要比直流电路复杂一些。

一、瞬时功率

由于正弦电路中电压、电流都随时间变化，所以电路中各部分吸收的功率也随时间变化。用二端网络端口电压与电流瞬时表达式的乘积得到的功率称为瞬时功率。图 5-32（a）所示的一端口网络 N 的瞬时功率

$$p(t) = u(t)i(t)$$

当端口电压、电流为同频率正弦量：$u(t) = \sqrt{2}U\cos(\omega t + \phi_u)$ ，$i(t) = \sqrt{2}I\cos(\omega t + \phi_i)$

图 5-32　二端网络的电流、电压以及瞬时功率波形图

则
$$p(t) = u(t)i(t) = 2UI\cos(\omega t + \phi_u)\cos(\omega t + \phi_i)$$

根据三角函数公式: $\cos\alpha\cos\beta = \dfrac{1}{2}[\cos(\alpha - \beta) + \cos(\alpha + \beta)]$

故得:
$$p(t) = UI\cos(\phi_u - \phi_i) + UI\cos(2\omega t + \phi_u + \phi_i)$$

瞬时功率由恒定分量和正弦分量两部分组成。恒定分量不随时间变化，正弦分量随时间呈正弦规律变化，其频率是正弦电压（或电流）频率的两倍，如图 5-32（b）所示。

从波形可以看出，瞬时功率有时是正值、有时是负值。当 u、i 真实方向相同（波形上表现为同正或同负）时，$p(t) > 0$，表明二端网络吸收能量；当 u、i 真实方向相反时，$p(t) < 0$，表明二端网络向外界提供能量。这种逆向能量是电路中的电容和电感性器件与外界电源产生能量交换引起的。

如果二端网络 N 仅由一个阻值为 R 的电阻元件构成，因为 $\phi_u - \phi_i = 0$，则
$$p_R(t) = UI[1 + \cos(2\omega t + \phi_u + \phi_i)]$$

波形图如图 5-33（a）所示。显然，$p_R \geqslant 0$，也就是说，电阻元件在交流电路中也总是消耗能量的，不与电源之间产生能量交换。

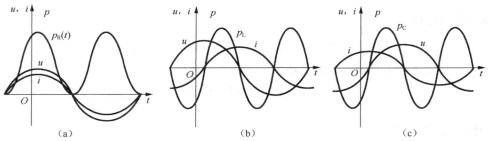

图 5-33 电阻、电感、电容上的瞬时功率

如果二端网络 N 仅由一个电感量为 L 的电感元件构成，因为 $\phi_u - \phi_i = 90°$，则
$$p_L(t) = UI\cos(2\omega t + \phi_u + \phi_i) = UI\sin[2(\omega t + \phi_u)]$$

波形图如图 5-33（b）所示。可以看出，p_L 有时正有时负，正值代表电感元件在吸收能量（将电能转化为磁场能，即充磁），负值代表电感向它的外电路发出能量（将储存的磁场能转变成电能释放出来）。在一个电流周期中，电感充磁和放电各两次，且每次充放的能量都相等，所以电感元件不消耗能量，吸收的能量只用于暂时的存储。电感元件与电源之间不停地进行着能量交换。

如果二端网络 N 仅由一个容量为 C 的电容元件构成，因为 $\phi_u - \phi_i = -90°$，则
$$p_C(t) = UI\cos(2\omega t + \phi_u + \phi_i) = -UI\sin[2(\omega t + \phi_u)]$$

波形图如图 5-33（c）所示。不难看出，p_C 的数值也是有时正有时负，在一个电流周期中，电容充电和放电各两次，且每次充放的能量相等，所以电容元件不消耗能量，吸收的能量只用于暂时的存储。与电感元件一样，电容元件与电源之间不停地进行着能量交换。但不一样的是，在正弦交流电路中，电感、电容元件存储和释放能量的步调总是相反的！如果将一个电容元件接在靠近电感的电路中，那么原本电感与电源之间的能量交换，就会部分或者全部地转移到电感与电容之间。后面将利用电感、电容的这个特点实现功率因数的补偿。

二、有功功率

正弦交流电路中的有功功率指的是瞬时功率在一个电流周期里的平均值，所以，有功功

率又称为平均功率，用字母 P 来表示。

$$P = \frac{1}{T}\int_0^T p(t)\mathrm{d}t = \frac{1}{T}\int_0^T [UI\cos(\phi_u - \phi_i) + UI\cos(2\omega t + \phi_u + \phi_i)]\mathrm{d}t$$

后面一项积分等于零，所以有功功率

$$P = UI\cos(\phi_u - \phi_i) \qquad\qquad (5\text{-}19)$$

有功功率的单位是瓦特（W）。

对于无源二端网络来说，$\phi_u - \phi_i = \varphi$，即阻抗角，所以有功功率公式可表达为

$$P = UI\cos\varphi \qquad\qquad (5\text{-}20)$$

由欧姆定律

$$U = I\,|Z|$$

阻抗 $Z = R + \mathrm{j}X = |Z|\,\underline{/\varphi}$，所以有功功率公式还可以写成

$$P = I^2\,|Z|\cos\varphi = I^2 R \qquad\qquad (5\text{-}21)$$

式（5-20）表明，无源二端网络吸收的有功功率不仅跟其端口电压、电流的有效值有关，还跟二端网络阻抗的阻抗角余弦有关，定义

$$\lambda = \frac{P}{UI} = \cos\varphi \qquad\qquad (5\text{-}22)$$

称 λ 为该无源二端网络的功率因数。阻抗角 φ，也称为功率因数角。

如果二端网络分别由单个 R、L、C 元件构成，有功功率分别为

电阻 R，$\varphi = 0$，$P_{\mathrm{R}} = UI\cos 0° = UI = I^2 R = \dfrac{U^2}{R}$，$\lambda = \cos 0° = 1$

电感 L，$\varphi = 90°$，$P_{\mathrm{L}} = UI\cos 90° = 0$，$\lambda = \cos 90° = 0$

电容 C，$\varphi = -90°$，$P_{\mathrm{C}} = UI\cos(-90°) = 0$，$\lambda = \cos(-90°) = 0$

可见，L、C 元件的有功功率都等于零，表明它们都不消耗功率。因此，一个由 R、L 和 C 构成的二端网络，其有功功率等于所有电阻消耗的功率之和。

负载的有功功率通常采用瓦特表进行测量。

三、无功功率

工程上还引入无功功率这个量，表征负载与电源之间的能量交换情况。无功功率用 Q 表示

$$Q = UI\sin(\phi_u - \phi_i) \qquad\qquad (5\text{-}23)$$

对于无源二端网络

$$Q = UI\sin\varphi \qquad\qquad (5\text{-}24)$$

φ 为二端网络等效阻抗的阻抗角。

为了跟有功功率相区别，无功功率的单位为乏（Var）。

如果二端网络分别由单个 R、L、C 元件构成，无功功率分别为

电阻 R，$\varphi = 0$，$Q_{\mathrm{R}} = UI\sin 0° = 0$；

电感 L，$\varphi = 90°$，$Q_{\mathrm{L}} = UI\sin 90° = I^2 X_{\mathrm{L}} = \dfrac{U^2}{X_{\mathrm{L}}}$；

电容 C，$\varphi = -90°$，$Q_{\mathrm{C}} = UI\sin(-90°) = -UI = I^2 X_{\mathrm{C}} = \dfrac{U^2}{X_{\mathrm{C}}}$。

可见，电感的无功功率总是大于零，电容元件的无功功率总是小于零，而电阻元件的无功功率恒为零。

例 5.20　求图 5-34 所示二端网络吸收的总的有功功率和无功功率。

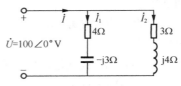

图 5-34　例 5.20 电路模型图

解法 1： 计算二端网络的等效阻抗

$$Z = \frac{(4-3\mathrm{j})(3+4\mathrm{j})}{(4-3\mathrm{j})+(3+4\mathrm{j})} = 3.536\underline{/8.13°}\ \Omega$$

电流相量 $\dot{I}$ 的模

$$I = \frac{U}{|Z|} = \frac{100}{3.536} = 28.281\mathrm{A}$$

有功功率

$$P = UI\cos\varphi = 100 \times 28.281 \times \cos 8.31° = 2800\mathrm{W}$$

无功功率

$$Q = UI\sin\varphi = 100 \times 28.281 \times \sin 8.31° = 400\mathrm{Var}$$

解法 2： 求各支路电流的有效值

$$I_1 = \frac{U}{|4-3\mathrm{j}|} = \frac{100}{5} = 20\mathrm{A}$$

$$I_2 = \frac{U}{|3+4\mathrm{j}|} = \frac{100}{5} = 20\mathrm{A}$$

消耗的总有功功率等于两电阻消耗的功率之和

$$P = I_1^2 \times 4 + I_2^2 \times 3 = 20^2 \times 4 + 20^2 \times 3 = 2800\mathrm{W}$$

吸收的总无功功率等于二端网络中所有无功功率之和

$$Q = Q_\mathrm{C} + Q_\mathrm{L} = I_1^2 X_\mathrm{C} + I_2^2 X_\mathrm{L} = 20^2 \times (-3) + 20^2 \times 4 = 400\mathrm{Var}$$

例 5.21　三表法测量功率线圈等效参数 L 和 R 的测量线路如图 5-35 所示。若 3 个表的读数分别为电压表 100V，电流表 1A，瓦特表 50W，电源频率 50Hz。试求该线圈的 R 和 L 参数。

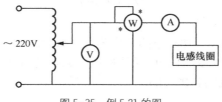

图 5-35　例 5.21 的图

解： 瓦特表测量的有功功率等于电阻消耗的功率，于是有

$$P = 50 = I^2 R = 1^2 R$$

则 $R = 50\Omega$ 。线圈的阻抗模

$$|Z| = \frac{U}{I} = 100 = \sqrt{R^2 + (\omega L)^2} = \sqrt{50^2 + (314L)^2}$$

得 $L = 0.276\mathrm{H}$ 。

四、视在功率

端口电压有效值与端口电流有效值之积，称为视在功率，用字母 S 表示。

$$S = UI \tag{5-25}$$

视在功率的单位是伏安（VA）。视在功率常常用于表示电机电器的功率容量。视在功率与有功功率和无功功率的关系是

$$P = S\cos\varphi$$
$$Q = S\sin\varphi$$
$$S = \sqrt{P^2 + Q^2} \tag{5-26}$$
$$\lambda = \frac{P}{S} \tag{5-27}$$

例 5.22 把 3 个负载并联在 220V 正弦电源上，如图 5-36 所示。各负载阻抗上的电流和功率分别为阻抗 Z_1（感性）：$P_1 = 4.4\mathrm{kW}$ ，$I_1 = 44.7\mathrm{A}$ ；阻抗 Z_2（感性）：$P_2 = 8.8\mathrm{kW}$ ，$I_2 = 50\mathrm{A}$ ；阻抗 Z_3（容性）：$P_3 = 6.6\mathrm{kW}$ ，$I_3 = 60\mathrm{A}$ 。试求：总有功功率、无功功率、从电源端看负载的视在功率、功率因数以及总电流。

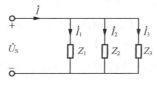

图 5-36 例 5.22 电路模型图

解： 总有功功率等于 3 个负载有功功率之和，即

$$P = P_1 + P_2 + P_3 = 4400 + 8800 + 6600 = 19800\mathrm{W}$$

阻抗 Z_1 的视在功率

$$S_1 = 220 \times 44.7 = 9834\ \mathrm{VA}$$

阻抗 Z_1 的无功功率

$$Q_1 = \sqrt{S_1^2 - P_1^2} = \sqrt{9834^2 - 4400^2} = 8794.75\ \mathrm{Var}$$

阻抗 Z_2 的视在功率

$$S_2 = 220 \times 50 = 11000\ \mathrm{VA}$$

阻抗 Z_2 的无功功率

$$Q_2 = \sqrt{S_2^2 - P_2^2} = \sqrt{11000^2 - 8800^2} = 6600\ \mathrm{Var}$$

阻抗 Z_3 的视在功率

$$S_3 = 220 \times 60 = 13200\ \mathrm{VA}$$

阻抗 Z_3（容性）的无功功率

$$Q_3 = -\sqrt{S_3^2 - P_3^2} = -\sqrt{13200^2 - 6600^2} = -11431.54 \text{ Var}$$

总无功功率等于 3 个负载无功功率之和，即

$$Q = Q_1 + Q_2 + Q_3 = 8794.75 + 6600 - 11431.54 = 3963 \text{ Var}$$

总视在功率

$$S = \sqrt{P^2 + Q^2} = \sqrt{19800^2 + 3963^2} = 20193 \text{ VA}$$

从电源端看，总负载的功率因数

$$\lambda = \frac{P}{S} = \frac{19800}{20193} = 0.9805$$

电路的总电流

$$I = \frac{S}{U} = \frac{20193}{220} = 91.8 \text{A}$$

五、复功率

复功率的定义为有功功率、无功功率的计算提供了一个新的方法。如果一个二端网络端口电压相量 $\dot{U}$、电流相量 $\dot{I}$ 参考方向关联，则定义二端网络吸收的复功率 $\overline{S}$ 为

$$\overline{S} = \dot{U} \dot{I}^* \tag{5-28}$$

设 $\dot{U} = U \underline{/\phi_u}$，$\dot{I} = I \underline{/\phi_i}$，则复功率：

$$\begin{aligned}
\overline{S} = \dot{U}\dot{I}^* &= U \underline{/\phi_u} \cdot I \underline{/-\phi_i} = UI \underline{/\phi_u - \phi_i} \\
&= UI[\cos(\phi_u - \phi_i) + j\sin(\phi_u - \phi_i)] \\
&= P + jQ
\end{aligned}$$

不难看出，复功率的实部是二端网络吸收的有功功率，虚部是无功功率，模为视在功率。

当二端网络是无源二端网络

$$\begin{aligned}
\overline{S} = UI \underline{/\phi_u - \phi_i} &= UI \underline{/\varphi} \\
&= UI[\cos\varphi + j\sin\varphi] \\
&= P + jQ
\end{aligned}$$

式中，φ 为二端网络等效阻抗的阻抗角。

由于 $\dot{U} = Z\dot{I}$，阻抗 Z 吸收的复功率还可以表达为

$$\begin{aligned}
\overline{S} = \dot{U}\dot{I}^* = Z\dot{I} \cdot \dot{I}^* &= I^2 Z \\
&= I^2 (R + jX) \\
&= P + jQ
\end{aligned}$$

如果将 $\overline{S}$、P、jQ 三个复数在复平面中用有向线段表示，三者构成一个直角三角形，如图 5-37 所示。这个三角形与二端网络等效阻抗的阻抗三角形是相似三角形。

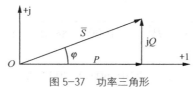

图 5-37 功率三角形

例 5.23 用求复功率的方法重新分析例题 5.20。

解： 电路总电流

$$\dot{I} = \frac{\dot{U}}{Z} = 28.28\underline{/-8.13^\circ}\,\text{A}$$

复功率

$$\overline{S} = \dot{U}\,\dot{I}^* = 100\underline{/0^\circ} \times 28.28\underline{/8.13^\circ} = 2828\underline{/8.13^\circ}$$
$$= 2800 + \text{j}400\,\text{VA}$$

所以有功功率 $P = 2800\,\text{W}$，无功功率 $Q = 400\,\text{Var}$。

在正弦电路中能量守恒包括：有功功率守恒 $\Sigma P = 0$，无功功率守恒 $\Sigma Q = 0$，复功率守恒 $\Sigma\overline{S} = 0$，但是要注意视在功率不守恒 $\Sigma S \neq 0$。

5.9 最大功率传输问题

图 5-38（a）所示电路为一个有源网络 N 向负载 Z 传输功率，当 Z 为何值时，Z 上等获得最大的有功功率呢？最大有功功率又是多少瓦呢？这个问题就是交流电路中的最大功率传输问题。

要研究这个问题，首先将有源二端网络等效成戴维南等效电路，如图 5-38（b）所示。这里，假设 N 的开路电压相量 $\dot{U}_{\text{OC}} = U_{\text{OC}}\underline{/\phi_u}$，戴维南等效阻抗 $Z_{\text{S}} = R_{\text{S}} + \text{j}X_{\text{S}}$，负载阻抗 $Z = R + \text{j}X$。

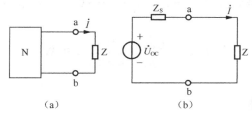

图 5-38 最大功率传输问题

阻抗 $Z = R + \text{j}X$ 上的有功功率为

$$P = I^2 R$$

其中，电路电流有效值

$$I = \frac{U_{\text{OC}}}{|Z + Z_{\text{S}}|} = \frac{U_{\text{OC}}}{\sqrt{(R + R_{\text{S}})^2 + (X + X_{\text{S}})^2}}$$

要使 P 最大，需电流 I 达到最大。而要 I 最大，需 $X + X_{\text{S}} = 0$，即

$$X = -X_{\text{S}} \tag{5-29}$$

于是功率的表达式可写为

$$P = I^2 R = \frac{U_{\text{OC}}^2}{(R + R_{\text{S}})^2} R$$

两边对 R 求导数并令其等于零，得

$$R = R_{\text{S}} \tag{5-30}$$

结合式（5-29）和式（5-30）得：当负载阻抗等于有源二端网络戴维南等效阻抗的共轭复数时，即 $Z = Z_S^*$ 时，负载 Z 上获得的有功功率最大，最大功率为

$$P_{\text{MAX}} = \frac{U_{\text{OC}}^2}{4R_S} \qquad (5\text{-}31)$$

称这种阻抗的匹配方式为共轭匹配。

例 5.24 图 5-39（a）所示电路模型中，阻抗 Z 为何值时，Z 取得的功率最大，最大功率是多少？

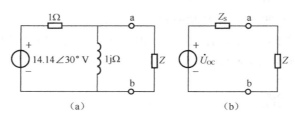

图 5-39　例题 5.23 电路模型图

解：将 ab 左边的有源二端网络端等效成戴维南等效电路，如图 5-39（b）所示，其中

$$\dot{U}_{\text{OC}} = \frac{1\text{j}}{1+1\text{j}} \times 14.14\underline{/\,0^\circ} = 10\underline{/\,45^\circ}\ \text{V}$$

$$Z_S = \frac{1 \times 1\text{j}}{1+1\text{j}} = 0.5 + \text{j}0.5\ \Omega$$

根据最大功率传输的结论，当 $Z = Z_S^* = 0.5 - \text{j}0.5\ \Omega$ 时，Z 取得的有功功率最大，最大值为

$$P_{\text{MAX}} = \frac{U_{\text{OC}}^2}{4R_S} = \frac{10^2}{4 \times 0.5} = 50\ \text{W}$$

5.10　功率因数的提高

以特定的电压 U 向某地输送功率为 P 的电能，需要的输送电流为

$$I = \frac{P}{U\cos\varphi} = \frac{P}{U\lambda}$$

由此可见，输送电流的大小与负载的功率因数成反比。当负载的功率因数越大时，线路的输送电流就越小，反之，负载的功率因数越小，线路输送电流就越大。电流大不仅增加输电线路上的损耗还增加了电源的供电负担，因此，供电部门对接入电网的用户的功率因数都有一定的要求。

是什么导致功率因数偏低？请看功率因数的另一个表达式

$$\lambda = \frac{P}{S} = \frac{P}{\sqrt{P^2 + Q^2}}$$

不难看出，当电路中存在动态元件时就不可避免地产生无功功率 Q，在额定有功功率下，无功功率越大，功率因数就越低。可见，减小电路总无功功率 Q，是提高功率因数根本的方法。

在用电设备中感性设备占了绝大多数，因而电网的总负载是呈感性的。感性负载的无功

功率是大于零的，要减小无功功率，可以在电路中加入负无功功率的电容元件。具体做法是在负载两端并联适当容量的电容，用电容负的无功功率完全或部分地抵消感性负载正的无功功率，从而使得功率因数得到提高。图 5-40（a）为功率因数补偿电路，接下来研究：将感性电路的功率因数 $\lambda_1 = \cos\varphi_1$ 补偿到 $\lambda_2 = \cos\varphi_2$（$\lambda_1 < \lambda_2$）需要并联电容的容量值。

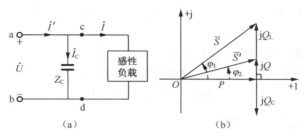

图 5-40　功率因数的补偿

补偿前，如图 5-39（a）的 c d 端右侧电路吸收的复功率：$\overline{S} = P + jQ_L$。加入电容 C 补偿之后，从 ab 端看总负载的复功率为 $\overline{S}' = P + j(Q_L + Q_C) = P + jQ$。其中 Q 为总无功功率。图 5-40（b）为补偿前后的功率三角形。

$$Q = Q_L + Q_C$$

即

$$P\tan\varphi_2 = P\tan\varphi_1 + Q_C$$

电容上的无功功率

$$Q_C = P\tan\varphi_2 - P\tan\varphi_1 = \frac{U^2}{X_C} = -\omega C U^2$$

补偿电容的容量为

$$C = \frac{P}{\omega U^2}(\tan\varphi_1 - \tan\varphi_2) \tag{5-32}$$

式中，P 为感性负载的有功功率，ω 为正弦电源的角频率，U 为电源电压的有效值，φ_1 为补偿前电路的功率因数角，φ_2 为补偿后电路的功率因数角。

例 5.25　某感性负载，额定电压为 220V，额定功率为 12kW，功率因数为 0.866，工作频率为 50Hz。要将这种在额定电压下工作的负载功率因数提高到 0.92，问需并联多大容量的电容？

解：补偿前，$\lambda_1 = \cos\varphi_1 = 0.866$，$\varphi_1 = 30°$
补偿后，$\lambda_2 = \cos\varphi_2 = 0.92$，$\varphi_2 = 23.1°$
角频率：$\omega = 2\pi f = 100\pi \approx 314\text{rad/s}$
又据公式（5-31）

$$C = \frac{12000}{314 \times 220^2}(\tan 30° - \tan 23.1°) = 119 \times 10^{-6}\text{F} = 119\mu\text{F}$$

功率因数补偿实际上利用的是电感元件和电容元件与外界能量交换的互补性，将原本在电感与电源之间的能量交换，部分或全部地转移到电感与电容之间进行，从而减少了干线电路的电流。

5.11 谐振

谐振是正弦电路中的一种特定的工作状况,它在电子技术、无线电工程中得到广泛应用。在电力系统中如果出现谐振,可能导致电气设备因为过压或过流而损坏。所以研究电路的谐振现象,在工程上具有重大意义。

含动态元件的无源二端网络,在正弦交流电的激励下,端口电压与电流出现同相位的工作状况称为谐振。谐振时,二端网络阻抗或导纳的虚部为零,即

$$\text{Im}[Z] = 0 \text{ 或 } \text{Im}[Y] = 0$$

一、RLC 串联电路的谐振

1. RLC 电路的固有频率和谐振条件

RLC 串联电路的相量模型图如图 5-41(a)所示,电路的等效阻抗:

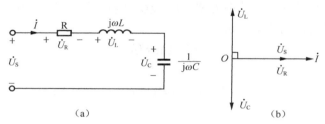

(a)　　　　　　　　　　　　(b)

图 5-41　RLC 串联电路的谐振

$$Z = R + \text{j}(\omega L - \frac{1}{\omega C})$$

令 $\text{Im}[Z] = 0$ 得

$$\omega = \frac{1}{\sqrt{LC}} \tag{5-33}$$

式中,L、C 是电路的参数,与激励没有关系,称

$$\omega_0 = \frac{1}{\sqrt{LC}} \tag{5-34}$$

为 RLC 电路的固有角频率。因为 $\omega_0 = 2\pi f_0$,所以 RLC 串联电路的固有频率为

$$f_0 = \frac{1}{2\pi\sqrt{LC}} \tag{5-35}$$

由式(5-33)可知:当外接电源的角频率 ω 与电路固有频率 ω_0 相等时,电路发生谐振。谐振时,端口的等效阻抗 $Z = Z_0 = R$,呈电阻性质。

2. RLC 串联电路的两个特征量

把串联谐振时电感的感抗(或电容的容抗的绝对值)定义为电路的特性阻抗,用字母 ρ 来表示

$$\rho = \omega_0 L = \frac{1}{\omega_0 C} = \sqrt{\frac{L}{C}} \tag{5-36}$$

特性阻抗的单位为欧姆（Ω），它和固有频率一样只与自身参数 L、C 有关一个特征量，与激励的大小和频率没有关系。

在无线电电子技术中，用特性阻抗 ρ 与电阻 R 的比值来表征谐振电路的性能，称其为电路的品质因数，用 Q 表示，即

$$Q = \frac{\rho}{R} = \frac{\omega_0 L}{R} = \frac{1}{\omega_0 RC} = \frac{1}{R}\sqrt{\frac{L}{C}} \tag{5-37}$$

品质因数 Q 的大小也决定于电路的 R、L、C 参数，是一个无量纲的量。

如果将式（5-37）分子分母同乘以电流的平方，即

$$Q = \frac{I_0^2 \omega_0 L}{I_0^2 R} = \frac{Q_L}{P}$$

不难看出，Q 值等于谐振时电路中电感的无功功率与电阻消耗的功率之比。也就是电磁能量交换功率与消耗功率之比。电路的品质因数 Q 越大，L 和 C 之间的能量交换越激烈。

3. 谐振时各元件的电流和电压值

谐振时电路的电流相量

$$\dot{I}(\omega_0) = \frac{\dot{U}_S}{R}$$

此时，电感阻抗与电容阻抗抵消，电路电流的有效值达到最大值。这也是 RLC 串联谐振电路的一个重要特征，据此可以判断电路是否发生了谐振。

电阻的电压相量

$$\dot{U}_R(\omega_0) = R\,\dot{I}(\omega_0) = \dot{U}_S$$

电感的电压相量

$$\dot{U}_L(\omega_0) = j\omega_0 L\,\dot{I}(\omega_0) = j\frac{\omega_0 L}{R}\dot{U}_S = jQ\dot{U}_S$$

电容的电压相量

$$\dot{U}_C(\omega_0) = \frac{1}{j\omega_0 C}\dot{I}(\omega_0) = -j\frac{1}{\omega_0 RC}\dot{U}_S = -jQ\dot{U}_S$$

可见，谐振时，电感、电容电压的有效值相等：$U_L(\omega_0) = U_C(\omega_0) = QU_S$，而两者的相位相反，从总抗来看两电压完全抵消，所以串联谐振又称为电压谐振。电压、电流的相量图如图 5-41（b）所示。

例 5.26 图 5-42 电路中，已知：$u_S(t) = \sqrt{2}\sin(10^6 t)\text{V}$，$C$ 为可变电容，问 C 取多大时电路发生谐振？谐振时电容电压为多少？

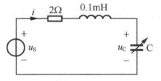

图 5-42 例题 5.26 的电路图

解： 输入电压信号的角频率 $\omega = 10^6 \text{ rad/s}$，若要电路发生谐振，必须使得电路的固有角频率与之相等，即

$$\omega = \omega_0 = \frac{1}{\sqrt{LC}}$$

得到
$$C = \frac{1}{\omega^2 L} = \frac{1}{10^{12} \times 10^{-4}} = 10^{-8}\,\text{F} = 1000\text{pF}$$

电路的品质因数
$$Q = \frac{1}{R}\sqrt{\frac{L}{C}} = \frac{1}{2}\sqrt{\frac{10^{-4}}{10^{-8}}} = 50$$

电容电压有效值
$$U_C(\omega_0) = QU_S = 50 \times 1 = 50\,\text{V}$$

4. 串联谐振电路的频率特性

串联电路中，电流、电压、阻抗模以及阻抗角、导纳模与导纳角随频率的变化关系，称为频率特性。电压、电流随频率变化的曲线叫做谐振曲线。

阻抗的频率特性
$$|Z| = \sqrt{R^2 + (\omega L - \frac{1}{\omega C})^2}$$

$$\varphi = \arctan[(\omega L - \frac{1}{\omega C}) / R]$$

阻抗模、阻抗角的频率特性如图 5-43 所示。当 $\omega < \omega_0$，$\varphi < 0$ 时，电路呈容性；当 $\omega = \omega_0$ 时，$\varphi = 0$，电路呈电阻性（谐振状态）；当 $\omega > \omega_0$，$\varphi > 0$ 时，电路呈感性。

当外施电压有效值不变时，电流的频率特性
$$I(\omega) = \frac{U_S}{|Z|} = \frac{U_S}{\sqrt{R^2 + (\omega L - \frac{1}{\omega C})^2}} = \frac{U_S}{R\sqrt{1 + Q^2(\frac{\omega}{\omega_0} - \frac{\omega_0}{\omega})^2}}$$

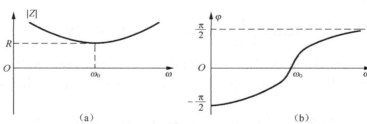

图 5-43　阻抗的频率特性

这里 $Q = \dfrac{\omega_0 L}{R} = \dfrac{1}{\omega_0 RC}$ 为电路的品质因数。定义相对频率变量 $\eta = \dfrac{\omega}{\omega_0}$，并考虑到 $\dfrac{U_S}{R} = I(\omega_0)$，则电流的频率响应特性为

$$I(\omega) = \frac{I(\omega_0)}{\sqrt{1 + Q^2(\eta - \frac{1}{\eta})^2}}$$

以电流的相对值 $\dfrac{I(\omega)}{I(\omega_0)}$ 作为纵轴，以相对频率 η 为横轴作谐振曲线，如图 5-44 所示。

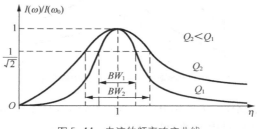

图 5-44 电流的频率响应曲线

从电流的频率特性曲线可以看出，在 RLC 串联电路中，各种频率的激励在电路中产生的电流响应是不一样的。当 $\eta = 1$ 时，也就是当 $\omega = \omega_0$ 时 $I(\omega) / I(\omega_0)$ 达到最大；当 ω 偏离 ω_0 时 $I(\omega) / I(\omega_0)$ 受到抑制，而且离 ω_0 越远，抑制得越厉害。即 RLC 串联电路对激励的频率具有选择性，因而它是一种频率滤波器。称这种滤波器为带通滤波器，固有频率 ω_0 为带通滤波器的中心频率。从特性曲线的最高处向下数 3dB，也就是取 $I(\omega) / I(\omega_0)$ 最大值 1 的 0.707 倍处，画一根平行于频率轴的直线，直线与谐振曲线有两个交点，交点间的频率宽度称为该谐振曲线的频带宽度，用 BW 表示。从图 5-44 可以看出，当 RLC 电路的品质因数越高，曲线形状在中心点附近就越尖锐，带宽就越小。在这种情况下，外加激励信号频率略偏离中心频率点时，响应就有明显的衰减，电路表现出对非中心频率信号具有较强的抑制能力，电路的频率选择性能好。反之，Q 值较小，曲线在中心频率附近形状平缓，带宽宽，选择性就差。图中 $Q_1 > Q_2$，则 $BW_1 < BW_2$。

令 $\dfrac{I(\omega)}{I(\omega_0)} = \dfrac{1}{\sqrt{2}}$，即

$$\frac{1}{\sqrt{1 + Q^2(\eta - \dfrac{1}{\eta})^2}} = \frac{1}{\sqrt{2}}$$

解得

$$\eta_1 = -\frac{1}{2Q} + \sqrt{\frac{1}{4Q^2} + 1}, \quad \eta_2 = \frac{1}{2Q} + \sqrt{\frac{1}{4Q^2} + 1}$$

于是有

$$\eta_2 - \eta_1 = \frac{1}{Q}$$

带宽与品质因数的关系

$$BW = \omega_2 - \omega_1 = \frac{\omega_0}{Q}$$

可见，RLC 串联电路的 Q 值越大，带宽 BW 就越小。

需要说明一下的是，由于容抗和感抗与频率有关，所以在谐振频率点 ω_0 处电容电压和电感电压并不是最大值。可以证明，电容电压最大值频率点出现在 $\eta = \eta_1$ 处，电感电压的最大值频率点出现在 $\eta = \eta_2$ 处，如图 5-45 所示。

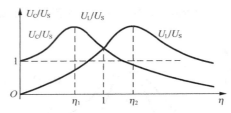

图 5-45　电容电压和电感电压的频率响应曲线

例 5.27　RLC 串联电路中，$L = 50\mu H$，$C = 100pF$，$Q = 50$，电源电压有效值 $U = 1mV$。求电路的谐振频率 f_0、谐振时电容的电压 U_C 和频带宽度 BW。

解：电路的谐振频率

$$f_0 = \frac{1}{2\pi\sqrt{LC}} = \frac{1}{2\pi\sqrt{50\times10^{-6}\times100\times10^{-12}}} = 2.252MHz$$

谐振时电容电压有效值

$$U_C = QU = 50\times1 = 50\ mV$$

频带宽度

$$BW = \frac{f_0}{Q} = \frac{2.252}{50} \approx 0.045\ MHz = 45\ kHz$$

二、GLC 并联电路的谐振

GLC 并联电路如图 5-46（a）所示，端口看进去的等效导纳

$$Y = G + j(\omega C - \frac{1}{\omega L})$$

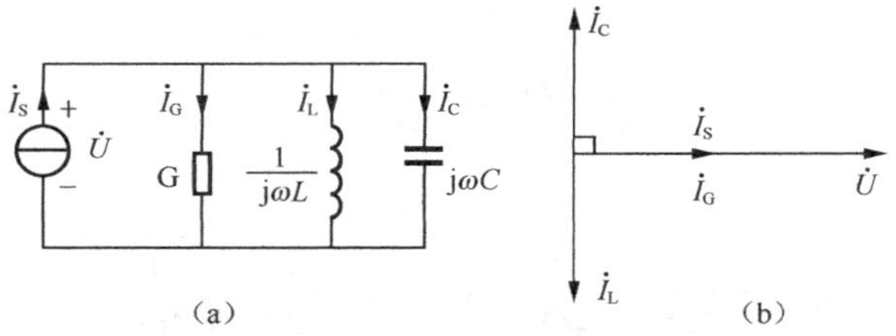

（a）　　　　　　　　　　　　　（b）

图 5-46　并联谐振电路

令 $\text{Im}[Y] = 0$ 得

$$\omega = \frac{1}{\sqrt{LC}}$$

定义，$\dfrac{1}{\sqrt{LC}} = \omega_0$ 为 GLC 并联电路的固有频率，则当 $\omega = \omega_0$ 时，电路发生并联谐振，谐振时：$Y(\omega_0) = G$，电路呈现电阻性质。

在电流源作用之下，电路的端电压

$$U(\omega) = \frac{I_S}{|Y(\omega)|} = \frac{I_S}{\sqrt{G^2 + (\omega C - \frac{1}{\omega L})^2}}$$

谐振时，$|Y(\omega_0)| = G$ 达到最小值，所以电压 U 达到最大值

$$U(\omega_0) = \frac{I_S}{|Y(\omega_0)|} = \frac{I_S}{G} = I_S R$$

因此，可以根据这一现象判别电路是否发生了并联谐振。

谐振时，电容、电感支路的电流

$$\dot{I}_L(\omega_0) = \frac{U(\omega_0)}{j\omega_0 L} = -j\frac{1}{\omega_0 L G}\dot{I}_S = -jQ\dot{I}_S$$

$$\dot{I}_C(\omega_0) = j\omega_0 C U(\omega_0) = j\frac{\omega_0 C}{G}\dot{I}_S = jQ\dot{I}_S$$

式中，Q 为 GLC 并联电路的品质因数

$$Q = \frac{1}{\omega_0 L G} = \frac{\omega_0 C}{G} = \frac{1}{G}\sqrt{\frac{C}{L}}$$

可见，当电路发生并联谐振时，$\dot{I}_B(\omega_0) = \dot{I}_L(\omega_0) + \dot{I}_C(\omega_0) = 0$，从 LC 两端看过去等效阻抗为无穷大，相当于开路。并联谐振又称为电流谐振。谐振时，电路的相量图如图 5-46（b）所示。

三、实际电感线圈与电容的并联谐振

实际电感线圈有一定的内阻，可以用电感元件与电阻串联来作它的电路模型。实际电感线圈与电容元件并联的电路如图 5-47（a）所示。

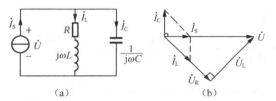

图 5-47　实际电感线圈与电容并联的谐振电路

电感线圈与电容元件并联的等效导纳为

$$Y(\omega) = \frac{1}{R + j\omega L} + j\omega C$$

$$= \frac{R - j\omega L}{R^2 + (\omega L)^2} + j\omega C$$

$$= \frac{R}{R^2 + (\omega L)^2} - j\frac{\omega L}{R^2 + (\omega L)^2} + j\omega C$$

根据谐振条件

$$-\frac{\omega_0 L}{R^2 + (\omega_0 L)^2} + \omega_0 C = 0$$

解得谐振角频率

$$\omega_0 = \frac{1}{\sqrt{LC}}\sqrt{1 - \frac{CR^2}{L}} \tag{5-38}$$

谐振频率

$$f_0 = \frac{1}{2\pi\sqrt{LC}}\sqrt{1-\frac{CR^2}{L}} \qquad (5\text{-}39)$$

由式（5-37）可知，只有当 $1-\frac{CR^2}{L}>0$，即 $R<\sqrt{\frac{L}{C}}$ 时，ω_0 才是实数，电路才能发生谐振。反之则不会发生谐振。当 R 非常小时，ω_0 非常接近于 GLC 并联谐振角频率。

谐振时，电路的输入导纳为

$$Y(\omega_0) = \frac{R}{R^2+(\omega L)^2} = \frac{CR}{L}$$

这时并联支路相当于一个电阻，用 R_0 表示，即电路的输入阻抗为

$$Z(\omega_0) = R_0 = \frac{L}{CR} = \frac{\omega_0 L}{R} \cdot \frac{1}{\omega_0 RC} \cdot R = Q^2 R \qquad (5\text{-}40)$$

可见，线圈与电容并联电路发生谐振时，电路的输入阻抗等于支路电阻 R 的 Q^2 倍。Q 为电路的品质因数，一般在几十到几百之间。所以，$Z(\omega_0)$ 可以达到很高的数值。

因此，在电流源 $\dot{I}_S$ 作用之下，因为谐振时并联支路的高阻抗，使得电路获得高电压，即

$$\dot{U}_0 = \dot{I}_S R_0 = Q^2 R \dot{I}_S$$

如果电源端接的是电压为 $\dot{U}_S$ 的电压源，则电路输入（干线）电流达到最小值，即

$$\dot{I}_0 = \frac{\dot{U}_S}{R_0} = \frac{\dot{U}_S}{Q^2 R}$$

此时，各支路电流分别为

$$\dot{I}_L(\omega_0) = \frac{\dot{U}_S}{R+j\omega_0 L} = \frac{R-j\omega_0 L}{R^2+(\omega_0 L)^2}\dot{I}_0 R_0 = \frac{R-j\omega_0 L}{R}\dot{I}_0 = (1-jQ)\dot{I}_0$$

$$\dot{I}_C(\omega_0) = j\omega_0 C\dot{U}_S = j\omega_0 CR_0\dot{I}_0 = j\omega_0 C(RQ^2)\dot{I}_0 = j\frac{1}{Q}Q^2\dot{I}_0 = jQ\dot{I}_0$$

由上述两个式子可知，当 Q 很大时，$I_L \approx I_C = QI_0$，所以并联谐振又称为电流谐振。线圈与电容并联谐振时的相量图如图 5-47（b）所示。

例 5.28　如图 5-48 所示并联电路，电压源电压有效值 $U_S = 10\text{V}$，求电路的谐振角频率 ω_0、谐振回路的品质因数 Q、谐振时输入阻抗 R_0 和谐振时各支路电流的有效值。

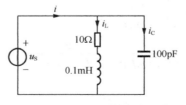

图 5-48　例 5.28 的电路图

解：谐振角频率

$$\omega_0 = \frac{1}{\sqrt{LC}}\sqrt{1-\frac{CR^2}{L}} = \frac{1}{\sqrt{10^{-4}\times10^{-10}}}\sqrt{1-\frac{10^{-10}\times10^2}{10^{-4}}} \approx 10\text{Mrad}/\text{s}$$

品质因数

$$Q = \frac{\omega_0 L}{R} = \frac{10 \times 10^6 \times 10^{-4}}{10} = 100$$

谐振时并联支路等效阻抗，即输入阻抗 $R_0 = Q^2 R = 100^2 \times 10 = 100 \text{k}\Omega$

电源端电流有效值

$$I_0 = \frac{10\text{V}}{100\text{k}\Omega} = 0.1 \text{mA}$$

电感支路电流有效值

$$I_\text{L} = |\dot{I}_\text{L}| = |(1 - \text{j}Q)| I_0 \approx Q I_0 = 10 \text{mA}$$

电容支路电流的有效值

$$I_\text{C} = |\dot{I}_\text{C}| = |\text{j}Q| I_0 = Q I_0 = 10 \text{mA}$$

习　题

5.1　正弦电流 $i(t) = 3\sin(100\pi t + 30°)\text{A}$，求该正弦电流的最大值、有效值、周期、频率和初相位，分别以 t 和 ωt 为横轴绘制波形图。

5.2　已知两同频率正弦量 $u(t)$、$i(t)$ 的波形图如图，$u(t)$ 的有效值为 10V，$i(t)$ 的有效值为 1A，试写出两个正弦量的函数表达式，并比较两者的相位关系。

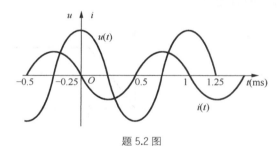

题 5.2 图

5.3　将下列复数化为极坐标形式

$F_1 = 3 + 4\text{j}$，$F_2 = 4 - 4\text{j}$，$F_3 = -8 + 6\text{j}$，$F_4 = -6 - 8\text{j}$，$F_5 = 3$，$F_6 = \text{j}5$

5.4　将下列复数化为代数形式

$F_1 = 10\underline{/30°}$，$F_2 = \sqrt{2}\underline{/-45°}$，$F_3 = 6\underline{/135°}$，$F_4 = 6\underline{/-120°}$

5.5　已知 $F_1 = 4\underline{/60°}$，$F_2 = 4 + 3\text{j}$，求 $F_1 + F_2$，$F_1 - F_2$，$F_1 \times F_2$，F_1 / F_2。

5.6　若 $100\underline{/0°} + C\underline{/60°} = 175\underline{/\varphi}$，式中 C、φ 为实数，求 C 和 φ。

5.7　将下列各式合并为一个正弦项：

（1）$3\sin(314t) + 4\cos(314t)$

（2）$5\sin(10t + 30°) + 6\sin(10t + 20°) - 2\cos(10t - 30°)$

（3）$-8\sin(50t) + 10\cos(50t) - 8\sin(50t - 45°)$

5.8　已知电流 $i_1(t) = 3\sqrt{2}\cos(314t - 30°)\text{A}$，$i_2(t) = -4\sqrt{2}\cos(314t + 60°)\text{A}$，求 $i(t)$ 并画出相量图。

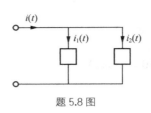

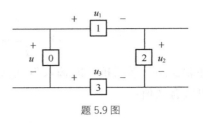

题 5.8 图   题 5.9 图

5.9 已知电压 $u(t) = 10\sqrt{2}\cos(\omega t)\,\text{V}$ ，$u_1(t) = 8\sqrt{2}\cos(\omega t + 30°)\,\text{V}$ ，$u_2(t) = 4\sqrt{2}\sin(\omega t)\,\text{V}$ ，求 $u_3(t)$ 。

5.10 已知：$i_1(t) = 10\sqrt{2}\sin(\omega t + 30°)\,\text{A}$ ，$i_2(t) = 3\sqrt{2}\cos(\omega t - 20°)\,\text{A}$ ，写出这两个正弦量的有效值相量，作相量图，比较两正弦量的相位关系。

5.11 已知图示电路中 3 个电压源的电压分别为

$u_A(t) = 220\sqrt{2}\cos(\omega t)\,\text{V}$ ，$u_B(t) = 220\sqrt{2}\cos(\omega t - 120°)\,\text{V}$ ，

$u_C(t) = 220\sqrt{2}\cos(\omega t + 120°)\,\text{V}$

（1）写出 3 个正弦量的有效值相量；

（2）比较 3 个电压的相位关系；

（3）画出相量图；

（4）证明 $u_A(t) + u_B(t) + u_C(t) = 0$ ；

（5）求电压 u_{AB} 、u_{BC} 的有效值。

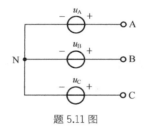

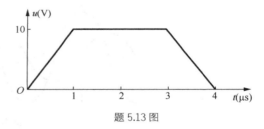

题 5.11 图   题 5.13 图

5.12 一个电感元件 $L = 0.5\text{H}$ ，在 $0 \leqslant t \leqslant 10\text{s}$ 时间内流过电感的电流 $i(t) = 0.1(t + 5)\,\text{A}$ ，求在这段时间内电感电压（与 $i(t)$ 呈关联参考方向）的值，以及电感在这段时间吸收的能量。

5.13 电容容量 $C = 5\mu\text{F}$ ，其电压与电流参考方向关联，电压的波形图如图所示，

（1）绘制电流的波形图；

（2）求 $t = 2\mu\text{s}$ 和 $t = 4\mu\text{s}$ 两个时刻电容上具有的能量。

5.14 稳恒直流电路如图，试计算电路中电感元件和电容元件中具有的能量。

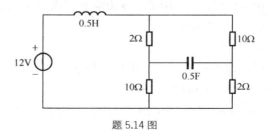

题 5.14 图

5.15   已知元件 X 两端的电压 $u(t) = 24\sqrt{2}\cos(314t + 30°)\,\text{V}$ ，求与该电压呈关联参考方向的 X 元件电流的表达式 $i(t)$ 。X 元件为（1）电阻元件，且阻值 $R = 8\text{k}\Omega$ ；（2）电感元件，且电感量 $L = 10\text{mH}$ ；（3）电容元件，且容量 $C = 100\mu\text{F}$ 。

5.16   在关联参考方向下，某理想元件的电压和电流已知，问根据下面给出的数据分别判别它是什么元件，元件参数为多少？

（1） $\begin{cases} u = 10\cos(100t + 45°)\,\text{V} \\ i = 2\sin(100t + 135°)\,\text{mA} \end{cases}$ （2） $\begin{cases} u = 5\sqrt{2}\cos(1000t + 15°)\,\text{V} \\ i = \sqrt{2}\sin(1000t + 15°)\,\text{mA} \end{cases}$

（3） $\begin{cases} u = \sqrt{2}\cos(5000t - 120°)\,\text{V} \\ i = \sqrt{2}\cos(5000t - 30°)\,\text{mA} \end{cases}$

5.17   已知 $i_\text{S}(t) = 0.1\sqrt{2}\cos(10t + 50°)\,\text{A}$ ，求电压 $u(t)$ 。

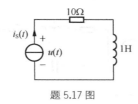

题 5.17 图

5.18   正弦交流电路如图所示，各电压表测量的数值均为有效值。已知电压表 V_1 的读数为 30V， V_2 的读数为 40V， V_3 的读数为 50V，求电压表 V 和 V_4 的读数。

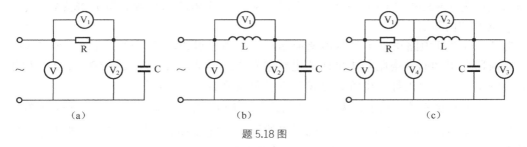

题 5.18 图

5.19   正弦交流电路如图所示，各电流表测量的数值均为有效值。已知电流表 A_1 的读数为 24A， A_2 的读数为 19.2A， A_3 的读数为 1.2A，求电流表 A 和 A_4 的读数。如果保持电源端电压不变，电源的频率提高到原来的 4 倍，则两表的读数又为多少。

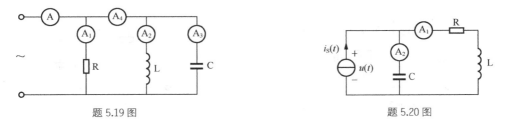

题 5.19 图   题 5.20 图

5.20   图中 $i_\text{S}(t) = 14\sqrt{2}\cos(\omega t)\,\text{mA}$ ， $u(t) = U_\text{m}\cos(\omega t)\,\text{V}$ ，电流表 A_1 的读数为 50mA，求电流表 A_2 的读数。

5.21   电路中 3 个电流表的读数都是 10A，电压源的电压有效值为 100V，电源频率为

50Hz，计算 R、L、C 的值。

5.22 题图电路的相量模型中，欲使电感电压与电容电压有效值相等，电路参数之间必须满足什么关系？

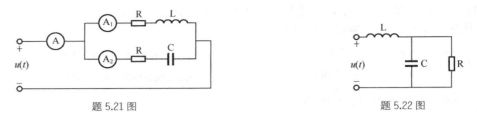

题 5.21 图   题 5.22 图

5.23 正弦交流电路如图所示，要使得开关 S 在断开和闭合两种情况下，电流表的读数不变，则 R、L 和 C 之间必须满足什么关系？

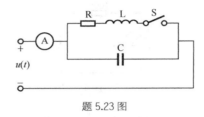

题 5.23 图

5.24 一个线圈接在 120V 的直流电压源上，线圈中电流 $I=20A$；若接在频率 $f=50Hz$，电压有效值为 $U=220V$ 的正弦交流电压源上，则线圈中电流的有效值为 $I=28.2A$，试求线圈的电感量 L 和内阻 R。

5.25 日光灯电路正常工作时由整流器和灯管串联组成，灯管可以看成一个 280Ω 的电阻，整流器可用 20Ω 的电阻与 1.65H 的电感串联作为模型。日光灯接在 50Hz、220V 的正弦交流电源上，试求日光灯的电流、灯管电压以及整流器电压的有效值。

5.26 在关联参考方向下，无源二端网络 N 端口电压 $u(t)=10\sqrt{2}\cos(2000t-27°)\text{V}$，电流 $i(t)=2\sqrt{2}\cos(2000t+35°)\text{A}$，求二端网络的等效阻抗 Z 和等效导纳 Y；判别阻抗的性质并求其在 $\omega=2000\,\text{rad}/\text{s}$ 频率下的最简串联、并联等效电路。

5.27 图中有两个未知元件，它们分别可能是一个电阻、一个电容或者一个电感，已知当 $u(t)=10\sin(100t+30°)\text{ V}$ 时，$u_2(t)=5\sqrt{2}\cos(100t-105°)\text{ V}$ 试确定它们各是什么元件？如果 $i(t)$ 的有效值为 1A，则两元件的参数分别是多少？

题 5.27 图   题 5.28 图

5.28 题图中 $i(t)=12.5\sqrt{2}\cos(3000t-55°)\text{A}$，$u(t)=353.5\sqrt{2}\cos(3000t-10°)\text{V}$，求 R 和 C。

5.29 求图示二端网络的等效阻抗和等效导纳。

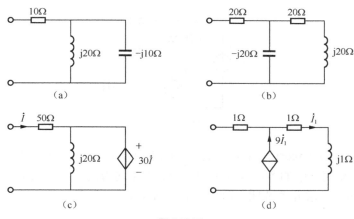

题 5.29 图

5.30 正弦交流电路的相量模型图如图，求各支路电流相量，并画出相量图。

5.31 在题图的电路中，$U_S = U_L = U_C = 200V$，求各支路电流的有效值以及阻抗 Z_2。

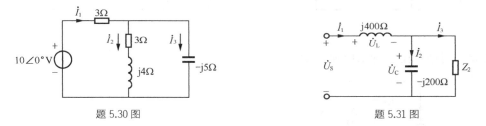

题 5.30 图　　　　　　　　　　　　　题 5.31 图

5.32 用网孔法求电流 $\dot{I}_1$、$\dot{I}_2$ 和 $\dot{I}_3$。

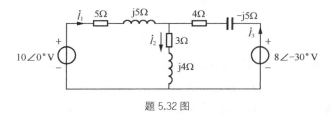

题 5.32 图

5.33 已知电压源的电压 $u_S(t) = 6\sqrt{2}\cos(3000t)V$，用网孔法求稳态正弦电流 i_1 和 i_2。

5.34 用结点法求电流 $\dot{I}$。

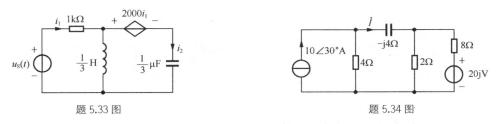

题 5.33 图　　　　　　　　　　　　　题 5.34 图

5.35 已知 $u_S(t) = 6\sin(2t) + 8\cos(2t)\ V$，$i_S(t) = 5\sin(2t) - 5\cos(2t)\ A$，用结点法求 $u(t)$。

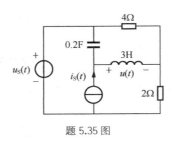

题 5.35 图

5.36 已知：$u_S(t) = 5\cos(2t)$ V，$i_S(t) = 3\sin(2t)$ A，用叠加定理求电压 $u(t)$。

5.37 已知电路模型中的各电源提供的电流、电压均为同频率正弦量，当开关 S 打开时，电压表的读数为 40V，求开关 S 闭合时电压表的读数。

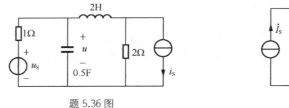

题 5.36 图

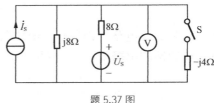

题 5.37 图

5.38 用戴维南定理求电流相量 $\dot{I}$。

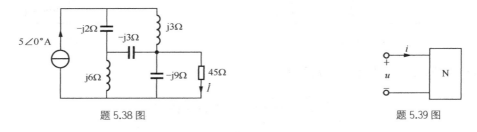

题 5.38 图   题 5.39 图

5.39 二端网络 N，已知：$u(t) = 100\cos(2t + 70°)$ V，$i(t) = 8\cos(2t + 10°)$ A，求二端网络吸收的有功功率 P、无功功率 Q、复功率 $\overline{S}$，计算二端网络的功率因数 λ。

5.40 已知电路中，$i_S(t) = 10\cos(10^3 t)$ mA，求每个元件吸收的有功功率和无功功率，并验证功率守恒。

5.41 计算电路的相量模型中各个元件吸收的复功率，并验证电路的复功率守恒。

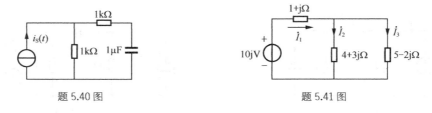

题 5.40 图   题 5.41 图

5.42 求图示电路中电流源发出的复功率。

5.43 图示电路当开关 S 断开时，交流电表的读数依次为：电压表 200V，电流表 2A，瓦特表 150W；当开关 S 闭合时发现电流表读数变小。求阻抗 Z 的数值。

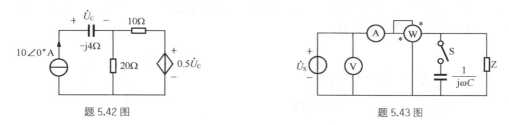

题 5.42 图　　　　　　　　　　题 5.43 图

5.44　求当负载阻抗 Z 为多少时 Z 获得的有功功率最大，最大功率为多少瓦？

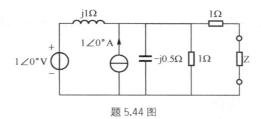

题 5.44 图

5.45　求当负载阻抗 Z 为多少时 Z 获得的有功功率最大，最大功率为多少瓦？

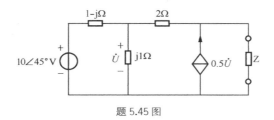

题 5.45 图

5.46　交流电压源上并联了两个负载，正常工作时负载吸收总有功功率为 2000W，功率因数 0.95，且呈感性；其中一个负载吸收的有功功率为 1200W，功率因数 0.8，呈感性。试求另外一个负载吸收的有功功率、功率因数，以及负载阻抗的性质。

5.47　功率为 40W、功率因数为 0.5 的日光灯 100 只，与功率为 60W、功率因数为 1 的白炽灯 40 只，并联在 220V、50Hz 的正弦交流电压源上。求

（1）电源供给的总电流的有效值；

（2）总负载的功率因数；

（3）若将总负载的功率因数提高到 0.92，在负载端要并联多大的电容。

5.48　当电压源的频率 ω =5000rad/s 时，RLC 串联电路发生谐振。已知 R=5Ω，L=400mH，电压源的电压有效值 U=1V，求电容容量 C，谐振时电路电流以及各元件电压的有效值。

5.49　RLC 串联电路中，R=1Ω，L=0.01H，C=1μF。求：

（1）电路的谐振频率 ω；

（2）谐振电路的品质因数；

（3）电流谐振曲线的带宽 BW。

5.50　RLC 串联电路中，L=50μH，C=100pF，品质因数 Q=50，电源电压有效值 U=1mV。求谐振频率 f_0，谐振时电容电压的有效值，带宽 BW。

5.51 如图所示电路，电压源电压有效值 12V，角频率 ω =6000rad/s。调节电容的容量 C 使得电路电流达到最大，且其有效值为 I=300mA，这时电容两端电压有效值为 U_C=720V。求 R、L、C 以及电路的品质因数 Q。

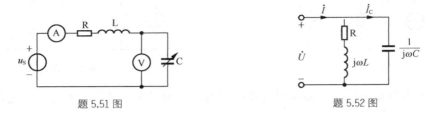

题 5.51 图   题 5.52 图

5.52 实际电感线圈与电容并联电路如图，R=10Ω，L=0.1mH，C=100pF。输入电流 $\dot{I} = 1\underline{/0°}$ mA 。求：

（1）谐振角频率；

（2）谐振时端电压 U；

（3）谐振回路的品质因数 Q；

（4）谐振时电容支路的电流 I_C。

第 6 章 含有互感的正弦电路

本章主要介绍含有耦合电感的交流电路分析方法。内容有耦合电感中的磁耦合现象、互感量和耦合系数、耦合电感的电压和电流的关系、同名端概念、具有耦合电感电路的分析方法、空心变压器、理想变压器的特性及其电路分析方法。

6.1 互感元件

图 6-1（a）表示两个有耦合的线圈，当线圈 1 通以电流 i_1 时，则在线圈 1 中将产生自感磁通 $\varPhi_{11}$，$\varPhi_1$ 的一部分（或全部）将交链另一线圈 2，用 $\varPhi_{21}$ 表示，$\varPhi_{21} \leqslant \varPhi_1$。这种一个线圈的磁通交链另一线圈的现象，称为磁耦合。$\varPhi_{21}$ 称为耦合磁通，或互感磁通。电流 i_1 称为施感电流。

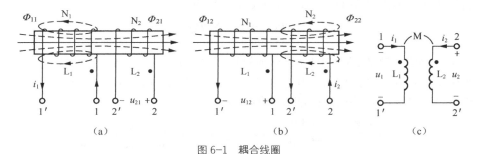

图 6-1 耦合线圈

当线圈 1 中的电流 i_1 变动时，自感磁通 $\varPhi_{11}$ 随电流而变动。根据电磁感应定律，除了在线圈 1 中产生自感电压外，还将通过耦合磁通 $\varPhi_{21}$ 在线圈 2 中产生感应电压，这个电压称为互感电压，记为 u_{21}。如果根据线圈 2 的绕向来选择 u_{21} 和 $\varPhi_{21}$ 的参考方向，使它们符合右螺旋关系，则有

$$u_{21} = \frac{\mathrm{d}\varPsi_{21}}{\mathrm{d}t}$$

式中，$\varPsi_{21}$ 为互感磁通链。设线圈 2 的匝数为 N_2，则可写 $\varPsi_{21} = N_2\varPhi_{21}$。

图 6-1（b）是在线圈 2 通以电流 i_2，电流 i_2 在线圈 2 中产生磁通 $\varPhi_{22}$，其一部分（或全部）与线圈 1 交链，用 $\varPhi_{12}$ 表示，$\varPhi_{12} \leqslant \varPhi_{22}$。在线圈 1 中产生的互感磁通链 $\varPsi_{12} = N_1\varPhi_{12}$，$N_1$ 为线圈 1 的匝数。当电流 i_2 变动时会在线圈 1 中产生互感电压 u_{12}。按照右手螺旋法则规定 u_{12}

和 Φ_{12} 的参考方向时，有

$$u_{12} = \frac{\mathrm{d}\Psi_{12}}{\mathrm{d}t}$$

如果线圈周围没有铁磁物质，则互感电压可以分别写为

$$u_{21} = M_{21}\frac{\mathrm{d}i_1}{\mathrm{d}t} \qquad u_{12} = M_{12}\frac{\mathrm{d}i_2}{\mathrm{d}t}$$

式中，M_{21}、M_{12} 称为互感系数或互感量，单位为 H。可以证明线性互感器：$M_{21} = M_{12}$，以后两个线圈的互感量统一用 M 表示。

根据以上的论述可以看出，按右手螺旋法则规定的互感电压的参考方向与产生互感电压的电流参考方向以及两个线圈的绕向都有关系。但不管情况如何，电流流进线圈的端子（简称为进端）与其互感电压（在另一个线圈中）的正极性端总有一一对应的关系：工程上为表述的方便，把这对有上述对应关系的端子称为两耦合线圈的同名端，并用符号"*"或小黑点将它们标记出来。如图 6-1 中用的是"·"来标记的，线圈的 1 端和 2 端为同名端，1'和 2 端为异名端；当然，端 1'和端 2'也为同名端。耦合电感线圈的图形符号如图 6-1（c）所示。

耦合线圈的同名端要一对一对地加以标记。其标记方法根据前面的论述可归纳为：使耦合线圈之一通以施感电流（指定参考方向），根据载流线圈的绕向按右螺旋关系确定其他耦合线圈中互感磁通的方向，再根据互感磁通与所在线圈的绕向按右螺旋关系一一确定每个耦合线圈中互感电压的正极性端，则互感电压的正极性端与施感电流的进端构成同名端。同名端与两个线圈的绕向和相对位置有关。工程上常用实验的方法来确定耦合线圈的同名端。例如，当有增大的施感电流注入线圈时（进端），则它与耦合线圈中电位升高的一端构成同名端。

当彼此耦合的电感都通以电流时，则每一个电感中的磁通将等于自感磁通链与所有互感磁通链的代数和（两部分叠加）。例如对第 k 个电感有

$$\Psi_k = \Psi_{kk} + \sum_{j \neq k}\Psi_{kj}$$

式中，凡与自感磁通链 Ψ_{kk} 同向的互感磁通链取正号，这属于互感磁通链增助自感磁通链的情况。如相反，则取负号，这属于互感磁通链削弱自感磁通链的情况。与此相应的耦合电感的电压亦为自感电压与互感电压两部分叠加，即有

$$u_k = \frac{\mathrm{d}\Psi_{kk}}{\mathrm{d}t} + \sum_{j \neq k}\frac{\mathrm{d}\Psi_{kj}}{\mathrm{d}t} = u_{kk} + \sum_{j \neq k}u_{kj} = L_k\frac{\mathrm{d}i_k}{\mathrm{d}t} + \sum_{j \neq k}M_{kj}\frac{\mathrm{d}i_j}{\mathrm{d}t}$$

式中，与自感电压同向的互感电压取正，就是说，可以根据同名端以及指定的电流和电压的参考方向来判别互感电压项前面的正负号。当施感电流 i_j 的进端与互感电压 u_{kj} 的正极性端互为同名端时，则 $u_{kj} = M_{kj}\dfrac{\mathrm{d}i_j}{\mathrm{d}t}$，否则 $u_{kj} = -M_{kj}\dfrac{\mathrm{d}i_j}{\mathrm{d}t}$。例如，对图 6-2 中的两个耦合电感，根据同名端和参考方向，有

$$u_{21} = M\frac{\mathrm{d}i_1}{\mathrm{d}t} \qquad u_{12} = -M\frac{\mathrm{d}i_2}{\mathrm{d}t}$$

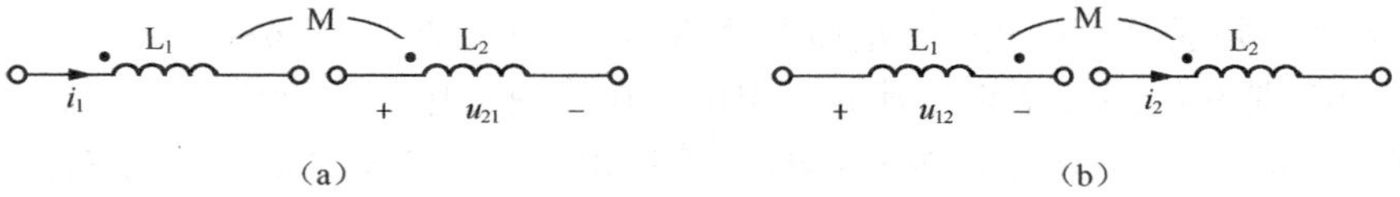

图 6-2　互感电压的正负号

对于耦合电感之间的关系，还可以用电流控制电压源（CCVS）来表示。例如，在正弦电流的情况下，对于图 6-1 所示的耦合电感，可以用图 6-3 所示的电路作等效电路。

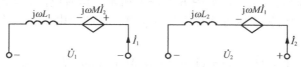

图 6-3　耦合电感的等效受控源电路

工程上为了定量地描述两个耦合线圈的耦合紧疏程度，把两线圈的互感磁通链与自感磁通链的比值的几何平均值定义为耦合系数，记为 k，即

$$k = \sqrt{\frac{\Psi_{12}\Psi_{21}}{\Psi_{11}\Psi_{22}}}$$

因为有 $\Psi_{11} = L_1 i_1$，$\Psi_{22} = L_2 i_2$，$\Psi_{12} = M i_2$，$\Psi_{21} = M i_1$，代入上式后有

$$k = \frac{M}{\sqrt{L_1 L_2}} \leqslant 1$$

两个线圈之间的耦合程度或耦合系数 k 的大小与线圈的结构、两线圈的相互位置以及周围磁介质有关。如果两个线圈靠得很紧或密绕在一起，则 k 值可能接近于 1，反之，如果它们相隔很远，或者它们的轴线互相垂直，则 k 值就很小，甚至可能接近于零。由此可见，改变或调整它们的相互位置可以改变耦合系数的大小；当 L_1、L_2 一定时，也就相应地改变互感 M 的大小。

在电力变压器中和无线电技术中为了更有效地传输功率或信号，总是采用极紧密的耦合，使 k 值尽可能接近于 1，一般采用铁磁件材料制成的铁芯可以达到这一目的。

在工程上有时要尽量减小互感的作用，以避免线圈之间的相互干扰，这方面除了采用屏蔽手段外，一个有效的方法就是合理布置这些线圈的相互位置，这可以大大地减小互感的作用。

6.2　互感线圈的串联和并联

图 6-4 所示耦合电感电路是一种串联电路，其中 R_1、L_1 和 R_2、L_2 分别表示两个线圈的等效电阻和电感，而 M 为互感。图 6-4（a）两个线圈的异名端相连，电流 $\dot{I}$ 从两个线圈的同名端流入（或流出），耦合线圈的这种连接方式称为顺向串联，按图示电压和电流的参考方向，KVL 方程为

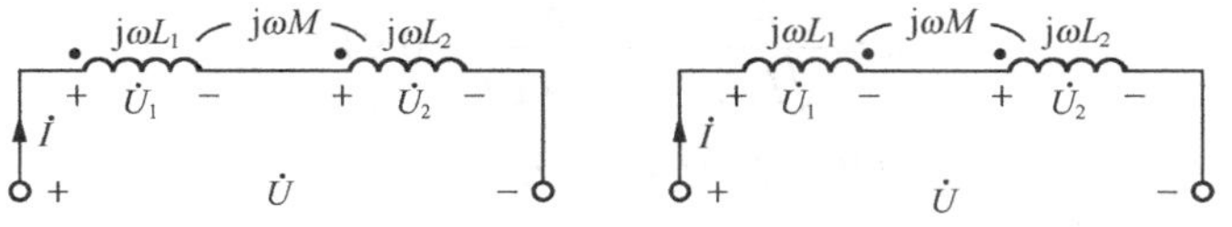

（a）顺向串联　　　　　　　　（b）反向串联

图 6-4　耦合电感的串联

$$\dot{U} = \dot{U}_1 + \dot{U}_2 = (j\omega L_1 \dot{I} + j\omega M \dot{I}) + (j\omega L_2 \dot{I} + j\omega M \dot{I})$$
$$= j\omega(L_1 + L_2 + 2M)\dot{I} = j\omega L_{S+}\dot{I}$$

由此可见，耦合电感两个线圈顺向串联可以用一个电感去等效，其等效电感量为 $L_{S+} = L_1 + L_2 + 2M$。

如果把两线圈的同名端相连，如图 6-4（b）所示，这时电流 $\dot{I}$ 从两个线圈的异名端流入（或流出），耦合线圈的这种连接方式称为反向串联，按图示电压和电流的参考方向，KVL 方程为

$$\dot{U} = \dot{U}_1 + \dot{U}_2 = (\mathrm{j}\omega L_1 \dot{I} - \mathrm{j}\omega M \dot{I}) + (\mathrm{j}\omega L_2 \dot{I} - \mathrm{j}\omega M \dot{I})$$
$$= \mathrm{j}\omega(L_1 + L_2 - 2M)\dot{I} = \mathrm{j}\omega L_{S-}\dot{I}$$

式中 $L_{S-} = L_1 + L_2 - 2M$ 是两线圈反向串联时的等效电感。

显然，顺向串联时的等效电感量比无耦合时增大，而反向串联时的等效电感比无耦合时小。这说明反接时互感有削弱自感的作用，互感的这种作用称为互感的"容性"效应。在实验上常常利用这个结论判断耦合电感的同名端。

应当注意，即使在反接串联的情况下，串联后的等效电感也必然是大于或等于零的，即

$$L_1 + L_2 - 2M \geqslant 0$$

因而

$$M \leqslant \frac{1}{2}(L_1 + L_2)$$

另外，由于 $L_{S+} - L_{S-} = 4M$ 即

$$M = \frac{L_{S+} - L_{S-}}{4}$$

所以，实验上常用测量顺向串联和反向串联时的等效电感量来计算互感线圈之间的互感量。

例 6.1 电路如图 6-5 所示，已知 $R_1 = R_2 = 100\Omega$，$L_1 = 3\mathrm{H}$，$L_2 = 10\mathrm{H}$，$M = 5\mathrm{H}$，电源的电压 $U = 220\mathrm{V}$，$\omega = 314\mathrm{rad/s}$。试求该耦合电感的耦合系数、通过两线圈的电流以及两线圈的电压。

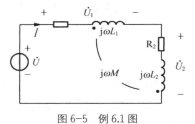

图 6-5　例 6.1 图

解：耦合系数 k 为

$$k = \frac{M}{\sqrt{L_1 L_2}} = \frac{5}{\sqrt{3 \times 10}} = 0.913$$

$$\dot{U} = (R_1 + R_2)\dot{I} + \mathrm{j}\omega(L_1 + L_2 - 2M)\dot{I}$$

设 $\dot{U} = 220\underline{/0^\circ}\,\mathrm{V}$，则电流为

$$\dot{I} = \frac{\dot{U}}{(R_1 + R_2) + \mathrm{j}\omega(L_1 + L_2 - 2M)}$$

$$= \frac{220\underline{/0^\circ}}{(100 + 100) + \mathrm{j}314(3 + 10 - 2 \times 5)} = 0.228\underline{/-78^\circ}\,\mathrm{A}$$

两线圈的电压分别为

$$\dot{U}_1 = (R_1 + j\omega L_1 - j\omega M)\dot{I} = (100 + j942 - j1570) \times 0.228 \underline{/-78^\circ} = 145 \underline{/-159^\circ} \text{ V}$$

$$\dot{U}_2 = (R_2 + j\omega L_2 - j\omega M)\dot{I} = (100 + j3140 - j1570) \times 0.228 \underline{/-78^\circ} = 359 \underline{/8.4^\circ} \text{ V}$$

现在来研究两个耦合电感的并联情况，并联也有两种接法，如图 6-6 所示。

图 6-6（a）电路，同名端在同一侧，称为同侧并联；图 6-6（b）电路，同名端在异侧，称为异侧并联。对于同侧并联情况，按图中给定的电流、电压参考方向，一个线圈的互感电压与另一个线圈的电流的参考方向对同名端相关联，所以互感电压取正值，故得

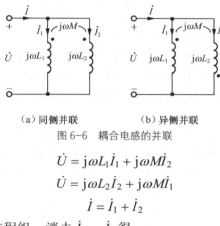

（a）同侧并联　　　　（b）异侧并联
图 6-6　耦合电感的并联

$$\dot{U} = j\omega L_1 \dot{I}_1 + j\omega M \dot{I}_2$$

$$\dot{U} = j\omega L_2 \dot{I}_2 + j\omega M \dot{I}_1$$

$$\dot{I} = \dot{I}_1 + \dot{I}_2$$

将上述 3 个方程构成方程组，消去 $\dot{I}_1$、$\dot{I}_2$ 得

$$\dot{U} = j\omega \frac{L_1 L_2 - M^2}{L_1 + L_2 - 2M} \dot{I}$$

同侧并联的等效阻抗

$$Z = \frac{\dot{U}}{\dot{I}} = j\omega \frac{L_1 L_2 - M^2}{L_1 + L_2 - 2M} = j\omega L_{P+}$$

即在这种情况下的等效电感为

$$L_{P+} = \frac{L_1 L_2 - M^2}{L_1 + L_2 - 2M}$$

对于异侧并联情况，按图中给定的电流、电压参考方向，一个线圈的互感电压与另一个线圈的电流的参考方向对同名端非关联，所以互感电压取负值，故得

$$\dot{U} = j\omega L_1 \dot{I}_1 - j\omega M \dot{I}_2$$

$$\dot{U} = j\omega L_2 \dot{I}_2 - j\omega M \dot{I}_1$$

$$\dot{I} = \dot{I}_1 + \dot{I}_2$$

将上述 3 个方程构成方程组，消去 $\dot{I}_1$、$\dot{I}_2$ 得

$$\dot{U} = j\omega \frac{L_1 L_2 - M^2}{L_1 + L_2 + 2M} \dot{I}$$

异侧并联的等效阻抗

$$Z = \frac{\dot{U}}{\dot{I}} = j\omega \frac{L_1 L_2 - M^2}{L_1 + L_2 + 2M} = j\omega L_{P-}$$

即在这种情况下的等效电感为

$$L_{P-} = \frac{L_1 L_2 - M^2}{L_1 + L_2 + 2M}$$

6.3 含互感元件电路的分析方法

在计算具有耦合电感的正弦电流电路时，仍可采用相量法，KCL 的形式仍然不变，但在 KVL 的表达式中，应计及由于互感的作用而引起的互感电压。当某些支路具有耦合电感时，这些支路的电压将不仅与本支路电流有关，同时还与那些与之有互感关系的支路电流有关，这种情况类似于含有电流控制电压源（CCVS）的电路，因而像阻抗串并联公式、结点分析法等不便于直接应用。以电流为求解对象支路分析法、网孔分析法则可以直接使用，因为互感电压可以直接计入 KVL 方程中。因此，计算含有耦合电感电路采用支路分析法、网孔分析法较方便。在进行具体的分析计算时，应当充分注意因互感的作用而出现的一些特殊问题。下面通过几个例子说明。

例 6.2 电路如图 6-7 所示，两个实际的耦合线圈按同名端相连进行并联，已知两个线圈的参数为 $R_1 = 20\Omega$，$\omega L_1 = 80\Omega$；$R_2 = 30\Omega$，$\omega L_2 = 50\Omega$；$\omega M = 40\Omega$，电源的电压为 $\dot{U} = (120 + j20)V$。试求两线圈的电流相量、总电流相量和两线圈的复功率、总复功率。

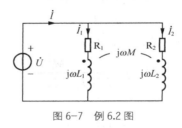

图 6-7　例 6.2 图

解： 按照顺时针为回路的绕行方向立写左侧回路以及大回路的 KVL 方程

$$R_1 \dot{I}_1 + j\omega L_1 \dot{I}_1 + j\omega M \dot{I}_2 = \dot{U}$$
$$R_2 \dot{I}_2 + j\omega L_2 \dot{I}_2 + j\omega M \dot{I}_1 = \dot{U}$$

将数据代入经过整理得

$$(20 + j80)\dot{I}_1 + j40\dot{I}_2 = 120 + j20$$
$$j40\dot{I}_1 + (30 + j50)\dot{I}_2 = 120 + j20$$

解得

$$\dot{I}_1 = -j1A \qquad\qquad \dot{I}_2 = (1 - j1)A$$
$$\dot{I} = \dot{I}_1 + \dot{I}_2 = (1 - j2)A$$

两线圈的复功率和总复功率为

$$\overline{S}_1 = \dot{U}\dot{I}_1^* = (120 + j20) \times j1 = (-20 + j120)\ VA$$
$$\overline{S}_2 = \dot{U}\dot{I}_2^* = (120 + j20) \times (1 + j1) = (100 + j140)\ VA$$
$$\overline{S} = \dot{U}\dot{I}^* = (120 + j20) \times (1 + j2) = (80 + j260)\ VA$$

例 6.3 求图 6-8 所示电路的等效阻抗,其中 $R_1 = R_2 = 6\Omega$, $\omega L_1 = \omega L_2 = 10\Omega$, $\omega M = 5\Omega$ 。

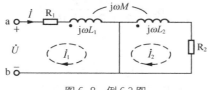

图 6-8 例 6.3 图

解: 设端口 ab 的电压相量为 $\dot{U}$, 电流相量为 $\dot{I}$, 如图 6-8 所示。

采用网孔分析法,设网孔电流 $\dot{I}_1$ 、 $\dot{I}_2$ 的参考方向如图,则

$$R_1 \dot{I}_1 + j\omega L_1 \dot{I}_1 + j\omega M \dot{I}_2 = \dot{U}$$

$$R_2 \dot{I}_2 + j\omega L_2 \dot{I}_2 + j\omega M \dot{I}_1 = 0$$

联立方程并解出电流相量 $\dot{I}_1$

$$\dot{I}_1 = \frac{R_2 + j\omega L_2}{(R_1 + j\omega L_1)(R_2 + j\omega L_2) - (j\omega M)^2}\dot{U} = \frac{6 + j10}{(6 + j10)^2 - (j5)^2}\dot{U}$$

因为

$$\dot{I} = \dot{I}_1 = \frac{6 + j10}{(6 + j10)^2 - (j5)^2}\dot{U}$$

所以从端口 ab 看进去的等效阻抗为

$$Z_0 = \frac{\dot{U}}{\dot{I}} = \frac{(6 + j10)^2 - (j5)^2}{6 + j10} = 10.8\underline{/49°} = (7.1 + j8.2)\Omega$$

例 6.4 求图 6-9 (a) 所示一端口的戴维南等效电路模型。已知 $R_1 = R_2 = 6\Omega$, $\omega L_1 = \omega L_2 = 10\Omega$, $\omega M = 5\Omega$, $\dot{U}_S = 6\underline{/0°}$ V 。

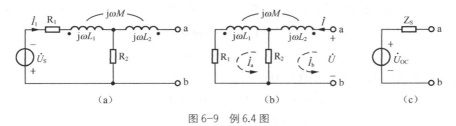

图 6-9 例 6.4 图

解: a、b 两端的开路电压 $\dot{U}_{OC}$, 即

$$\dot{U}_{OC} = j\omega M \dot{I}_1 + \dot{I}_1 R_2$$

式中,第一项是电流 $\dot{I}_1$ 在 L_2 中产生的互感电压(但 L_2 中无电流),第二项为电流 $\dot{I}_1$ 在电阻 R_2 上的电压。电流 $\dot{I}_1$ 为

$$\dot{I}_1 = \frac{\dot{U}_S}{R_1 + R_2 + j\omega L_1}$$

由此可得

$$\dot{U}_{\mathrm{OC}} = \frac{\mathrm{j}\omega M + R_2}{R_1 + R_2 + \mathrm{j}\omega L_1}\dot{U}_{\mathrm{S}}$$

代入数据，计算得

$$\dot{U}_{\mathrm{OC}} = 3\underline{/\,0^\circ}\ \mathrm{V}$$

这个含有耦合电感的一端口无源网络的戴维南等效阻抗的求法，与具有受控源的无源一端口网络完全一样，如图 6-9（b）所示。将端口中的独立电压源置零，在 ab 端加电压 $\dot{U}$，计算列写两个网孔的网孔方程。

$$\dot{I}_{\mathrm{a}}(R_2 + \mathrm{j}\omega L_2) - \dot{I}_{\mathrm{b}}(R_2 + \mathrm{j}\omega M) = \dot{U}$$
$$-\dot{I}_{\mathrm{a}}(R_2 + \mathrm{j}\omega M) + \dot{I}_{\mathrm{b}}(R_1 + R_2 + \mathrm{j}\omega L_1) = 0$$

解得电流 $\dot{I}_{\mathrm{b}}$ 为

$$\dot{I}_{\mathrm{b}} = \frac{(R_1 + R_2 + \mathrm{j}\omega L_1)\dot{U}}{(R_2 + \mathrm{j}\omega L_2)(R_1 + R_2 + \mathrm{j}\omega L_1) - (R_2 + \mathrm{j}\omega M)^2}$$

因为 $\dot{I} = \dot{I}_{\mathrm{b}}$，所以戴维南等效阻抗为

$$Z_{\mathrm{S}} = \frac{\dot{U}}{\dot{I}} = R_2 + \mathrm{j}\omega L_2 - \frac{(R_2 + \mathrm{j}\omega M)^2}{R_1 + R_2 + \mathrm{j}\omega L_1} = 6 + \mathrm{j}10 - \frac{(6 + \mathrm{j}5)^2}{12 + \mathrm{j}10} = (3 + \mathrm{j}7.5)\Omega$$

该一端口网络的等效电路模型如图 6-9（c）所示。

从以上的例子可以看出，其一，含耦合电感电路具有含受控源电路的特点；其二，在耦合电感的电压中必须正确计入互感电压的作用，一般情况下，它不仅与本电感的电流有关，还与其他耦合电感的电流有关，是电流的多元函数。所以，分析计算含耦合电感电路时，应当参考上面的两个特点。

除了上述列写方程分析方法之外，含有互感电路还可以采用去耦的方法。图 6-8（a）是由两耦合电感线圈联成"T 形"电路的相量模型，同名端相连，两端口的伏安特性关系方程为

$$\dot{U} = \mathrm{j}\omega L_1 \dot{I}_1 + \mathrm{j}\omega M \dot{I}_2$$
$$\dot{U} = \mathrm{j}\omega L_2 \dot{I}_2 + \mathrm{j}\omega M \dot{I}_1$$

改变一下形式，上述方程可改写为

$$\dot{U} = \mathrm{j}\omega(L_1 - M)\dot{I}_1 + \mathrm{j}\omega M(\dot{I}_1 + \dot{I}_2)$$
$$\dot{U} = \mathrm{j}\omega(L_2 - M)\dot{I}_2 + \mathrm{j}\omega M(\dot{I}_1 + \dot{I}_2)$$

如果写出图 6-10（b）所示电路模型的伏安特性方程，不难发现与上述两个方程完全相同。所以，图 6-10（a）和图 6-10（b）的所示的电路模型是等效的。通常称图 6-10（b）为图 6-10（a）的 T 形去耦等效电路模型，把图 6-10（d）称为图 6-10（c）所示电路的 T 形去耦等效电路。同理可以证明，对于异名端相连的 T 形耦合电路，只要将图 6-10（d）中的所有 M 换成 $-M$ 就是它的去耦等效电路。

通过 T 形去耦，将原本含有耦合的电路转化为不含耦合的电路分析。所以，T 形去耦是分析含有耦合电感的正弦交流电路非常重要的方法。

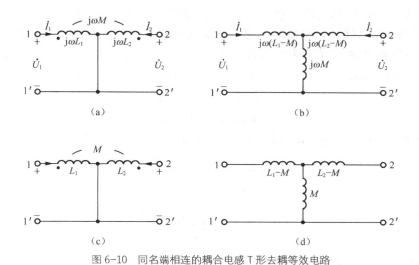

图 6-10 同名端相连的耦合电感 T 形去耦等效电路

例 6.5 电路如图 6-11（a）所示，已知 $R_1 = R_2 = 3\Omega$，$\omega L_1 = \omega L_2 = 4\Omega$，$\omega M = 2\Omega$，在 ab 端口加有效值为 10V 正弦电压。试求端口 cd 的电压。

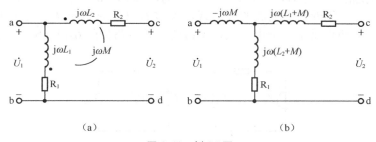

图 6-11 例 6.5 图

解： 用 T 形去耦将图 6-11（a）的电路模型变换成图 6-11（b）的等效电路模型。

设 ab 端输入电压相量为 $\dot{U}_1 = 10\underline{/0°}$ V，则对图 6-11（b）用分压公式得

$$\dot{U}_2 = \frac{R_1 + j\omega(L_1 + M)}{R_1 + j\omega(L_1 + M) + (-j\omega M)}\dot{U}_1 = \frac{3 + j6}{3 + j4} \times 10\underline{/0°} = 13.4\underline{/10.3°} \text{ V}$$

6.4 空心变压器

变压器是利用互感来实现从一个电路向另一个电路传输能量或信号的器件。空心变压器是由两个绕在非铁磁材料制成的心子上并且具有互感的线圈组成的。

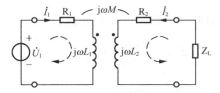

图 6-12 接上电源和负载的空心变压器电路

图 6-12 是接上电源和负载的空心变压器的电路图,与电源相联的一边称为原边(初级),R_1、L_1 分别表示原边线圈的电阻和电感;与负载相联的一边称为副边(次级)。R_2、L_2 分别表示它的电阻和电感。M 为两线圈的互感量,这些均为变压器的参数。Z_L 为负载阻抗。

在正弦电流的情况下,根据图示的电流、电压的参考方向和同名端,可写出如下方程

$$Z_{11}\dot{I}_1 + Z_M\dot{I}_2 = \dot{U}_1$$

$$Z_M\dot{I}_1 + Z_{22}\dot{I}_2 = 0$$

其中,$Z_{11} = R_1 + j\omega L_1$,$Z_{22} = R_2 + j\omega L_2 + Z_L$,$Z_M = j\omega M$,可解得

$$\dot{I}_1 = \frac{\dot{U}}{Z_{11} + \dfrac{(\omega M)^2}{Z_{22}}} = \frac{\dot{U}}{Z_{11} + Z_{ref}}$$

$$\dot{I}_2 = -\frac{Z_M\dot{I}_1}{Z_{22}}$$

其中,Z_{ref} 为副边反映到原边的等效阻抗,称为反映阻抗。

$$Z_{ref} = \frac{(\omega M)^2}{Z_{22}}$$

有了反映阻抗的概念之后,可以将原边等效为图 6-13(a)所示的电路。

运用同样的方法分析副边电流的表达式,不难看出,原边为副边提供了一个互感电压 $Z_M\dot{I}_1$,相当于为副边提供了一个电压源。副边的等效电路如图 6-13(b)所示。

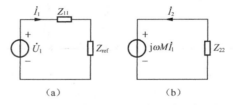

(a)   (b)

图 6-13 空心变压器原边和副边的等效电路

例 6.6 电路如图 6-14(a)所示,欲使原边等效电路的反映阻抗为 $Z_{ref} = 10 - j10\,(\Omega)$,求所需的 Z_X,并求负载获得的功率。已知 $U_S = 20V$。

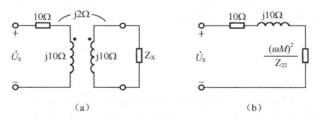

(a)   (b)

图 6-14 例 6.6 图

解:原边等效电路如图 614(b)所示,反映阻抗为

$$Z_{ref} = \frac{(\omega M)^2}{Z_{22}} = \frac{4}{Z_X + j10}\,\Omega$$

因为

$$Z_{ref} = (10 - j10)\,\Omega$$

所以

$$Z_X = \frac{4}{10 - j10} - j10 = (0.2 - j9.8)\Omega \text{（容性）}$$

此时，负载获得的功率为

$$P = (\frac{U_S}{10 + 10})^2 \times 10 = 10W$$

6.5 理想变压器

理想变压器是一种特殊的无损耗全耦合变压器、它的电路图形符号如图 6-15 所示。它的原、副边的电压和电流总满足下列关系

$$\frac{u_1}{N_1} = \frac{u_2}{N_2} \quad \text{或} \quad u_1 = \frac{N_1}{N_2}u_2 = nu_2$$

$$\sum Ni = 0 \quad N_1 i_1 + N_2 i_2 = 0 \quad \text{或} \quad i_1 = -\frac{1}{n}i_2$$

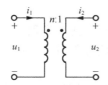
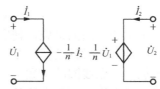

图 6-15　理想变压器的图形符号　　图 6-16　理想变压器用受控源表示的电路模型

上式是按照图 6-15 所示的参考方向和同名端写出的，而 N_1 和 N_2 分别为原边线圈和副边线圈的匝数，$n = (N_1 / N_2)$ 称为原副边线圈的匝数比或变比。

理想变压器应当满足下列 3 个条件：（1）变压器本身无损耗；（2）耦合系数 $k = M / \sqrt{L_1 L_2} = 1$（全耦合）；（3）$L_1$、$L_2$ 和 M 均为无限大，但 $\sqrt{L_1 / L_2}$ 为有限值，等于原副线圈的匝数比，即 $\sqrt{L_1 / L_2} = N_1 / N_2 = n$。

根据条件（2）有 $\Phi_{12} = \Phi_{22}$，$\Phi_{21} = \Phi_{11}$，而

$$\Psi_1 = \Psi_{11} + \Psi_{12} = N_1(\Phi_{11} + \Phi_{12}) = N_1(\Phi_{11} + \Phi_{22}) = N_1\Phi$$

$$\Psi_2 = \Psi_{22} + \Psi_{21} = N_2(\Phi_{22} + \Phi_{21}) = N_2(\Phi_{22} + \Phi_{11}) = N_2\Phi$$

式中，$\Phi = \Phi_{11} + \Phi_{22}$

满足条件（1）时，则 $R_1 = 0$，$R_2 = 0$，于是可得出

$$u_1 = \frac{\mathrm{d}\Psi_1(t)}{\mathrm{d}t} = N_1\frac{\mathrm{d}\Phi(t)}{\mathrm{d}t}$$

$$u_2 = \frac{\mathrm{d}\Psi_2(t)}{\mathrm{d}t} = N_2\frac{\mathrm{d}\Phi(t)}{\mathrm{d}t}$$

$$\frac{u_1}{u_2} = \frac{N_1}{N_1} = n$$

在正弦交流电作用下，该式的相量形式

$$\frac{\dot{U}_1}{\dot{U}_2} = n$$

其次，有

$$\dot{U}_1 = j\omega L_1 \dot{I}_1 + j\omega M \dot{I}_2$$

$$\dot{I}_1 = \frac{\dot{U}_1}{j\omega L_1} - \frac{M}{L_1}\dot{I}_2 = \frac{\dot{U}_1}{j\omega L_1} - \sqrt{\frac{L_2}{L_1}}\dot{I}_2$$

根据条件（3），$L_1 \to \infty$，但 $\sqrt{L_1/L_2} = n$，所以上式变为

$$\dot{I}_1 = -\sqrt{\frac{L_2}{L_1}}\dot{I}_2$$

$$\frac{\dot{I}_1}{\dot{I}_2} = -\frac{1}{n}$$

由此可得

$$i_1 = -\frac{1}{n}i_2$$

理想变压器可用如图 6-16 所示的受控源电路作模型。

理想变压器是一个既不耗能也不储能的多端元件，因为它吸收的瞬时功率恒等于零，即

$$u_1 i_1 + u_2 i_2 \equiv 0$$

在工程上常采用两方面的措施，使实际变压器的性能接近理想变压器，一是尽量采用具有高导磁率的铁磁性材料做铁芯；二是尽量紧密耦合，使 k 接近于 1，并在保持变比不变的前提下，尽量增加原、副线圈的匝数。

理想变压器除了变换电压和电流外，还可以用来变换阻抗；例如，如果在副边接上阻抗 Z，则从原边看进去的输入阻抗将是

$$Z_{in} = \frac{\dot{U}_1}{\dot{I}_1} = \frac{n\dot{U}_2}{-\frac{1}{n}\dot{I}_2} = n^2(-\frac{\dot{U}_2}{\dot{I}_2}) = n^2 Z$$

即副边的 R、L 和 C 变换到原边分别为 $n^2 R$、$n^2 L$ 和 $\dfrac{C}{n^2}$。

习　　题

6.1　试确定图示耦合线圈的同名端。

6.2　两个具有耦合的线圈如附图所示。

（1）标出它们的同名端；

（2）当图中开关 S 闭合时，试根据毫伏表的偏转方向来确定同名端。

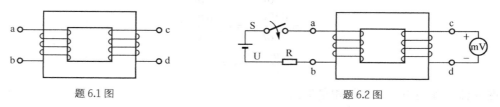

题 6.1 图　　　　　　　　　　　　　题 6.2 图

6.3　把两个线圈串联起来接到 50Hz，220V 的正弦电源上，顺接时得电流 $I = 2.7A$，吸

收的功率为 218.7W；反接时电流为 7A，求互感 M。

6.4 电路如附图所示，已知两个线圈的参数为：$R_1 = R_2 = 100\Omega$，$L_1 = 3H$，$L_2 = 10H$，$M = 5H$。电源的电压 $U = 220V$，$\omega = 100 rad/s$。

（1）试求两个线圈的端电压并作出电路的相量图；

（2）证明两个耦合电感反接时不可能有 $L_1 + L_2 - 2M \leq 0$；

（3）串联多大的电容可使电路谐振；

（4）画出该电路的去耦电路。

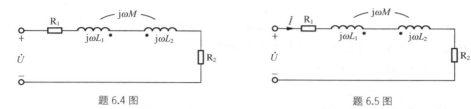

题 6.4 图   题 6.5 图

6.5 图示为两个耦合线圈顺接串联，已知两个线圈的参数为 $R_1 = 3\Omega$，$\omega L_1 = 7.5\Omega$，$R_2 = 5\Omega$，$\omega L_2 = 12.5\Omega$，$\omega M = 6\Omega$。电源的电压有效值 $U = 50V$，求电流有效值 I。

6.6 图示为两个耦合线圈按同名端相连的接法并联，已知两个线圈的参数为 $R_1 = R_2 = 100\Omega$，$L_1 = 3H$，$L_2 = 10H$，$M = 5H$。电源的电压 $U = 220V$，$\omega = 100 rad/s$。试求两个线圈的电流有效值、复功率、电路的总电流有效值、总复功率及等效阻抗。

6.7 试求图示电路的等效阻抗。已知 $R_1 = 12\Omega$，$\omega L_1 = 12\Omega$，$\omega L_2 = 12\Omega$，$\omega M = 6\Omega$，$R_2 = 6\Omega$，$1/(\omega C) = 6\Omega$。

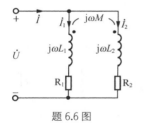   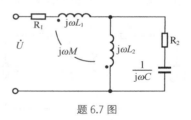

题 6.6 图   题 6.7 图

6.8 已知图示电路中 $R_1 = 3\Omega$，$\omega L_1 = 7.5\Omega$，$R_2 = 5\Omega$，$\omega L_2 = 12.5\Omega$，$\omega M = 6\Omega$，$U = 50V$。试分别求当开关 S 闭合、断开两种情况下电路的电流 I_1 和 I_2。

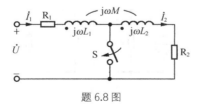

题 6.8 图

6.9 已知空心变压器如附图（a）所示，原边的电流源电流波形如图（b）所示（一个周期），副边的电压表读数（有效值）$U = 25V$。

（1）画出副边端电压的波形，并计算互感 M；

（2）给出它的等效受控源（CCVS）电路；

（3）如果同名端弄错，对（1）、（2）的结果有无影响？

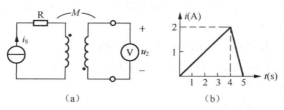

题 6.9 图

6.10　图示电路中，已知 $U_S = 100V$，$\omega L_1 = \omega L_2 = 20\Omega$，耦合系数 $k = 0.5$，$\mu = 0.5$，$R_1 = R_2 = 10\Omega$，试用戴维南定理求电阻 R_2 中的电流。

6.11　列出附图所示电路的网孔法方程。

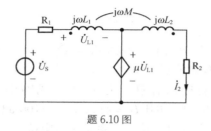

题 6.10 图

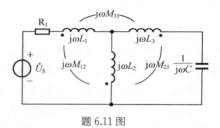

题 6.11 图

6.12　电路如附图所示，已知 $L_1 = 3.6H$，$L_2 = 0.06H$，$M = 0.465H$，$R_1 = 20\Omega$，$R_2 = 0.08\Omega$，$R_L = 42\Omega$，$u_s(t) = 115\cos 314t V$，求电流 i_1、i_2。

6.13　附图电路中的理想变压器的变比为 $10 : 1$，求电压 $\dot{U}_2$。

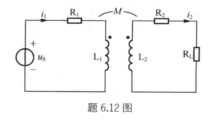

题 6.12 图

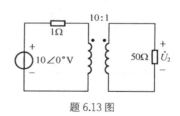

题 6.13 图

6.14　如果使 10Ω 电阻能获得最大功率，试确定附图中理想变压器的变比 n。

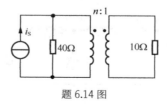

题 6.14 图

本章主要介绍三相交流电路的分析方法。内容有三相电路的组成，相电压（电流）与线电压（电流）之间的大小、相位关系，对称三相电路的分析方法，不对称三相电路的分析方法，三相电路的功率计算和测量方法。

7.1　三相电路

三相制供电是目前电力系统中普遍采用的供电方式，三相制之所以获得广泛应用，主要因为它在发电、输电和负载驱动方面与单相制相比有许多优点。三相制电力系统是由三相电源、三相负载和三相输电线路三部分组成的。

对称三相电源是由 3 个振幅相等、频率相同、初相角依次相差 120° 的正弦电压源连接成星形（Y 形）或三角形（△形）组成的电源，这三个电源依次称为 A 相、B 相和 C 相。以 A 相电压作为参考正弦量，对称三相电源电压的瞬时值表达式及其相量分别为

$$u_A = \sqrt{2}U\cos\omega t \qquad\qquad \dot{U}_A = U\underline{/0^\circ}$$

$$u_B = \sqrt{2}U\cos(\omega t - 120^0) \qquad\qquad \dot{U}_B = U\underline{/-120^\circ}$$

$$u_C = \sqrt{2}U\cos(\omega t + 120^0) \qquad\qquad \dot{U}_C = U\underline{/120^\circ}$$

三相电源电压在相位上有超前、滞后之分，其超前、滞后的次序称为相序。如果三相电压的相序 A-B-C 依次落后 120°，称为正相序，反之为负相序。电力系统一般采用正相序。对称三相电源各相的波形和相量图如图 7-1 所示。对称三相电压满足

$$u_A + u_B + u_C = 0 \qquad 或 \qquad \dot{U}_A + \dot{U}_B + \dot{U}_C = 0$$

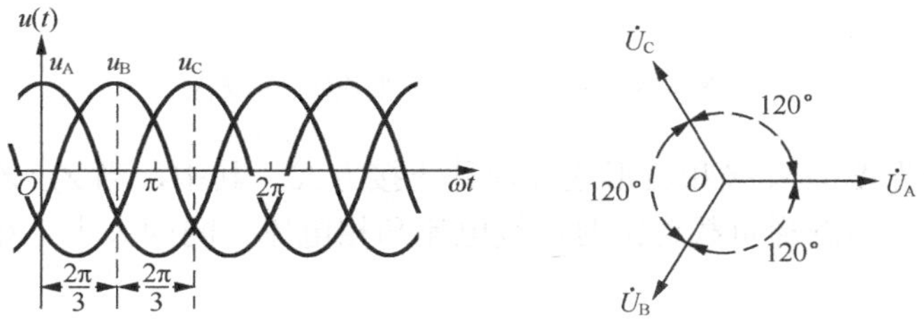

(a) (b)

图 7-1　对称三相电源波形及相量图

图 7-2（a）所示为三相电压源的星形连接方式，简称星形或 Y 形电源，把三相电源的负极性端连接在一起，称为三相电源的中性点 N，从正极性端 A、B、C 向外引出的导线称为端线，从中性点 N 引出的导线称为中性线，端线到中性线之间的电压 $\dot{U}_{AN}$、$\dot{U}_{BN}$、$\dot{U}_{CN}$ 称为相电压；端线之间的电压 $\dot{U}_{AB}$、$\dot{U}_{BC}$、$\dot{U}_{CA}$ 称为线电压。根据图 7-2（a）可以得出线电压与相电压之间的关系为

$$\dot{U}_{AB} = \dot{U}_{AN} - \dot{U}_{BN} = \dot{U}_A - \dot{U}_B = \sqrt{3}\dot{U}_A \underline{/30^\circ}$$

$$\dot{U}_{BC} = \dot{U}_{BN} - \dot{U}_{CN} = \dot{U}_B - \dot{U}_C = \sqrt{3}\dot{U}_B \underline{/30^\circ} = \sqrt{3}\dot{U}_A \underline{/-90^\circ}$$

$$\dot{U}_{CA} = \dot{U}_{CN} - \dot{U}_{AN} = \dot{U}_C - \dot{U}_A = \sqrt{3}\dot{U}_C \underline{/30^\circ} = \sqrt{3}\dot{U}_A \underline{/150^\circ}$$

从上可见，当相电压对称时，线电压也是对称的；线电压有效值是相电压有效值的 $\sqrt{3}$ 倍，线电压的相位超前于各自相应的相电压 30°，线电压与相电压的相量图如图 7-2（b）所示。

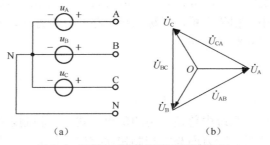

图 7-2　三相电压源的星形连接及相量图

图 7-3（a）所示为三相电源的三角形连接，三相电源的始端、末端依次相连构成回路，并从 3 个连接点引出端线，可见线电压等于相电压。在正确连接的情况下，三相电源构成的回路中有 $\dot{U}_A + \dot{U}_B + \dot{U}_C = 0$，如图 7-3（b）所示。在没有负载的情况下，电源内部没有环流存在，电源能正常运行；但若有一相接反（如 C 相接反），则回路中的总电压为 $\dot{U}_A + \dot{U}_B + (-\dot{U}_C) = -2\dot{U}_C$，其相量关系如图 7-3（c）所示，此时由于发电机绕组的阻抗很小，会在发电机内部回路中产生很大的电流，从而造成危险。

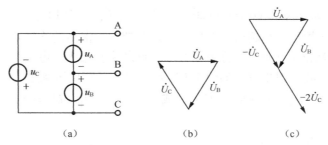

图 7-3　三相电压源的△形连接及相量图

三相负载也分为 Y 形连接和△形连接两种连接方式。其中，当 $Z_A=Z_B=Z_C=Z$ 时，称为对称负载。下面讨论对称△形负载连接时，线电流和相电流之间的大小、相位关系，电路如图 7-4 所示。

在对称三相电路中，相电流 $\dot{I}_{AB}$、$\dot{I}_{BC}$、$\dot{I}_{CA}$ 是对称的，设 $\dot{I}_{AB} = I\underline{/0^\circ}$，则

$$\dot{I}_{BC} = \dot{I}_{AB}\underline{/-120^\circ} = I\underline{/-120^\circ} , \qquad \dot{I}_{CA} = \dot{I}_{AB}\underline{/120^\circ} = I\underline{/120^\circ}$$

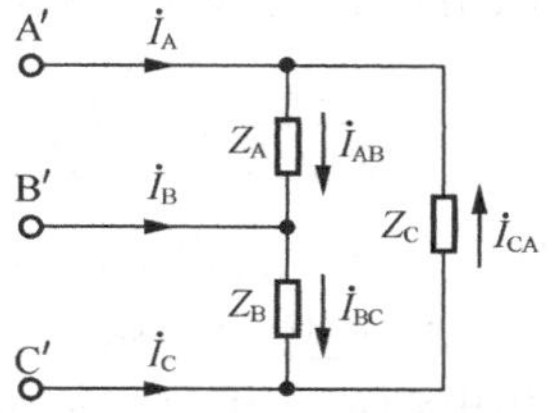

图 7-4 △形连接负载

负载的线电流

$$\dot{I}_A = \dot{I}_{AB} - \dot{I}_{CA} = \sqrt{3}I\underline{/-30^\circ} = \sqrt{3}\dot{I}_{AB}\underline{/-30^\circ}$$

同样的方法可以推导出

$$\dot{I}_B = \sqrt{3}\dot{I}_{BC}\underline{/-30^\circ} = \sqrt{3}\dot{I}_A\underline{/-120^\circ} , \qquad \dot{I}_C = \sqrt{3}\dot{I}_{CA}\underline{/-30^\circ} = \sqrt{3}\dot{I}_A\underline{/120^\circ}$$

可见，负载采用△形连接时，当相电流对称时，线电流也是对称的，其大小等于相电流的 $\sqrt{3}$ 倍，在相位上滞后于相应相电流 30°。

当负载为 Y 形连接时，显然线电流和相电流是相等的。

在三相供电电路中，根据需要有多种供电方式：Y-Y 连接的三相四线制电路，Y-Y 连接的三相三线制电路，Y-△连接的三相三线制电路，△-Y 连接的三相三线制电路，△-△连接的三相三线制电路以及复杂的三相供电电路。

7.2 对称三相电路的分析方法

三相电路中，不论三相负载接成 Y 形还是△形，如果 3 个负载的参数相同，称为对称三相负载。由对称的三相电源和对称的三相负载组成的三相电路（如果考虑连接导线的阻抗，端线阻抗也相等）称为对称三相电路。对称三相电路是一类特殊类型的正弦交流电路，可以采用交流电路的分析方法对三相电路进行分析计算，但由于对称三相电路的特殊结构，对称三相电路有着简单的分析计算方法。

图 7-5（a）所示是 Y-Y 连接的对称三相四线制供电电路，其中，Z 为负载阻抗，Z_l 为端线抗阻，$Z_{N'N}$ 为中线阻抗，N 和 N′ 分别为电源和负载的中性点。在三相电路中，端线电流称为线电流，其有效值用 I_l 表示；流过各相负载的电流称为相电流，其有效值用 I_p 表示。显然，Y 形连接负载的线电流等于相电流。

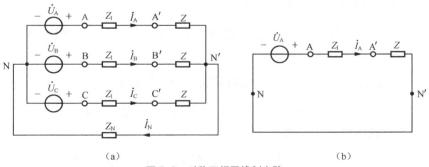

(a)   (b)

图 7-5 对称三相四线制电路

为了归纳出对称三相电路特殊的分析方法，可以从传统方法入手。由于本电路只有两个结点，采用结点电压法较为方便。以结点 N 为参考结点，列写结点电压方程为

$$\left(\frac{1}{Z_N}+\frac{3}{Z+Z_l}\right)\dot{U}_{N'N}=\frac{\dot{U}_A}{Z+Z_l}+\frac{\dot{U}_B}{Z+Z_l}+\frac{\dot{U}_C}{Z+Z_l}=\frac{1}{Z+Z_l}(\dot{U}_A+\dot{U}_B+\dot{U}_C)$$

由于 $\dot{U}_A+\dot{U}_B+\dot{U}_C=0$，所以 $\dot{U}_{N'N}=0$，负载中性点与电源中性点等电位，此时中性线阻抗可以用短路线代替，由此可见，Y-Y 连接的对称三相电路，其各相是彼此独立的，可以分为 3 个独立的单相电路。由于三相电源和三相负载都对称，因此，三相电流也是对称的，所以只需计算其中的一相，其他两相电流就可以按对称性顺序写出。这就是 Y-Y 连接的对称三相电路归结为一相的计算方法，通常选择 A 相进行计算，图 7-5（b）所示为 A 相的计算电路图。注意，在一相计算电路中，连接 N、N′ 的短路线是 $\dot{U}_{N'N}=0$ 的等效线，与中性线阻抗 Z_N 无关。另外中性线的电流为

$$\dot{I}_N=\dot{I}_A+\dot{I}_B+\dot{I}_C=0$$

这表明，对称的 Y-Y 连接三相电路，在理论上不需要中性线，中线可以移去。

对于其他连接方式的对称三相电路，可以根据星形和三角形的等效互换，化成对应的 Y-Y 三相电路，然后用一相计算法求得。

例 7.1　图 7-6（a）所示为对称的三相电路，负载阻抗 $Z=(19.2+j14.4)\Omega$，端线阻抗 $Z_l=(3+j4)\Omega$，电源的线电压 $U_l=380V$，求负载的线电流相量和线电压相量。

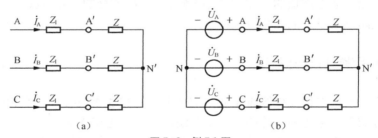

图 7-6　例 7.1 图

解：电源没有给定连接方式，把它作为 Y 形连接是最简单的，如图 7-6（b）所示。此时电源的相电压 $U_p=220V$，电路中 N 和 N′ 等电位。为了计算电流相量，设 A 相电压为参考正弦量 $\dot{U}_A=220\underline{/0^\circ}$ V，则 A 相电流

$$\dot{I}_A=\frac{\dot{U}_A}{Z+Z_l}=\frac{220\underline{/0^\circ}}{3+j4+19.2+j14.4}=7.6\underline{/-39.6^\circ}\text{A}$$

根据对称关系，B 相和 C 相的电流分别为

$$\dot{I}_B=\dot{I}_A\underline{/-120^\circ}=7.6\underline{/-159.6^\circ}\text{A}，\quad\dot{I}_C=\dot{I}_A\underline{/120^\circ}=7.6\underline{/80.4^\circ}\text{A}$$

A 相负载的相电压

$$\dot{U}_{A'N'}=Z\dot{I}_A=(19.2+j14.4)\times7.6\underline{/-39.6^\circ}=182.4\underline{/-2.7^\circ}\text{V}$$

线电压　　　$$\dot{U}_{A'B'}=\sqrt{3}\times182.4\underline{/-2.7^\circ}\times\underline{/30^\circ}=315.9\underline{/27.3^\circ}\text{V}$$

根据对称关系，其他线电压依次为

$$\dot{U}_{B'C'}=315.9\underline{/-92.7^\circ}\text{V}，\quad\dot{U}_{C'A'}=315.9\underline{/147.3^\circ}\text{V}$$

例 7.2　图 7-7（a）所示为对称的三相电路，负载阻抗 $Z=(19.2+j14.4)\Omega$，端线阻抗 $Z_l=(3+j4)\Omega$，电源的线电压 $U_l=380$V，求负载的线电流相量和线电压相量。

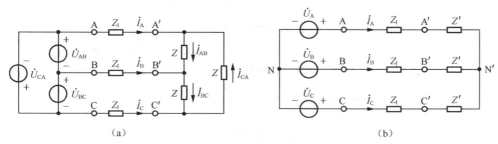

图 7-7　例 7.2 图

解：该电路可以变换为对称的 Y-Y 电路，电路如图 7-7（b）所示。图中

$$Z'=\frac{Z}{3}=\frac{19.2+j14.4}{3}=(6.4+j4.8)\Omega$$

令 $\dot{U}_A=U_l/\sqrt{3}\underline{/0^\circ}\approx220\underline{/0^\circ}$ V，根据对称 Y-Y 系统分析方法有

$$\dot{I}_A=\frac{\dot{U}_A}{Z'+Z_l}=\frac{220\underline{/0^\circ}}{3+j4+6.4+j4.8}=17.1\underline{/-43.2^\circ}\text{A}$$

根据对称关系，B 相和 C 相的电流分别为

$$\dot{I}_B=\dot{I}_A\underline{/-120^\circ}=17.1\underline{/-163.2^\circ}\text{A}\ ，\ \dot{I}_C=\dot{I}_A\underline{/120^\circ}=17.1\underline{/76.8^\circ}\text{A}$$

此电流即为负载端线电流。再求出负载端的相电压，利用线电压与相电压的关系就可得负载端的线电压。$\dot{U}_{A'N'}$ 为

$$\dot{U}_{AN'}=Z'\dot{I}_A=136.8\underline{/-6.3^\circ}\text{V}$$

线电压　　　　　$$\dot{U}_{A'B'}=\sqrt{3}\times136.8\underline{/-6.3^\circ}\times\underline{/30^\circ}=236.9\underline{/23.7^\circ}\text{V}$$

根据对称关系，其他线电压依次为

$$\dot{U}_{B'C'}=236.9\underline{/-96.3^\circ}\text{V}\ ，\ \dot{U}_{C'A'}=236.9\underline{/143.7^\circ}\text{V}$$

7.3　不对称三相电路的分析方法

在三相电路中，当电源不对称或三相负载不对称时，称为不对称三相电路。由于不存在对称的特点，因此不能采用化归为一相的计算方法，只能用一般电路的计算方法（常用结点电压法）。本节只简单介绍负载不对称的情况。

图 7-8（a）所示为 Y-Y 连接的三相电路，电源仍然对称，但负载不对称，负载阻抗分别为 Z_A、Z_B 和 Z_C，应用结点电压法

$$\dot{U}_{N'N}=\frac{\dfrac{\dot{U}_A}{Z_A}+\dfrac{\dot{U}_B}{Z_B}+\dfrac{\dot{U}_C}{Z_C}}{\dfrac{1}{Z_A}+\dfrac{1}{Z_B}+\dfrac{1}{Z_C}+\dfrac{1}{Z_N}}$$

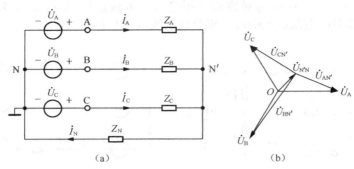

图 7-8   不对称三相电路及负载中心点位移

由于负载不对称，一般情况下 $\dot{U}_{\mathrm{N'N}} \neq 0$，即 N 和 N' 不等电位，此时各负载的相电流为

$$\dot{I}_{\mathrm{A}} = \frac{\dot{U}_{\mathrm{A}} - \dot{U}_{\mathrm{N'N}}}{Z_{\mathrm{A}}}，\quad \dot{I}_{\mathrm{B}} = \frac{\dot{U}_{\mathrm{B}} - \dot{U}_{\mathrm{N'N}}}{Z_{\mathrm{B}}}，\quad \dot{I}_{\mathrm{C}} = \frac{\dot{U}_{\mathrm{C}} - \dot{U}_{\mathrm{N'N}}}{Z_{\mathrm{C}}}$$

由如图 7-8（b）所示的相量图直观地看出，相电流不再对称，各负载的相电压 $\dot{U}_{\mathrm{AN'}} = Z_{\mathrm{A}}\dot{I}_{\mathrm{A}}$，$\dot{U}_{\mathrm{BN'}} = Z_{\mathrm{B}}\dot{I}_{\mathrm{B}}$，$\dot{U}_{\mathrm{CN'}} = Z_{\mathrm{C}}\dot{I}_{\mathrm{C}}$ 也不再对称。三相电路中把负载中性点和电源中性点不重合的现象称为负载中性点位移。在电源对称的情况下，可以根据中性点位移的情况判断负载端不对称的程度，当中性点位移较大时，会造成负载端电压严重不对称，从而使负载不能正常工作，因此实际中应设法减小或消除中性点的位移。从上面的结点电压方程得到启发，在负载确定的情况下，中性线阻抗 Z_{N} 越小（导纳 Y_{N} 越大），位移电压 $\dot{U}_{\mathrm{N'N}}$ 越小，因此，在三相电路中，有中性线比无中性线好，在理想的情况下 $Z_{\mathrm{N}} = 0$ 最好，尽管各相负载不对称，但由于中性线的存在，仍能保证各相电源分别给各相负载供电，使各相负载保持独立性，这就是在低压供电系统中普遍采用三相四线制的原因。

例 7.3   图 7-9 所示电路是一种测量相序的仪器，称为相序指示器。设 $R = \dfrac{1}{\omega C}$。试说明在线电压对称的情况下，如何根据两个灯泡的亮暗确定电源的相序。

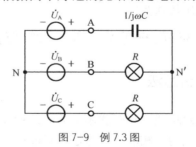

图 7-9   例 7.3 图

解： 假设三相电源的相电压有效值为 U，灯泡的额定电压自然也为 U。

根据弥尔曼定理，图示电路负载中性点的电压偏移 $\dot{U}_{\mathrm{N'N}}$ 为

$$\dot{U}_{\mathrm{N'N}} = \frac{\mathrm{j}\omega C \dot{U}_{\mathrm{A}} + G(\dot{U}_{\mathrm{B}} + \dot{U}_{\mathrm{C}})}{\mathrm{j}\omega C + 2G}$$

令 $\dot{U}_{\mathrm{A}} = U\underline{/0^{\circ}}$ V，代入给定的参数关系后，有

$$\dot{U}_{\mathrm{N'N}} = (-0.2 + \mathrm{j}0.6)U = 0.63\underline{/108.4^{\circ}}$$

B 相灯泡所承受的电压 $\dot{U}_{BN'}$ 为

$$\dot{U}_{BN'} = \dot{U}_B - \dot{U}_{N'N} = 1.5U \underline{/-101.5^\circ}$$

所以

$$U_{BN'} = 1.5U$$

而

$$\dot{U}_{CN'} = \dot{U}_C - \dot{U}_{N'N} = 0.4U \underline{/133.4^\circ}$$

即

$$U_{CN'} = 0.4U$$

由此可以看出，当电容元件与已知三相电源的 A 相连接的时候，与 B 相相连的灯泡上的实际电压远高于额定电压，于是灯泡就会很亮，而与 C 相相连的灯泡上的实际电压远小于额定电压，所以灯泡会很暗。根据这个结论，在用相序指示器测量未知相序的三相电源时，如果把与电容器相连接的那一相定为 A 相，则与较亮灯泡相连的为 B 相，与较暗灯泡相连的为 C 相。

7.4　三相电路的功率及其测量

一、三相电路的功率

三相电路中，负载吸收的有功功率等于各相负载吸收的有功功率之和，即

$$P = P_A + P_B + P_C = U_{AN}I_A \cos\varphi_A + U_{BN}I_B \cos\varphi_B + U_{CN}I_C \cos\varphi_C$$

式中，U_{AN}、U_{BN}、U_{CN} 为三相负载的相电压；I_A、I_B、I_C 为三相负载的相电流；φ_A、φ_B、φ_C 表示各相负载电压和电流之间的相位差（即负载的阻抗角）。

在对称的三相电路中，由于相电压 $U_{AN} = U_{BN} = U_{CN} = U_P$，相电流 $I_A = I_B = I_C = I_P$；负载阻抗角 $\varphi_A = \varphi_B = \varphi_C = \varphi$，则对称三相电路的有功功率为

$$P = 3U_P I_P \cos\varphi$$

对于 Y 形负载，$U_1 = \sqrt{3}U_P$，$I_1 = I_P$；对于 △ 形负载，$U_1 = U_P$，$I_1 = \sqrt{3}I_P$，代入上式

$$P = \sqrt{3}U_1 I_1 \cos\varphi$$

可见，不管负载时 Y 形还是 △ 形连接，均可用上式计算对称三相电路的有功功率。需要指出，式中的 φ 是相电压和相电流的相位差，即负载的阻抗角。

同样可写出三相电路的无功功率

$$Q = Q_A + Q_B + Q_C = U_{AN}I_A \sin\varphi_A + U_{BN}I_B \sin\varphi_B + U_{CN}I_C \sin\varphi_C$$

对于对称的三相电路

$$Q = 3U_P I_P \sin\varphi \qquad Q = \sqrt{3}U_1 I_1 \sin\varphi$$

三相电路的视在功率定义为 $S = \sqrt{P^2 + Q^2}$；对称的三相电路视在功率为

$$S = \sqrt{3}U_1 I_1$$

对称三相电路的功率因数等于每一相负载的功率因数。

三相电路的瞬时功率等于各相负载瞬时功率之和。对于对称的三相电路（以感性电路为例），各相负载的瞬时功率为

$$p_A = u_A i_A = \sqrt{2}U_A \cos\omega t \times \sqrt{2}I_A \cos(\omega t - \varphi)$$
$$= U_A I_A \left[\cos\varphi + \cos(2\omega t - \varphi)\right]$$
$$p_B = u_B i_B = \sqrt{2}U_A \cos(\omega t - 120°) \times \sqrt{2}I_A \cos(\omega t - \varphi - 120°)$$
$$= U_A I_A \left[\cos\varphi + \cos(2\omega t - \varphi - 240°)\right]$$
$$p_C = u_C i_C = \sqrt{2}U_A \cos(\omega t + 120°) \times \sqrt{2}I_A \cos(\omega t - \varphi + 120°)$$
$$= U_A I_A \left[\cos\varphi + \cos(2\omega t - \varphi + 240°)\right]$$

它们的和为

$$p = p_A + p_B + p_C = u_A i_A + u_B i_B + u_C i_C = 3U_A I_A \cos\varphi = 3P_A = P$$

上式表明，对称三相电路的瞬时功率为一个常量，其值等于平均功率，称为瞬时功率的平衡，这是对称三相电路中一个很好的性能，对于三相电动机负载来说，瞬时功率平衡意味着电动机转动平稳，没有振动。

二、三相电路功率测量

对于三相四线制系统，常采用三只功率表测量，将功率表的电流线圈串接在端线上，电压线圈并接在端线到中性线之间，接线如图 7-10（a）所示，读数之和即为总功率。显然，对于三相四线制对称系统，只需一只功率表测量，这只表读数的 3 倍即为总功率。

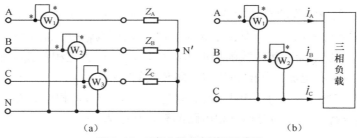

（a）   （b）

图 7-10　三相电路功率测量接线图

对于三相三线制系统，无论负载对称与否，均可采用两只功率表测量，首先选择一条公共的端线，将两只功率表的电流线圈分别串接在另外的两条端线上，电压线圈分别并接在其对应的端线与公共端线之间，接线如图 7-10（b）所示。

现在分析测量原理，根据图中功率表的接线图可知，W_1 和 W_2 的读数分别为

$$W_1: \frac{1}{T}\int_0^T u_{AC} i_A \mathrm{d}t \qquad W_2: \frac{1}{T}\int_0^T u_{BC} i_B \mathrm{d}t$$

两只功率表读数之和

$$\frac{1}{T}\int_0^T (u_{AC} i_A + u_{BC} i_B)\mathrm{d}t = \frac{1}{T}\int_0^T [(u_A - u_C)i_A + (u_B - u_C)i_B]\mathrm{d}t$$
$$= \frac{1}{T}\int_0^T [u_A i_A + u_B i_B - u_C(i_A + i_B)]\mathrm{d}t$$
$$= \frac{1}{T}\int_0^T (p_A + p_B + p_C)\mathrm{d}t = P_A + P_B + P_C$$

即两只功率表读数的代数和等于三相总功率。需要指出，用两只功率表测量三相总功率时，其中一只功率表的读数可能会出现负值，此时总功率等于两只功率表读数的代数和。

在对称的三相电路中

$$W_1: \quad U_{AC}I_A \cos(30° - \varphi) = U_1I_1 \cos(30° - \varphi)$$

$$W_2: \quad U_{BC}I_B \cos(30° + \varphi) = U_1I_1 \cos(30° + \varphi)$$

式中，φ 为负载的阻抗角。

例 7.4 对称三相电路如图 7-11（a）所示。对称三相电源的线电压 380V，△形连接的负载阻抗 Z=（20+j20）Ω；三相电动机的功率 P_2=1700W，功率因数 $\cos\varphi_2 = 0.82$。求（1）线电流相量 $\dot{I}_A$、$\dot{I}_B$、$\dot{I}_C$；（2）计算三相电源发出的总功率；（3）若用两只功率表进行测量，画出接线图。

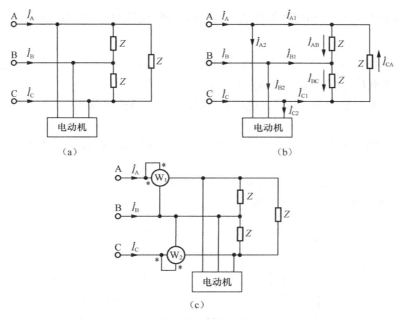

图 7-11 例 7.4 图

解：（1）对称三相电路各相电流、线电流参考方向如图 7-11（b）所示。设 A 相电源电压为参考正弦量 $\dot{U}_A = 220\underline{/\ 0°}$ V，线电压 $\dot{U}_{AB} = 380\underline{/\ 30°}$ V，△形负载的相电流

$$\dot{I}_{AB} = \frac{\dot{U}_{AB}}{Z} = \frac{380\underline{/\ 30°}}{20 + 20j} = 13.48\underline{/\ -15°}\ \text{A}$$

根据△形负载线电流与相电流之间的关系，△形负载的线电流

$$\dot{I}_{A1} = \sqrt{3}\dot{I}_{AB}\underline{/\ -30°} = 23.34\underline{/\ -45°}\ \text{A}$$

对于电动机负载，根据功率的计算公式 $P = \sqrt{3}U_1I_1\cos\varphi$，电动机负载的线电流（相电流）

$$I_{A2} = \frac{1700}{\sqrt{3} \times 380 \times 0.82} = 3.15\text{A}$$

$$\cos\varphi_2 = 0.82，\quad \varphi_2 = 34.9°$$

$$\dot{I}_{A2} = 3.15\underline{/-34.9°}\,\text{A}$$

线电流 $\dot{I}_A = \dot{I}_{A1} + \dot{I}_{A2} = 23.34\underline{/-45°} + 3.15\underline{/-34.9°} = 26.44\underline{/-43.8°}\,\text{A}$

根据对称性 $\dot{I}_B = 26.44\underline{/-163.8°}\,\text{A}$ ，$\dot{I}_C = 26.44\underline{/76.2°}\,\text{A}$

（2）三相电源发出的有功功率

$$P = \sqrt{3}U_1I_1\cos\varphi = \sqrt{3} \times 380 \times 26.44 \times \cos 43.8° = 12.55\text{kW}$$

（3）两只功率表的接线如图 7-11（c）所示。

习　　题

7.1　（1）正序对称三相电压源作 Y 形连接，若线电压 $\dot{U}_{BC} = 380\underline{/180°}\,\text{V}$，则相电压 $\dot{U}_A$ 等于多少？

（2）对称 Y 形负载电路中，已知负载端线电压 $\dot{U}_{AB} = 380\underline{/10°}\,\text{V}$，$\dot{I}_A = 5\underline{/0°}\,\text{A}$，在正相序的条件下，试求 $\dot{U}_{CB}$、$\dot{U}_{AC}$、负载阻抗 Z。

7.2　已知 Y-Y 对称电路，电源线电压 U_1=380V，端线阻抗忽略不计，负载阻抗 Z=(6+j8)Ω，试计算各相电流。

7.3　题 7.3 图所示电路中，线电压 U_1=380V，负载阻抗 Z=26∠53.1°Ω，计算相电流、线电流。

7.4　对称三相电路如题 7.4 图所示，电源线电压 U_1=380V，负载阻抗 Z_1=（100+j60）Ω，Z_2=（50–j80）Ω。求电源端的线电流。

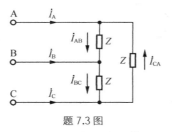

题 7.3 图

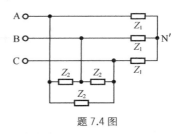

题 7.4 图

7.5　题 7.5 图所示电路为 Y 形连接的电动机和△形连接的变压器为负载，端线阻抗 Z_1=（1+j2）Ω，负载端的线电压为 380V，电动机的等效阻抗 Z_1=(12+j16)Ω，变压器等效阻抗 Z_2=（48+j36）Ω。计算电源端的线电压。

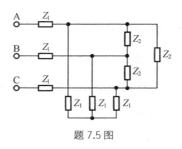

题 7.5 图

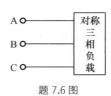

题 7.6 图

7.6 题 7.6 图所示为对称三相电路，已知感性负载的有功功率 $P=2.4\text{kW}$，功率因数 $\cos\varphi=0.6$，电源线电压 380V。（1）求线电流；（2）若采用 Y 形连接，计算负载阻抗；（3）若负载采用△形连接，再计算负载阻抗。

7.7 题 7.7 图所示为两只功率表法测量功率的接线图，已知电源线电压 380V，负载阻抗 $Z=(8+\text{j}6)\Omega$，试计算两只功率表的读数。

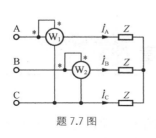

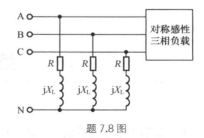

题 7.7 图

题 7.8 图

7.8 题 7.8 图所示为 380/220V 三相四线制供电电路，已知 $R=40\Omega$，$X_L=30\Omega$，另一组感性负载的功率 3kW，$\cos\varphi=0.8$。试计算此三相电路的线电流和中线电流。

7.9 三相电路如题 7.9 图所示，阻抗 $Z=(6+\text{j}8)\Omega$，对称三相电源的相电压 220V。试计算题图 7-9（a）和（b）所示两种情况下的线电流及负载的相电压。

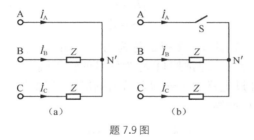

题 7.9 图

7.10 三相电路如题 7.10 图所示，对称三相电源的线电压 $U_l=380\text{V}$，对称三相负载吸收功率 53kW，$\cos\varphi=0.9$（感性），端线 BC 之间接一个电阻 R，其功率 7kW。求线电流 $\dot{I}_A$、$\dot{I}_B$、$\dot{I}_C$。

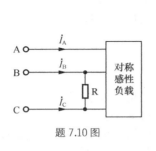

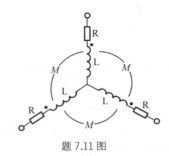

题 7.10 图

题 7.11 图

7.11 题图 7.10 所示对称三相耦合电路接于对称三相电源，电源频率为 50Hz，线电压 $U_l=380\text{V}$，$R=30\Omega$，$L=0.29\text{H}$，$M=0.12\text{H}$。求相电流和负载吸收的总功率。

第 8 章 二端口网络参数

本章介绍二端口网络的概念、二端口网络的参数。内容有二端口网络及其参数方程，二端口网络的 Z 参数、Y 参数、H 参数和 T 参数以及它们之间的关系，线性无源二端口网络的等效电路，二端口网络的连接。

在工程中经常需要分析具有两对端钮的功能电路，框图如图 8-1 所示。如果端钮电流之间满足：

$$\begin{cases} i_1 = i_1' \\ i_2 = i_2' \end{cases}$$

就把端钮 1 和 1′ 称为一个端口、2 和 2′ 称为另一个端口。在绘制电路的时候主信号的走向一般是从左向右，所以习惯上通常把 11′ 称为信号的输入端口，22′ 称为信号的输出端口。信号从输入端口 11′ 进入经过电路加工处理之后由输出端口 22′ 输出。这种具有两个端口的网络叫二端口网络或者叫双口网络。

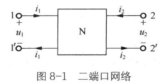

图 8-1　二端口网络

二端口网络也有线性与非线性、有源与无源、集中参数与分布参数之分。本章只讨论线性无源集中参数二端口网络在正弦交流电相量模型中的特性参数。

8.1　二端口网络的方程及其参数

与研究一端口网络特性一样，对二端口网络的研究也是注重它的端口电压与电流关系，也就是端口的伏安特性。因为二端口网络的端口变量有 4 个：$\dot{U}_1$、$\dot{I}_1$、$\dot{U}_2$ 和 $\dot{I}_2$，若以其中任意两个作自变量，剩下的两个作因变量，则二端口网络伏安特性方程有 6 种不同的书写方式，与之对应的二端口网络参数也就有 6 种。本教材将介绍其中的 4 种，它们是阻抗参数 Z、导纳参数 Y、混合参数 H 和传输参数 T。

一、二端口网络的 Z 参数

设无源二端口网络 N 端口电压和电流相量分别为 $\dot{U}_1$、$\dot{I}_1$、$\dot{U}_2$ 和 $\dot{I}_2$，参考方向如图 8-2

（a）所示。选 $\dot{I}_1$、$\dot{I}_2$ 为自变量，$\dot{U}_1$、$\dot{U}_2$ 为因变量。

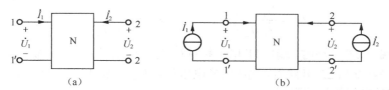

图 8-2　二端口网络的 Z 参数

为了得到端口电压和电流关系，我们可以采用外施电源法，即在端口 11′ 和 22′ 分别施加电流为 $\dot{I}_1$ 和 $\dot{I}_2$ 的电流源，然后求得 $\dot{U}_1$ 与 $\dot{I}_1$、$\dot{I}_2$ 的关系以及 $\dot{U}_2$ 与 $\dot{I}_1$、$\dot{I}_2$ 的关系。由于二端口网络中不含独立源，整个电路只有两个电流源，所以可以采用叠加定理求 $\dot{U}_1$、$\dot{U}_2$，电源单独作用的电路如图 8-3 所示。

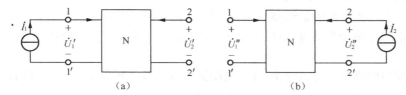

图 8-3　利用叠加定理求 Z 参数方程

图 8-3（a）所示电路是让电流源 $\dot{I}_1$ 单独作用的线性电路，所以

$$\dot{U}_1' \propto \dot{I}_1 \quad \text{或写成} \quad \dot{U}_1' = Z_{11}\dot{I}_1$$
$$\dot{U}_2' \propto \dot{I}_1 \quad \text{或写成} \quad \dot{U}_2' = Z_{21}\dot{I}_1$$

图 8-3（b）所示电路是让电流源 $\dot{I}_2$ 单独作用的线性电路，所以

$$\dot{U}_1'' \propto \dot{I}_2 \quad \text{或写成} \quad \dot{U}_1'' = Z_{12}\dot{I}_2$$
$$\dot{U}_2'' \propto \dot{I}_2 \quad \text{或写成} \quad \dot{U}_2'' = Z_{22}\dot{I}_2$$

其中，Z_{11}、Z_{12}、Z_{21}、Z_{22} 为比例系数。

根据叠加定理：

$$\dot{U}_1 = \dot{U}_1' + \dot{U}_1''$$
$$\dot{U}_2 = \dot{U}_2' + \dot{U}_2''$$

亦即

$$\left.\begin{array}{l} \dot{U}_1 = Z_{11}\dot{I}_1 + Z_{12}\dot{I}_2 \\ \dot{U}_2 = Z_{21}\dot{I}_1 + Z_{22}\dot{I}_2 \end{array}\right\} \tag{8-1}$$

称式（8-1）为二端口网络 N 的 Z 参数方程，写成矩阵形式，即

$$\begin{bmatrix} \dot{U}_1 \\ \dot{U}_2 \end{bmatrix} = \begin{bmatrix} Z_{11} & Z_{12} \\ Z_{21} & Z_{22} \end{bmatrix} \begin{bmatrix} \dot{I}_1 \\ \dot{I}_2 \end{bmatrix}$$

其中，系数矩阵

$$Z = \begin{bmatrix} Z_{11} & Z_{12} \\ Z_{21} & Z_{22} \end{bmatrix} \tag{8-2}$$

称为二端口网络的 Z 参数矩阵或 Z 参数。

从方程（8-1）还可以看出 Z 参数矩阵中每个参数的物理意义。

$$Z_{11} = \frac{\dot{U}_1}{\dot{I}_1}\bigg|_{\dot{I}_2 = 0} \qquad\qquad Z_{21} = \frac{\dot{U}_2}{\dot{I}_1}\bigg|_{\dot{I}_2 = 0}$$

Z_{11} 是当端口 22′ 开路时，端口 11′ 电压相量 $\dot{U}_1$ 与电流相量 $\dot{I}_1$ 之比，显然是 11′ 端口的输入阻抗。而 Z_{21} 是在端口 22′ 开路时，端口 22′ 电压相量 $\dot{U}_2$ 与端口 11′ 电流相量 $\dot{I}_1$ 之比，称为端口 11′ 与端口 22′ 之间的转移阻抗。

$$Z_{12} = \frac{\dot{U}_1}{\dot{I}_2}\bigg|_{\dot{I}_1 = 0} \qquad\qquad Z_{22} = \frac{\dot{U}_2}{\dot{I}_2}\bigg|_{\dot{I}_1 = 0}$$

Z_{12} 是当端口 11′ 开路时，端口 11′ 电压相量 $\dot{U}_1$ 与端口 22′ 电流相量 $\dot{I}_2$ 之比，是端口 11′ 与端口 22′ 之间的转移阻抗。而 Z_{22} 是在端口 11′ 开路时，端口 22′ 电压相量 $\dot{U}_2$ 与端口 22′ 电流相量 $\dot{I}_2$ 之比，称为端口 22′ 的输出阻抗。

由此可以看出，Z 参数的量纲都是阻抗，所以 Z 参数又称为阻抗参数，参数的单位都是欧姆。又因为矩阵中每个参数都是在一端口开路的情况下求出来的，所以 Z 参数又称为开路参数。

当无源二端口网络 N 不含受控源时，电路满足互易性，即根据互易定理可以证明：

$$Z_{12} = Z_{21}$$

把这种具有互易性的二端口网络简称为互易网络。

例 8.1　求图 8-4 所示互易二端口网络的 Z 参数。

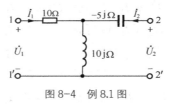

图 8-4　例 8.1 图

解： 断开 22′，或令 $\dot{I}_2 = 0$，求 Z_{11}、Z_{21}

$$Z_{11} = \frac{\dot{U}_1}{\dot{I}_1}\bigg|_{\dot{I}_2 = 0} = 10 + 10\mathrm{j}\,\Omega$$

$$Z_{21} = \frac{\dot{U}_2}{\dot{I}_1}\bigg|_{\dot{I}_2 = 0} = 10\mathrm{j}\,\Omega$$

断开 11′，或令 $\dot{I}_1 = 0$，求 Z_{12}、Z_{22}

$$Z_{12} = \frac{\dot{U}_1}{\dot{I}_2}\bigg|_{\dot{I}_1 = 0} = 10\mathrm{j}\,\Omega$$

$$Z_{22} = \frac{\dot{U}_2}{\dot{I}_2}\bigg|_{\dot{I}_2 = 0} = -5\mathrm{j} + 10\mathrm{j} = 5\mathrm{j}\,\Omega$$

所以，此二端口网络的 Z 参数为

$$Z = \begin{bmatrix} 10+10\mathrm{j} & 10\mathrm{j} \\ 10\mathrm{j} & 5\mathrm{j} \end{bmatrix}\Omega$$

例 8.2　求图 8-5 所示的二端口网络的 Z 参数。

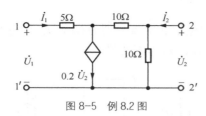

图 8-5　例 8.2 图

解：断开 $22'$，求 Z_{11}、Z_{21}

因为 $\dot{I}_2 = 0$，两个 10Ω 阻抗是串联关系，由结点 KCL

$$\dot{I}_1 = 0.2\dot{U}_2 + \frac{\dot{U}_2}{10}，\ 即\ \dot{I}_1 = 0.3\dot{U}_2$$

$$Z_{21} = \frac{\dot{U}_2}{\dot{I}_1} = 0.3\Omega$$

由回路的 KVL

$$\dot{U}_1 = 5\dot{I}_1 + 2\dot{U}_2$$

将 $\dot{U}_2 = 0.3\dot{I}_1$ 带入得

$$\dot{U}_1 = 5\dot{I}_1 + 2 \times 0.3\dot{I}_1 = 5.6\dot{I}_1$$

$$Z_{11} = \frac{\dot{U}_1}{\dot{I}_1} = 5.6\Omega$$

断开 $11'$，求 Z_{12}、Z_{22}

因为 $\dot{I}_1 = 0$，由结点的 KCL

$$\dot{I}_2 = 0.2\dot{U}_2 + \frac{\dot{U}_2}{10} = 0.3\dot{U}_2$$

则

$$Z_{22} = \frac{\dot{U}_2}{\dot{I}_2} = \frac{10}{3}\Omega$$

由 KVL 得

$$\dot{U}_2 = 10 \times 0.2\dot{U}_2 + \dot{U}_1$$

把 $\dot{U}_2 = \frac{10}{3}\dot{I}_2$ 带入得

$$\dot{U}_1 = -\frac{10}{3}\dot{I}_2$$

则

$$Z_{12} = \frac{\dot{U}_1}{\dot{I}_2} = -\frac{10}{3}\Omega$$

由此，二端口网络的 Z 参数矩阵为

$$Z = \begin{bmatrix} 5.6 & 0.3 \\ -\dfrac{10}{3} & \dfrac{10}{3} \end{bmatrix}\Omega$$

显然，对于含有受控源的非互易网络 $Z_{12} \neq Z_{21}$。

二、二端口网络的 Y 参数

设无源二端口网络 N 端口电压和电流分别为 $\dot{U}_1$、$\dot{I}_1$、$\dot{U}_2$ 和 $\dot{I}_2$，参考方向如图 8-2（a）所示。选 $\dot{U}_1$、$\dot{U}_2$ 为自变量，$\dot{I}_1$、$\dot{I}_2$ 为因变量。

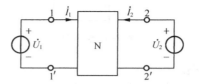

图 8-6 求二端口网络的 Y 参数

为了得到端口电压和电流关系，我们同样采用外施电源法，即在端口 11′ 和 22′ 分别施加电压为 $\dot{U}_1$ 和 $\dot{U}_2$ 的电压源，然后求得 $\dot{I}_1$ 与 $\dot{U}_1$、$\dot{U}_2$ 的关系以及 $\dot{I}_2$ 与 $\dot{U}_1$、$\dot{U}_2$ 的关系，如图 8-6 所示。由于二端口网络中不含独立源，整个电路只有两个电压源，所以可采用叠加定理求 $\dot{I}_1$、$\dot{I}_2$，电源单独作用的电路如图 8-7 所示。

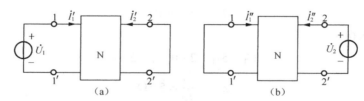

图 8-7 应用叠加定理图

图 8-7（a）所示电路是让电压源 $\dot{U}_1$ 单独作用的线性电路，所以

$$\dot{I}_1' \propto \dot{U}_1 \quad 或写成 \quad \dot{I}_1' = Y_{11}\dot{U}_1$$

$$\dot{I}_2' \propto \dot{U}_1 \quad 或写成 \quad \dot{I}_2' = Y_{21}\dot{U}_1$$

图 8-7（b）所示电路是让电压源 $\dot{U}_2$ 单独作用的线性电路，所以

$$\dot{I}_1'' \propto \dot{U}_2 \quad 或写成 \quad \dot{I}_1'' = Y_{12}\dot{U}_2$$

$$\dot{I}_2'' \propto \dot{U}_2 \quad 或写成 \quad \dot{I}_2'' = Y_{22}\dot{U}_2$$

其中，Y_{11}、Y_{12}、Y_{21}、Y_{22} 为比例系数。

根据叠加定理

$$\dot{I}_1 = \dot{I}_1' + \dot{I}_1''$$

$$\dot{I}_2 = \dot{I}_2' + \dot{I}_2''$$

亦即

$$\left.\begin{array}{l} \dot{I}_1 = Y_{11}\dot{U}_1 + Y_{12}\dot{U}_2 \\ \dot{I}_2 = Y_{21}\dot{U}_1 + Y_{22}\dot{U}_2 \end{array}\right\} \tag{8-3}$$

称方程（8-3）为二端口网络 N 的 Y 参数方程，写成矩阵形式，即

$$\begin{bmatrix} \dot{I}_1 \\ \dot{I}_2 \end{bmatrix} = \begin{bmatrix} Y_{11} & Y_{12} \\ Y_{21} & Y_{22} \end{bmatrix} \begin{bmatrix} \dot{U}_1 \\ \dot{U}_2 \end{bmatrix}$$

其中，系数矩阵

$$Y = \begin{bmatrix} Y_{11} & Y_{12} \\ Y_{21} & Y_{22} \end{bmatrix} \tag{8-4}$$

称为二端口网络的 Y 参数矩阵或 Y 参数。

从方程（8-3）还可以看出 Y 参数矩阵中每个参数的物理意义。

$$Y_{11} = \frac{\dot{I}_1}{\dot{U}_1}\bigg|_{\dot{U}_2 = 0} \qquad Y_{21} = \frac{\dot{I}_2}{\dot{U}_1}\bigg|_{\dot{U}_2 = 0}$$

Y_{11} 是当端口 22′ 短路时，端口 11′ 的电流相量 $\dot{I}_1$ 与电压相量 $\dot{U}_1$ 之比，显然是当端口 22′ 短路时从 11′ 端口看进去的等效导纳。而 Y_{21} 是在端口 22′ 短路时，端口 22′ 的电流相量 $\dot{I}_2$ 与端口 11′ 的电压相量 $\dot{U}_1$ 之比，称之为当 22′ 短路时端口 11′ 与端口 22′ 之间的转移导纳。

$$Y_{12} = \frac{\dot{I}_1}{\dot{U}_2}\bigg|_{\dot{U}_1 = 0} \qquad Y_{22} = \frac{\dot{I}_2}{\dot{U}_2}\bigg|_{\dot{U}_1 = 0}$$

Y_{12} 是当端口 11′ 短路时，端口 11′ 的电流相量 $\dot{I}_1$ 与端口 22′ 的电压相量 $\dot{U}_2$ 之比，是端口 22′ 与端口 11′ 之间的转移导纳。而 Y_{22} 是在端口 11′ 短路时，端口 22′ 的电流相量 $\dot{I}_2$ 与端口 22′ 的电压相量 $\dot{U}_2$ 之比，称为端口 22′ 的输出导纳。

Y 参数的量纲都是导纳量纲，所以 Y 参数又称为导纳参数，参数的单位都是西门子。又因为矩阵中每个参数都是在另一端口短路的情况下求出来的，所以 Y 参数又称为短路参数。

对于互易网络的 Y 参数有 $Y_{12} = Y_{21}$。

例 8.3 求图 8-8 所示二端口网络的 Y 参数。

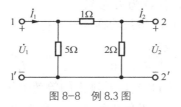

图 8-8 例 8.3 图

解： 将端口 22′ 短路，如图 8-9（a）所示。计算 Y_{11} 和 Y_{21}

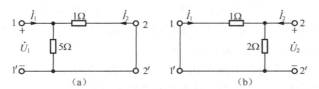

图 8-9 计算 Y 参数的等效电路

$$Y_{11} = \frac{\dot{I}_1}{\dot{U}_1} = \frac{1}{1} + \frac{1}{5} = 1.2\,\text{S}$$

$$Y_{21} = \frac{\dot{I}_2}{\dot{U}_1} = -1\,\text{S}$$

将端口 11′ 短路，如图 8-9（b）所示。计算 Y_{12} 和 Y_{22}

$$Y_{12} = \frac{\dot{I}_1}{\dot{U}_2} = -1\,\text{S}$$

$$Y_{22} = \frac{\dot{I}_2}{\dot{U}_2} = \frac{1}{1} + \frac{1}{2} = 1.5\,\text{S}$$

所以，此二端口网络的 Y 参数为

$$Y = \begin{bmatrix} 1.2 & -1 \\ -1 & 1.5 \end{bmatrix}\text{S}$$

三、二端口网络的 H 参数

设无源二端口网络 N 端口电压和电流分别为 $\dot{U}_1$、$\dot{I}_1$、$\dot{U}_2$ 和 $\dot{I}_2$，参考方向如图 8-2（a）所示。选 $\dot{I}_1$、$\dot{U}_2$ 为自变量，$\dot{U}_1$、$\dot{I}_2$ 为因变量写二端口网络 N 的伏安特性可以得到它的 H 参数方程。

$$\left.\begin{array}{l} \dot{U}_1 = H_{11}\dot{I}_1 + H_{12}\dot{U}_2 \\ \dot{I}_2 = H_{21}\dot{I}_1 + H_{22}\dot{U}_2 \end{array}\right\} \tag{8-5}$$

写成矩阵形式

$$\begin{bmatrix} \dot{U}_1 \\ \dot{I}_2 \end{bmatrix} = \begin{bmatrix} H_{11} & H_{12} \\ H_{21} & H_{22} \end{bmatrix}\begin{bmatrix} \dot{I}_1 \\ \dot{U}_2 \end{bmatrix}$$

其系数矩阵

$$H = \begin{bmatrix} H_{11} & H_{12} \\ H_{21} & H_{22} \end{bmatrix} \tag{8-6}$$

称为二端口网络的 H 参数矩阵，简称为 H 参数。

从方程（8-5）可以得到每个 H 参数的物理意义：

$$H_{11} = \left.\frac{\dot{U}_1}{\dot{I}_1}\right|_{\dot{U}_2 = 0} \qquad\qquad H_{21} = \left.\frac{\dot{I}_2}{\dot{I}_1}\right|_{\dot{U}_2 = 0}$$

H_{11} 是当端口 22′ 短路时，从 11′ 端口看进去的等效阻抗。显然，$H_{11} = 1/Y_{11}$。而 H_{21} 是在端口 22′ 短路时，端口 22′ 与端口 11′ 的电流之比，称电流放大倍数。

$$H_{12} = \left.\frac{\dot{U}_1}{\dot{U}_2}\right|_{\dot{I}_1 = 0} \qquad\qquad H_{22} = \left.\frac{\dot{I}_2}{\dot{U}_2}\right|_{\dot{I}_1 = 0}$$

H_{12} 是当端口 11′ 开路时，端口 22′ 对端口 11′ 的电压反馈系数。而 H_{22} 是在端口 11′ 开路时，端口 22′ 的输出导纳。显然，$H_{22} = 1/Z_{22}$。

由此可以看出，H 参数的量纲都不相同。其中，H_{21} 和 H_{12} 是系数，无量纲；H_{11} 是阻抗量纲；而 H_{22} 是导纳量纲。H_{11}、H_{21} 是在端口 22′ 短路的情况下求出来的，而 H_{12} 和 H_{22} 则是在端口 11′ 开路的情况下求出的，所以 H 参数又称为混合参数。

对于互易网络的 H 参数有：$H_{12} = -H_{21}$。

例 8.4　图 8-10 所示是晶体管电路的等效电路，求其 H 参数。

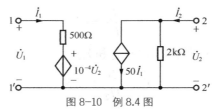

图 8-10　例 8.4 图

解： 短路端口 22′，求 H_{11} 和 H_{21}

因为 $\dot{U}_2 = 0$，由左侧回路中受控电压源的电压为零，于是得

$$\dot{U}_1 = 5\dot{I}_1$$

则

$$H_{11} = \frac{\dot{U}_1}{\dot{I}_1} = 500\,\Omega$$

22′ 短路后，$\dot{I}_2 = 50\dot{I}_1$，于是有

$$H_{21} = \frac{\dot{I}_2}{\dot{I}_1} = 50$$

将端口 11′ 开路，求 H_{12} 和 H_{22}

因为 $\dot{I}_1 = 0$，所以 $\dot{U}_1 = 10^{-4}\dot{U}_2$，则

$$H_{12} = \frac{\dot{U}_1}{\dot{U}_2} = 10^{-4}$$

因为 $\dot{I}_1 = 0$，所以右侧的受控电流源电流为零，相当于断开。所以

$$H_{22} = \frac{\dot{I}_2}{\dot{U}_2} = \frac{1}{2000} = 5 \times 10^{-4}\,\text{S}$$

所以二端口网络的 H 参数为

$$H = \begin{bmatrix} 500 & 10^{-4} \\ 50 & 5 \times 10^{-4} \end{bmatrix}$$

四、二端口网络的 T 参数

设无源二端口网络 N 端口电压和电流分别为 $\dot{U}_1$、$\dot{I}_1$、$\dot{U}_2$ 和 $\dot{I}_2$，参考方向如图 8-2（a）所示。选 $\dot{U}_2$、$-\dot{I}_2$ 为自变量，$\dot{U}_1$、$\dot{I}_1$ 为因变量写二端口网络 N 的伏安特性可以得到它的 T 参数方程。

$$\left. \begin{array}{l} \dot{U}_1 = A\dot{U}_2 + B(-\dot{I}_2) \\ \dot{I}_1 = C\dot{U}_2 + D(-\dot{I}_2) \end{array} \right\} \tag{8-7}$$

写成矩阵形式：

$$\begin{bmatrix} \dot{U}_1 \\ \dot{I}_1 \end{bmatrix} = \begin{bmatrix} A & B \\ C & D \end{bmatrix} \begin{bmatrix} \dot{U}_2 \\ -\dot{I}_2 \end{bmatrix}$$

其系数矩阵

$$T = \begin{bmatrix} A & B \\ C & D \end{bmatrix} \tag{8-8}$$

称为二端口网络的 T 参数矩阵，简称为 T 参数。

由方程（8-7）可以得到各参数的意义：

$$A = \left. \frac{\dot{U}_1}{\dot{U}_2} \right|_{\dot{I}_2 = 0} \qquad C = \left. \frac{\dot{I}_1}{\dot{U}_2} \right|_{\dot{I}_2 = 0}$$

A 参数是当端口 22′ 开路时，端口 22′ 与端口 11′ 的电压传输之比；C 参数是在端口 22′ 开

路时，由端口11′ 到端口22′ 的转移导纳。显然 $C = 1/Z_{21}$。

$$B = \frac{\dot{U}_1}{-\dot{I}_2}\bigg|_{\dot{U}_2=0} \qquad\qquad D = \frac{\dot{I}_1}{-\dot{I}_2}\bigg|_{\dot{U}_2=0}$$

B 参数是当端口22′ 短路时，端口11′ 对端口22′ 的转移阻抗。而 D 参数是在端口22′ 短路时，端口11′ 与端口22′ 的电流传输比。由于 T 参数方程反映输入和输出间的关系，故称 T 参数为正向传输参数，简称传输参数。

互易二端口网络 T 参数有这样的特点：

$$\Delta_T = \begin{vmatrix} A & B \\ C & D \end{vmatrix} = AD - BC = 1$$

例 8.5 求图 8-11 二端口网络的 T 参数。

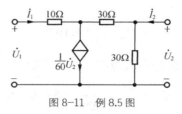

图 8-11 例 8.5 图

解：将 2 端口开路，等效电路如图 8-12（a）所示，求 T 参数的 A 和 C
由结点的 KCL

$$\dot{I}_1 = \frac{1}{60}\dot{U}_2 + \frac{\dot{U}_2}{30}$$

即

$$\dot{I}_1 = \frac{1}{60}\dot{U}_2 + \frac{\dot{U}_2}{30} = \frac{1}{20}\dot{U}_2$$

于是有

$$C = \frac{\dot{I}_1}{\dot{U}_2} = \frac{1}{20}\,\mathrm{S}$$

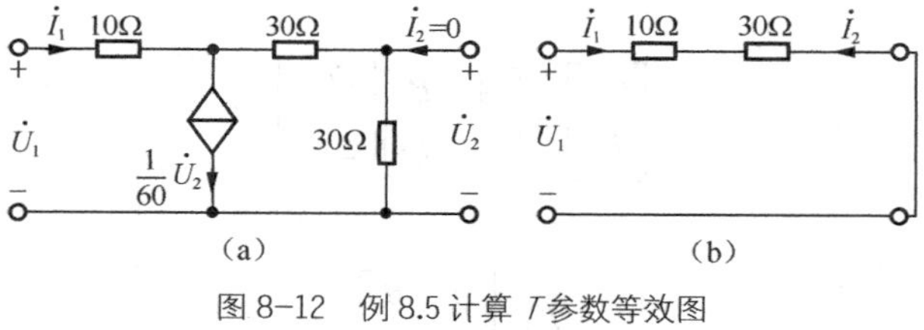

图 8-12 例 8.5 计算 T 参数等效图

由回路的 KVL

$$\dot{U}_1 = 10\dot{I}_1 + 2\dot{U}_2$$

把 $\dot{I}_1 = \frac{1}{20}\dot{U}_2$ 带入得

$$\dot{U}_1 = 2.5\dot{U}_2$$

于是有

$$A = \frac{\dot{U}_1}{\dot{U}_2} = 2.5$$

将 2 端口短路，右侧 30Ω 阻抗被短路，同时受控源电流源的电流为零，相当于开路，等效电路如图 8-12（b）所示。

$$B = \frac{\dot{U}_1}{-\dot{I}_2} = 10 + 30 = 40\Omega$$

$$D = \frac{\dot{I}_1}{-\dot{I}_2} = 1$$

所以图 8-11 所示二端口网络的 T 参数为

$$T = \begin{bmatrix} 2.5 & 40 \\ 0.05 & 1 \end{bmatrix}$$

前面讲述 Z、Y、H 和 T 参数方程均可表征同一个二端口网络的特性，在实际应用中，往往某一种器件或电路用某一种参数方程来描述较为合适，如 π 形电路用 Y 参数，T 形电路用 Z 参数，晶体管电路用 H 参数，对传输线的分析常用 T 参数。因此，常常需要将某种参数转换成另外一种参数，这种互换可以通过方程形式之间的转换来进行。表 8-1 列出了 4 种参数之间的转换关系，其中 Δ 表示参数矩阵的行列式的值，比如，Δ_Z 代表 Z 参数矩阵的行列式的值：

$$\Delta_Z = \begin{vmatrix} Z_{11} & Z_{12} \\ Z_{21} & Z_{22} \end{vmatrix} = Z_{11}Z_{22} - Z_{12}Z_{21}$$

另外，可以证明 Z 参数矩阵和 Y 参数矩阵互为逆矩阵。

表 8-1　　　　　　　　　　　　　　无源二端口网络 4 种参数的互换表关系

	用 Z 参数表示	用 Y 参数表示	用 H 参数表示	用 T 参数表示
Z 参数	$\begin{matrix} Z_{11} & Z_{12} \\ Z_{21} & Z_{22} \end{matrix}$	$\begin{matrix} \dfrac{Y_{22}}{\Delta_Y} & -\dfrac{Y_{12}}{\Delta_Y} \\ -\dfrac{Y_{21}}{\Delta_Y} & \dfrac{Y_{11}}{\Delta_Y} \end{matrix}$	$\begin{matrix} \dfrac{\Delta_H}{H_{22}} & \dfrac{H_{12}}{H_{22}} \\ -\dfrac{H_{21}}{H_{22}} & \dfrac{1}{H_{22}} \end{matrix}$	$\begin{matrix} \dfrac{A}{C} & \dfrac{\Delta_T}{C} \\ \dfrac{1}{C} & \dfrac{D}{C} \end{matrix}$
Y 参数	$\begin{matrix} \dfrac{Z_{22}}{\Delta_Z} & -\dfrac{Z_{12}}{\Delta_Z} \\ -\dfrac{Z_{21}}{\Delta_Z} & \dfrac{Z_{11}}{\Delta_Z} \end{matrix}$	$\begin{matrix} Y_{11} & Y_{12} \\ Y_{21} & Y_{22} \end{matrix}$	$\begin{matrix} \dfrac{1}{H_{11}} & -\dfrac{H_{12}}{H_{11}} \\ \dfrac{H_{21}}{H_{11}} & \dfrac{\Delta_H}{H_{11}} \end{matrix}$	$\begin{matrix} \dfrac{D}{B} & -\dfrac{\Delta_T}{B} \\ -\dfrac{1}{B} & \dfrac{A}{B} \end{matrix}$
H 参数	$\begin{matrix} \dfrac{\Delta_Z}{Z_{22}} & \dfrac{Z_{12}}{Z_{22}} \\ -\dfrac{Z_{21}}{Z_{22}} & \dfrac{1}{Z_{22}} \end{matrix}$	$\begin{matrix} \dfrac{1}{Y_{11}} & -\dfrac{Y_{12}}{Y_{11}} \\ \dfrac{Y_{21}}{Y_{11}} & \dfrac{\Delta_Y}{Y_{11}} \end{matrix}$	$\begin{matrix} H_{11} & H_{12} \\ H_{21} & H_{22} \end{matrix}$	$\begin{matrix} \dfrac{B}{D} & \dfrac{\Delta_T}{D} \\ -\dfrac{1}{D} & \dfrac{C}{D} \end{matrix}$
T 参数	$\begin{matrix} \dfrac{Z_{11}}{Z_{21}} & \dfrac{\Delta_Z}{Z_{21}} \\ \dfrac{1}{Z_{21}} & \dfrac{Z_{22}}{Z_{21}} \end{matrix}$	$\begin{matrix} \dfrac{Y_{22}}{Y_{21}} & -\dfrac{1}{Y_{21}} \\ -\dfrac{\Delta_Y}{Y_{21}} & -\dfrac{Y_{11}}{Y_{21}} \end{matrix}$	$\begin{matrix} -\dfrac{\Delta_H}{H_{21}} & -\dfrac{H_{11}}{H_{21}} \\ -\dfrac{H_{22}}{H_{21}} & -\dfrac{1}{H_{21}} \end{matrix}$	$\begin{matrix} A & B \\ C & D \end{matrix}$

8.2　二端口网络的等效电路模型

任何复杂的线性无源一端口网络都可以用一个等效阻抗来表征它的外部特性。同理，任何给定的线性无源二端口网络可以用 4 个元件组成的二端口网络来等效其外部特性。

二端口网络的 Z 参数方程为

$$\left.\begin{aligned} \dot{U}_1 &= Z_{11}\dot{I}_1 + Z_{12}\dot{I}_2 \\ \dot{U}_2 &= Z_{21}\dot{I}_1 + Z_{22}\dot{I}_2 \end{aligned}\right\}$$

改写方程

$$\left.\begin{aligned} \dot{U}_1 &= (Z_{11}-Z_{12})\dot{I}_1 + Z_{12}(\dot{I}_1+\dot{I}_2) \\ \dot{U}_2 &= Z_{12}(\dot{I}_1+\dot{I}_2)+(Z_{22}-Z_{12})\dot{I}_2+(Z_{21}-Z_{12})\dot{I}_1 \end{aligned}\right\} \qquad (8\text{-}9)$$

式（8-9）的最简等效电路如图 8-13（a）所示，称其为二端口网络的 Z 参数等效电路模型。

特别地，如果二端口网络为互易网络，则有 $Z_{12}=Z_{21}$，等效电路退变为图 8-13（b）所示的 T 形网络。

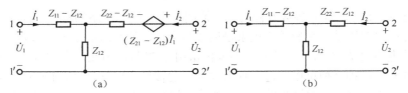

图 8-13　Z 参数的最简等效电路

同理，改变二端口网络的 Y 参数方程的形式可以找到二端口网络的最简等效电路模型，如图 8-14（a）所示。当二端口网络互易时，电路的等效电路退变为如图 8-14（b）所示的 π 形等效电路。

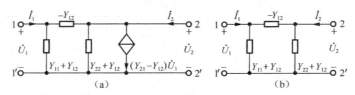

图 8-14　Y 参数的最简等效电路

从式（8-5）不难得到二端口网络的 H 参数等效电路模型，如图 8-15 所示。

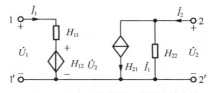

图 8-15　二端口网络的 H 参数等效电路

如果二端口网络给定的是 T 参数，可以先转换成上述 3 种参数中的一种，然后绘制其等效电路。

例 8.6　已知图 8-16（a）中线性二端口网络 N 的 Z 参数为

$$Z = \begin{bmatrix} -4\mathrm{j} & -3\mathrm{j} \\ -3\mathrm{j} & 3-3\mathrm{j} \end{bmatrix} \Omega$$

求负载电流 $\dot{I}_2$。

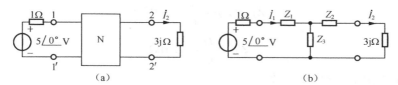

图 8-16　例题 8.6 的图

解：将二端口网络 N 用其 Z 参数等效电路去代替

从给定的 Z 参数可以看出，N 网络的 $Z_{12}=Z_{21}$，属于互易网络，其 Z 参数等效电路为 T 形。T 形阻抗网络的 3 个阻抗分别为

$$Z_1 = Z_{11} - Z_{12} = -4j - (-3j) = -j\Omega$$

$$Z_2 = Z_{22} - Z_{12} = (3-3j) - (-3j) = 3\Omega$$

$$Z_3 = Z_{12} = -3j\Omega$$

从电源端看总负载的等效阻抗为

$$Z_{eq} = 1 + Z_1 + Z_3 \,/\!/\, (Z_2 + 3j) = 1 - j + \frac{-3j(3+3j)}{-3j+(3+3j)} = 4 - 4j\Omega$$

电流 $\dot{I}_1$：

$$\dot{I}_1 = \frac{\dot{U}_S}{Z_{eq}} = \frac{5\underline{/0^\circ}}{4-4j} = \frac{5\sqrt{2}}{8}\underline{/45^\circ}\,\text{A}$$

由分流定律，负载电流：

$$\dot{I}_2 = \frac{-3j}{-3j+(3+3j)}\dot{I}_1 = \frac{5\sqrt{2}}{8}\underline{/-45^\circ}\,\text{A}$$

例 8.7　已知图 8-17（a）所示电路中，二端口网络的 T 参数为：

$$T = \begin{bmatrix} 0.4 & 3.6j \\ 0.1j & 1.6 \end{bmatrix}$$

问当输出端口的阻抗 Z 为多少时，Z 上消耗的功率最大，最大功率是多少？

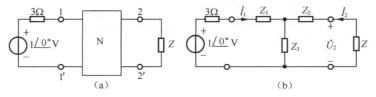

图 8-17　例题 8.7 的图

解：首先查表 8-1 将二端口网络 N 的 T 参数转换成 Z 参数

$$\Delta_T = AD - BC = 1 \qquad （\text{N 为互易网络}）$$

$$Z_{11} = \frac{A}{C} = -4j\Omega$$

$$Z_{12} = Z_{21} = \frac{1}{C} = -10j\Omega$$

$$Z_{22} = \frac{D}{C} = -16j\Omega$$

然后求二端口网络的等效电路参数

$$Z_1 = Z_{11} - Z_{12} = -4j - (-10j) = 6j\Omega$$
$$Z_2 = Z_{22} - Z_{12} = -16j - (-10j) = -6j\Omega$$
$$Z_3 = Z_{12} = -10j\Omega$$

计算端口 22′ 开路电压

$$\dot{U}_{2OC} = \frac{Z_3}{3 + Z_1 + Z_3}\dot{U}_S = \frac{-10j}{3 + 6j - 10j} \times 1\underline{/0°} = 2\underline{/37°}\ \text{V}$$

计算从端口 22′ 向左看有源二端网络的戴维南等效阻抗

$$Z_S = (Z_1 + 3)\ //\ Z_3 + Z_2 = \frac{-10j \times (3 + 6j)}{(6j + 3) + (-10j)} - 6j = 12\Omega$$

所以当 $Z = Z_S^* = 12\Omega$ 时 Z 取得的功率最大，最大功率为

$$P_{\text{MAX}} = \frac{U_{2OC}^2}{4R_S} = \frac{2^2}{4 \times 12} = \frac{1}{12}\ \text{W}$$

8.3　二端口网络的连接

如果把一个复杂的二端口网络看成是由若干个简单的二端口网络按照某种方式连接而成，这将使电路的分析得到化简。另一方面，在设计和实现一个复杂的二端口网络的时候，也可以用简单的二端口网络作为"积木块"，把它们按照一定的方式连接成具有所需要特性的二端口网络。一般来说，这样做比起直接设计复杂网络要容易得多。因此，研究二端口网络的连接具有重要意义。

二端口网络最基本的连接方式有 3 种，分别是串联、并联和级联，如图 8-18 所示。

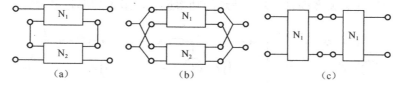

图 8-18　二端口网络的连接

一、串联和并联

二端口网络串联和并联方式分别如图 8-19（a）、（b）所示。对于这两种连接方式分别采用 Z 参数和 Y 参数来分析，可以得到简明的结果。

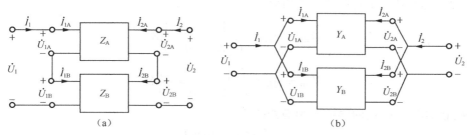

图 8-19 二端口网络的串联和并联

对于图 8-18（a），两个二端口网络 A 和 B 的 Z 参数方程的矩阵形式

$$\begin{bmatrix} \dot{U}_{1A} \\ \dot{U}_{2A} \end{bmatrix} = \begin{bmatrix} Z_{11A} & Z_{12A} \\ Z_{21A} & Z_{22A} \end{bmatrix} \begin{bmatrix} \dot{I}_{1A} \\ \dot{I}_{2A} \end{bmatrix} = [Z_A] \begin{bmatrix} \dot{I}_{1A} \\ \dot{I}_{2A} \end{bmatrix} \qquad (8\text{-}10)$$

$$\begin{bmatrix} \dot{U}_{1B} \\ \dot{U}_{2B} \end{bmatrix} = \begin{bmatrix} Z_{11B} & Z_{12B} \\ Z_{21B} & Z_{22B} \end{bmatrix} \begin{bmatrix} \dot{I}_{1B} \\ \dot{I}_{2B} \end{bmatrix} = [Z_B] \begin{bmatrix} \dot{I}_{1B} \\ \dot{I}_{2B} \end{bmatrix} \qquad (8\text{-}11)$$

将等式（8-10）和等式（8-11）两边对应相加，并考虑到

$$\begin{bmatrix} \dot{U}_{1A} \\ \dot{U}_{2A} \end{bmatrix} + \begin{bmatrix} \dot{U}_{1B} \\ \dot{U}_{2B} \end{bmatrix} = \begin{bmatrix} \dot{U}_1 \\ \dot{U}_2 \end{bmatrix}$$

以及 $\dot{I}_{1A} = \dot{I}_{1B} = \dot{I}_1$，$\dot{I}_{2A} = \dot{I}_{2B} = \dot{I}_2$ 得

$$\begin{bmatrix} \dot{U}_1 \\ \dot{U}_2 \end{bmatrix} = [Z_A] \begin{bmatrix} \dot{I}_{1A} \\ \dot{I}_{2A} \end{bmatrix} + [Z_B] \begin{bmatrix} \dot{I}_{1B} \\ \dot{I}_{2B} \end{bmatrix} = ([Z_A] + [Z_B]) \begin{bmatrix} \dot{I}_{1B} \\ \dot{I}_{2B} \end{bmatrix} = [Z] \begin{bmatrix} \dot{I}_1 \\ \dot{I}_2 \end{bmatrix}$$

式中

$$[Z] = [Z_A] + [Z_B] \qquad (8\text{-}12)$$

就是说，当两个二端口网络串联构成一个复合二端口网络，复合二端口网络的 Z 参数矩阵等于相串联的两个二端口网络的 Z 参数矩阵之和。

用类似的方法可以证明，当两个已知 Y 参数的二端口网络并联，构成的复合系统的 Y 参数矩阵等于相并联的两个二端口网络 Y 参数矩阵之和。对于图 8-19（b）这种规律可表述为

$$[Y] = [Y_A] + [Y_B] \qquad (8\text{-}13)$$

但是，需要注意的是复合系统中每个子二端口网络必须满足条件，如果不满足，则以上规律不再成立。

例 8.8 求图 8-20（a）二端口网络的 Y 参数矩阵。

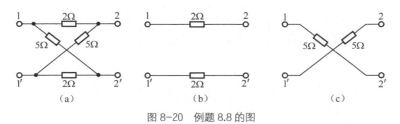

图 8-20 例题 8.8 的图

解：图 8-20（a）二端口网络可以看成图 8-20（b）和图 8-20（c）并联而成。

图 8-20（b）是一个对称的二端口电路

$$Y_{22b} = Y_{11b} = \frac{\dot{I}_1}{\dot{U}_1}\bigg|_{\dot{U}_2 = 0} = \frac{1}{4}\text{S}$$

$$Y_{12b} = Y_{21b} = \frac{\dot{I}_2}{\dot{U}_1}\bigg|_{\dot{U}_2 = 0} = -\frac{1}{4}\text{S}$$

所以图 8-20（b）二端口网络的 Y 参数矩阵为

$$Y_b = \begin{bmatrix} 0.25 & -0.25 \\ -0.25 & 0.25 \end{bmatrix}\text{S}$$

图 8-20（c）也是一个对称的二端口网络，其 Y 参数为

$$Y_c = \begin{bmatrix} 0.1 & 0.1 \\ 0.1 & 0.1 \end{bmatrix}\text{S}$$

所以，图 8-20（a）二端口网络的 Y 参数是

$$Y = Y_b + Y_c = \begin{bmatrix} 0.25 & -0.25 \\ -0.25 & 0.25 \end{bmatrix} + \begin{bmatrix} 0.1 & 0.1 \\ 0.1 & 0.1 \end{bmatrix} = \begin{bmatrix} 0.35 & -0.15 \\ -0.15 & 0.35 \end{bmatrix}\text{S}$$

二、二端口网络的级联

前一个二端口网络的输出端与后一个二端口网络的输入端连接起来，这种连接方式称为级联，如图 8-21 所示。

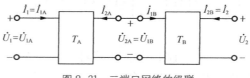

图 8-21　二端口网络的级联

二端口网络 A 和 B 的 T 参数分别为 T_A 和 T_B，则其参数方程为

$$\begin{bmatrix} \dot{U}_{1A} \\ \dot{I}_{1A} \end{bmatrix} = \begin{bmatrix} A_a & B_a \\ C_a & D_a \end{bmatrix}\begin{bmatrix} \dot{U}_{2A} \\ -\dot{I}_{2A} \end{bmatrix} = [T_A]\begin{bmatrix} \dot{U}_{2A} \\ -\dot{I}_{2A} \end{bmatrix}$$

$$\begin{bmatrix} \dot{U}_{1B} \\ \dot{I}_{1B} \end{bmatrix} = \begin{bmatrix} A_b & B_b \\ C_b & D_b \end{bmatrix}\begin{bmatrix} \dot{U}_{2B} \\ -\dot{I}_{2B} \end{bmatrix} = [T_B]\begin{bmatrix} \dot{U}_{2B} \\ -\dot{I}_{2B} \end{bmatrix}$$

考虑到

$$\begin{bmatrix} \dot{U}_1 \\ \dot{I}_1 \end{bmatrix} = \begin{bmatrix} \dot{U}_{1A} \\ \dot{I}_{1A} \end{bmatrix}; \quad \begin{bmatrix} \dot{U}_{1B} \\ \dot{I}_{1B} \end{bmatrix} = \begin{bmatrix} \dot{U}_{2A} \\ -\dot{I}_{2A} \end{bmatrix}; \quad \begin{bmatrix} \dot{U}_{2B} \\ -\dot{I}_{2B} \end{bmatrix} = \begin{bmatrix} \dot{U}_2 \\ -\dot{I}_2 \end{bmatrix}$$

得到

$$\begin{bmatrix} \dot{U}_1 \\ \dot{I}_1 \end{bmatrix} = [T_A]\begin{bmatrix} \dot{U}_{2A} \\ -\dot{I}_{2A} \end{bmatrix} = [T_A][T_B]\begin{bmatrix} \dot{U}_{2B} \\ -\dot{I}_{2B} \end{bmatrix} = [T]\begin{bmatrix} \dot{U}_2 \\ -\dot{I}_2 \end{bmatrix}$$

式中

$$[T] = [T_A][T_B] \tag{8-14}$$

例 8.9　求图 8-22（a）的传输参数矩阵 T。

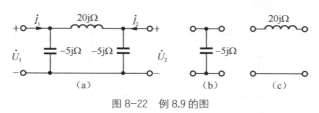

图 8-22　例 8.9 的图

解：图 8-22（a）所示的二端口网络，可以看成一个图 8-22（b）所示的二端口网络级联一个图 8-22（c）所示二端口网络，再级联一个图 8-22（b）所示的二端口网络而成。

图 8-22（b）二端口网络的 T 参数为

$$T_{\mathrm{b}} = \begin{bmatrix} 1 & 0 \\ 0.2\mathrm{j} & 1 \end{bmatrix}$$

图 8-22（c）二端口网络的 T 参数矩阵

$$T_{\mathrm{c}} = \begin{bmatrix} 1 & 20\mathrm{j} \\ 0 & 1 \end{bmatrix}$$

所以，图 8-22（a）所示二端口网络的 T 参数为

$$T = T_{\mathrm{b}}T_{\mathrm{c}}T_{\mathrm{b}} = \begin{bmatrix} 1 & 0 \\ 0.2\mathrm{j} & 1 \end{bmatrix} \times \begin{bmatrix} 1 & 20\mathrm{j} \\ 0 & 1 \end{bmatrix} \times \begin{bmatrix} 1 & 0 \\ 0.2\mathrm{j} & 1 \end{bmatrix} = \begin{bmatrix} -3 & 20\mathrm{j} \\ -0.4\mathrm{j} & -3 \end{bmatrix}$$

习　　题

8.1　求图示二端口网络的 Z 参数

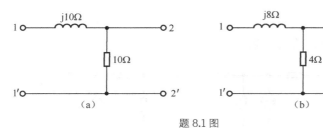

题 8.1 图

8.2　求图示二端口网络的 Z 参数

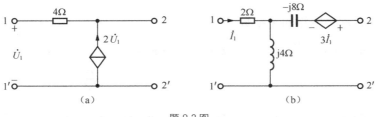

题 8.2 图

8.3　求图示二端口网络的 Y 参数

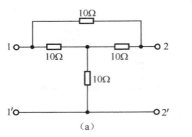 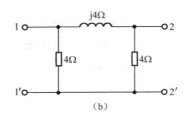

题 8.3 图

8.4 求图示二端口网络的 Y 参数

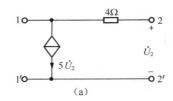 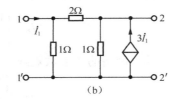

题 8.4 图

8.5 求图示二端口网络的 H 参数

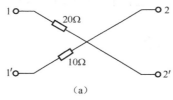 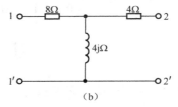

题 8.5 图

8.6 求图示二端口网络的 H 参数

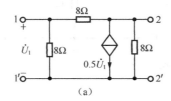 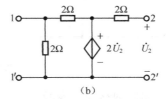

题 8.6 图

8.7 求图示二端口网络的 T 参数

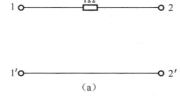 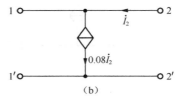

题 8.7 图

8.8 已知某二端口网络的 Y 参数

$$Y = \begin{bmatrix} 3 & -1 \\ -1 & 5 \end{bmatrix} S$$

求此二端口网络的 π 形最简等效电路模型。

8.9 已知某二端口网络的 T 参数

$$T = \begin{bmatrix} 2 & 5\Omega \\ 4S & 10.5 \end{bmatrix}$$

求此二端口网络的 T 形最简等效电路模型。

8.10 已知图中二端口网络 N 的 Z 参数

$$Z = \begin{bmatrix} 20 - j20 & 20 \\ 20 & 20 + j5 \end{bmatrix} \Omega$$

求 20Ω 电阻消耗的功率。

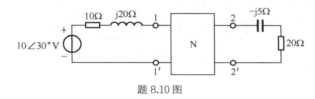

题 8.10 图

8.11 使用二端口网络并联的方法，求图示二端口网络的 Y 参数。

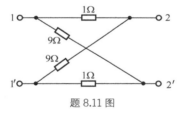

题 8.11 图

8.12 使用级联的概念分析图示电路的 T 参数。

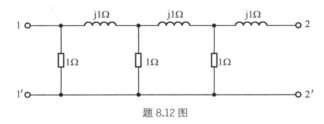

题 8.12 图

8.13 已知二端口网络 N 的 Z 参数

$$Z = \begin{bmatrix} 30 & 6 \\ 10 & 25 \end{bmatrix} \Omega$$

求图示二端口网络的 Z 参数。

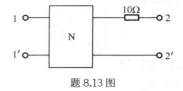

题 8.13 图

8.14 已知图示电路中，二端口网络 N_A、N_B 的 T 参数都是：

$$T = \begin{bmatrix} 1 & 10 \\ 0.05 & 1.5 \end{bmatrix}$$

求电压放大倍数 $\dfrac{\dot{U}_2}{\dot{U}_S}$。

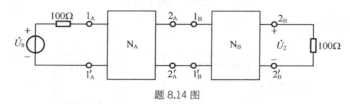

题 8.14 图

第 **9** 章 电路的暂态分析

本章介绍一阶 RC 和 RL 电路的过渡过程分析方法。内容有一阶电路过渡过程产生的原因、初始值的计算、一阶电路的零输入响应、零状态响应和全响应的分析方法，阶跃响应与冲激响应的概念和分析方法，二阶电路的时域分析方法以及 s 域的分析方法。

9.1 电路的过渡过程及其初始条件

在电阻电路中，由于线性电阻的伏安特性关系是代数关系，因此，描述电阻电路的方程是一组代数方程。由代数方程描述的电路通常被称为静态电路。静态电路的响应仅由外加激励引起，当电阻电路从一种工作状态转到另一种工作状态时，电路中的响应也将立即从一种工作状态转到另一种工作状态。

实际上，许多实际电路模型中不仅包含电阻元件和电源元件，还包含电容元件和电感元件，这两种元件的电压与电流的约束关系为微分或积分关系，通常称这类元件为动态元件，或储能元件。含有动态元件的电路称为动态电路，描述动态电路的方程是以电压或电流为变量的微分方程。

动态电路中，通常将描述电路的微分方程的最高阶数定义为动态电路的阶数。一般地，电路中只含有一个动态元件电路的微分方程为一阶微分方程，所以只含一个动态元件的电路称为一阶电路；含有 n 个独立的动态元件的电路，其电路微分方程的最高阶次为 n 阶，这样的动态电路称为 n 阶电路。

当动态电路的工作条件发生变化时，电路中原有的工作状态需要经过一个过程逐步达到另一个新的稳定工作状态，这个过程称为电路的过渡过程或暂态。

在电路分析中，把电路结构或元件参数的改变，称为换路。换路意味着电路工作状态的改变。

动态电路中过渡过程的产生，外因是换路，而内因是电路中电容或电感元件的存在。这两种元件不消耗能量，只储存能量并与外界交换能量。在一定的工作状态下，它们储存有一定的能量，当发生换路时，电容或电感中能量也要随之发生变化，能量的变化必须经过一定的时间才能完成，如果没有这样一个过渡过程，就意味着电容中储存的电场能量、电感中储存的磁场能量要发生跃变。要实现这一点，必须要求它们的能量的变化率（即功率）为无穷大，这在实际电路中是不可能达到的。由于电容、电感的能量公式为

$$W_C = \frac{1}{2}Cu_C^2(t) \qquad W_L = \frac{1}{2}Li_L^2(t)$$

这就说明电容电压 u_C 和电感电流 i_L 在一般情况下是不会发生跃变的。

设换路发生在 $t=0$ 时刻，用 $t=0_-$ 表示换路前终了时刻，这时电路还没有换路；用 $t=0_+$ 表示换路后初始时刻，此时电路刚刚换路，0_- 和 0_+ 在数值上虽然都等于零，但对于动态电路来说，已经有了本质的区别。换路定律解决的是换路后的初始时刻电容电压、电感电流与换路前的终了时刻电容电压、电感电流之间的关系，即 $u_C(0_+)$ 与 $u_C(0_-)$、$i_L(0_+)$ 与 $i_L(0_-)$ 之间的关系。

对于线性电容，在任意时刻 t，它的电荷、电压与电流的关系为

$$q(t) = \int_{-\infty}^{t} i_C(\tau)d\tau = \int_{-\infty}^{0_-} i_C(\tau)d\tau + \int_{0_-}^{t} i_C(\tau)d\tau = q(0_-) + \int_{0_-}^{t} i_C(\tau)d\tau$$

$$u_C(t) = \frac{1}{C}\int_{-\infty}^{t} i_C(\tau)d\tau = \frac{1}{C}\int_{-\infty}^{0_-} i_C(\tau)d\tau + \frac{1}{C}\int_{0_-}^{t} i_C(\tau)d\tau = u_C(0_-) + \frac{1}{C}\int_{0_-}^{t} i_C(\tau)d\tau$$

当 $t=0_+$ 时

$$q(0_+) = q(0_-) + \int_{0_-}^{0_+} i_C(\tau)d\tau$$

$$u_C(0_+) = u_C(0_-) + \frac{1}{C}\int_{0_-}^{0_+} i_C(\tau)d\tau$$

如果在换路的瞬间电流 i_C 为有限值，则 $\int_{0_-}^{0_+} i_C(\tau)d\tau = 0$，有

$$q(0_+) = q(0_-) \qquad u_C(0_+) = u_C(0_-) \tag{9-1}$$

此式表明，在换路时如果电容的电流为有限值，则换路后的瞬间，电容的电荷、电压等于换路前终了时刻的电荷、电压，不发生跃变。

对于线性电感，在任意时刻 t，它的磁链、电流与电压的关系为

$$\Psi(t) = \int_{-\infty}^{t} u_L(\tau)d\tau = \int_{-\infty}^{0_-} u_L(\tau)d\tau + \int_{0_-}^{t} u_L(\tau)d\tau = \Psi(0_-) + \int_{0_-}^{t} u_L(\tau)d\tau$$

$$i_L(t) = \frac{1}{L}\int_{-\infty}^{t} u_L(\tau)d\tau = \frac{1}{L}\int_{-\infty}^{0_-} u_L(\tau)d\tau + \frac{1}{L}\int_{0_-}^{t} u_L(\tau)d\tau = i_L(0_-) + \frac{1}{L}\int_{0_-}^{t} u_L(\tau)d\tau$$

当 $t=0_+$ 时

$$\Psi(0_+) = \Psi(0_-) + \int_{0_-}^{0_+} u_L(\tau)d\tau$$

$$i_L(0_+) = i_L(0_-) + \frac{1}{L}\int_{0_-}^{0_+} u_L(\tau)d\tau$$

如果在换路的瞬间电压 u_L 为有限值，则 $\int_{0_-}^{0_+} u_L(\tau)d\tau = 0$，有

$$\Psi(0_+) = \Psi(0_-) \qquad i_L(0_+) = i_L(0_-) \tag{9-2}$$

此式表明，在换路时如果电感的电压为有限值，则换路后的瞬间，电感的磁链、电流等于换路前终了时刻的磁链、电流，而不会发生跃变。

式（9-1）和式（9-2）分别说明在换路瞬间电容电流和电感电压为有限值的条件下，换路前后瞬间电容电压和电感电流的规律，这个规律又称为换路定则。

描述含有动态元件的电路方程是微分方程，这类方程的解中包含积分常数，需要根据初始条件来确定。在数学问题中初始条件通常是给定的，而在动态电路分析中初始条件需要分

析才能得出。电容电压或电感电流的初始值由换路定律来确定；其他的初始值需要在画出 $t=0_+$ 时刻的等效电路中算出。方法如下：首先计算出在 $t=0_+$ 时刻电容电压或电感电流，然后根据替代定理，把电容元件用大小为 $u_C(0_+)$ 且电压方向不变的独立电压源替代，电感元件用大小为 $i_L(0_+)$ 且电流方向不变的独立电流源替代，激励均取 $t=0_+$ 时刻的值。这样就得到原动态电路在 $t=0_+$ 时刻的等效电路，应用前面介绍的电阻电路的分析方法，求出相关物理量的初始值。

例 9.1 电路如图 9-1（a）所示，在 $t<0$ 时开关闭合于 1，电路处于稳定状态。当 $t=0$ 时开关合于 2，求初始值 $i_C(0_+)$、$i_1(0_+)$、$u_L(0_+)$、$u_2(0_+)$。

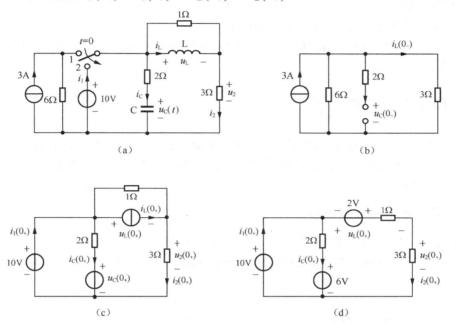

图 9-1 例 9.1 的图

解： 首先计算不跃变的初始值 $i_L(0_+)$、$u_C(0_+)$，为此就需计算 $i_L(0_-)$、$u_C(0_-)$。在图 9-1（a）所示电路中，$t<0$ 时开关闭合于 1，由于电路达到稳态，各电流、电压不随时间变化，因此 $t<0$ 时的等效电路如图 9-1（b）所示。根据分流公式

$$i_L(0_-) = \frac{6}{6+3} \times 3 = 2\text{A}$$

$$u_C(0_-) = 3i_L(0_-) = 6\text{V}$$

根据换路定律，有

$$i_L(0_+) = i_L(0_-) = 2\text{A}$$

$$u_C(0_+) = u_C(0_-) = 6\text{V}$$

为计算其他物理量的初始值，画出 $t=0_+$ 时刻的等效电路如图 9-1（c）所示。其中，电容用 $u_C(0_+)$ 替代，电感用 $i_L(0_+)$ 替代，并将电流源 $i_L(0_+)$ 与 1Ω 的并联模型等效变换为电压源与电阻的串联模型，如图 9-1（d）所示，则

$$i_C(0_+) = \frac{10-6}{2} = 2\text{A}$$

$$i_2(0_+) = \frac{10+2}{3+1} = 3\text{A}$$

由此得

$$u_2(0_+) = 3i_2(0_+) = 9V$$

$$u_L(0_+) = 10 - u_2(0_+) = 10 - 9 = 1V$$

$$i_1(0_+) = i_C(0_+) + i_2(0_+) = 5A$$

由上例可见，除电容电压和电感电流不可跃变之外，其他物理量都可能发生跃变。计算初始值的步骤如下。

（1）根据换路前的电路计算 $i_L(0_-)$、$u_C(0_-)$；

（2）根据换路定律确定 $i_L(0_+)$、$u_C(0_+)$；

（3）根据求得的 $i_L(0_+)$、$u_C(0_+)$，画出 $t=0_+$ 时的等效电路，在等效电路中计算其他电流、电压的初始值。

9.2 一阶电路的零输入响应

一阶电路根据所含动态元件不同，分为一阶 RC 电路和一阶 RL 电路。如果在换路之前，动态元件已经储存能量，换路后，电路中的动态元件在无激励的情况下通过放电而产生的响应称为零输入响应。

一、RC 电路的零输入响应

图 9-2（a）所示的电路为一阶 RC 电路。开关 S 闭合前，电路已处于稳态，电容的电压 $u_C(0_-) = U_0$，当 $t=0$ 时，开关 S 闭合，现在分析 $t \geqslant 0$ 时电容电压 u_C 和电流 i_C 的变化规律。

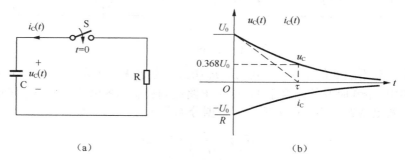

（a）   （b）

图 9-2　RC 电路的零输入响应电路及波形图

开关 S 闭合后，根据 KVL

$$Ri_C + u_C = 0$$

将电容的特性方程 $i_C = C\dfrac{du_C}{dt}$ 代入上式，可得 RC 电路零输入状态下的一阶微分方程

$$RC\frac{du_C}{dt} + u_C = 0 \tag{9-3}$$

这是一个以电容电压 u_C 为变量的一阶线性齐次微分方程，其解的形式为

$$u_C = Ae^{\lambda t}$$

式中，A 为积分常数，将上式代入式（9-3）中，得到微分方程的特征方程

$$RC\lambda + 1 = 0$$

解特征方程，得到特征根 λ 为

$$\lambda = -\frac{1}{RC}$$

因此，通解的形式为

$$u_C = Ae^{-\frac{1}{RC}t} \qquad\qquad (9\text{-}4)$$

积分常数由初始条件来确定，根据换路定律，$u_C(0_+) = u_C(0_-) = U_0$，在 $t=0_+$时，由式（9-4）可得

$$u_C(0_+) = A = U_0$$

则 $t \geqslant 0$ 时，电容电压的零输入响应为

$$u_C(t) = U_0 e^{-\frac{1}{RC}t} \qquad\qquad (9\text{-}5)$$

电路的电流

$$i_C(t) = C\frac{\mathrm{d}u_C}{\mathrm{d}t} = -\frac{U_0}{R}e^{-\frac{1}{RC}t} \qquad\qquad (9\text{-}6)$$

从以上各表达式可以看出，在 RC 电路中，电容电压、电流等都按同样的指数规律衰减，电容电压是连续变化的，即在换路时，电容电压没有跃变；而电路中的电流在换路前为零，即 $i_C(0_-) = 0$，在换路后的瞬间，跃变到 $i_C(0_+) = -U_0/R$，然后按照与电容电压同样的指数规律衰减。电流表达式中的负号表明电流的实际方向与参考方向相反，为放电电流。零输入响应的变化曲线如图 9-2（b）所示。

由式（9-5）、式（9-6）可见，电容电压和电流衰减的快慢是由 RC 乘积决定的。在 U_0 一定的条件下，C 越大，电容上存储的电荷越多，放电时间越长；R 越大，放电电流越小，放电时间也越长。令

$$\tau = RC \qquad\qquad (9\text{-}7)$$

τ 具有时间量纲，称为 RC 电路的时间常数。当电阻 R 的单位为欧姆（Ω），电容 C 的单位为法（F）时，τ 的单位为秒（s）。τ 的大小反映了电路过度过程的进展速度，它是反映过度过程特性的一个物理量。引入时间常数后，电容电压和电流又可以表示为

$$u_C = U_0 e^{-\frac{t}{\tau}} \qquad\qquad (9\text{-}8)$$

$$i_C = -\frac{U_0}{R}e^{-\frac{t}{\tau}} \qquad\qquad (9\text{-}9)$$

式（9-8）、式（9-9）说明，电容电压或电流要经过无限长的时间（$t \to \infty$）才能衰减为零，到达稳态。但从工程的角度看，一般认为电容电压和电流衰减到足够小就可以认为过渡过程结束了。电容电压随时间的衰减情况见表 9-1。

表 9-1   **电容电压随时间的衰减情况**

t	0	τ	2τ	3τ	4τ	5τ	...	∞
u_C	U_0	$0.368U_0$	$0.135U_0$	$0.05U_0$	$0.018U_0$	$0.007U_0$	...	0

从表中可以看出，$t=5\tau$ 时，u_C 已衰减为初始值的 0.7%，通常认为此时电路的过渡过程

结束，所以在工程上一般认为经过（4~5）τ 后，过渡过程结束，电路进入稳态。

RC 电路的产生零输入响应的过程实质是电容放电的过程，在此期间电阻 R 消耗的总能量为

$$W_{\mathrm{R}} = \int_0^\infty i_{\mathrm{C}}^2 R\mathrm{d}t = \int_0^\infty (-\frac{U_0}{R}\mathrm{e}^{-\frac{t}{\tau}})^2 R\mathrm{d}t = \frac{U_0^2}{R}\int_0^\infty \mathrm{e}^{-\frac{2t}{\tau}}\mathrm{d}t = -\frac{1}{2}CU_0^2\mathrm{e}^{-\frac{2t}{\tau}}\Big|_0^\infty = \frac{1}{2}CU_0^2$$

由此可见，电容的初始能量全部被电阻吸收并转换为热能。

二、RL 电路的零输入响应

图 9-3（a）所示为 RL 电路，换路前电路已处于稳态，电感电流

$$i_{\mathrm{L}}(0_-) = \frac{U_{\mathrm{S}}}{R_1} = I_0$$

当 $t = 0$ 时开关由位置 1 合向位置 2，分析 $t \geqslant 0$ 时电感电流 i_{L} 和电压 u_{L} 的变化规律。

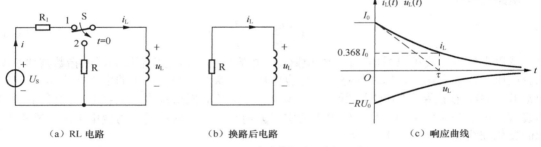

（a）RL 电路　　　　（b）换路后电路　　　　（c）响应曲线

图 9-3　RL 电路的零输入响应

换路后电路如图 9-3（b）所示。根据换路定律，$i_{\mathrm{L}}(0_+) = i_{\mathrm{L}}(0_-) = I_0$，电路无外加激励作用，仅靠电感的初始能量通过电阻 R 放电产生电压、电流响应，故为零输入响应。

在图中参考方向下，根据 KVL

$$Ri_{\mathrm{L}} + u_{\mathrm{L}} = 0$$

将电感的伏安特性 $u_{\mathrm{L}} = L\dfrac{\mathrm{d}i_{\mathrm{L}}}{\mathrm{d}t}$ 代入上式，得到

$$L\frac{\mathrm{d}i_{\mathrm{L}}}{\mathrm{d}t} + Ri_{\mathrm{L}} = 0 \tag{9-10}$$

式（9-10）是一个关于电感电流 i_{L} 为变量的一阶线性齐次微分方程，其通解形式为

$$i_{\mathrm{L}}(t) = A\mathrm{e}^{\lambda t}$$

式中，A 为积分常数，将上式代入式（9-10）中，得到微分方程的特征方程

$$L\lambda + R = 0$$

解特征方程，得到特征根 λ 为

$$\lambda = -\frac{R}{L}$$

因此通解的形式为

$$i_{\mathrm{L}}(t) = A\mathrm{e}^{-\frac{R}{L}t} \tag{9-11}$$

积分常数由初始条件来确定，根据换路定律 $i_L(0_+) = i_L(0_-) = I_0$，在 $t = 0_+$ 时，式（9-11）为

$$i_L(0_+) = A = I_0$$

则 $t \geqslant 0$ 时，电感电流的零输入响应为

$$i_L(t) = I_0 \mathrm{e}^{-\frac{R}{L}t} \tag{9-12}$$

电感两端的电压为

$$u_L(t) = L \frac{\mathrm{d}i_L(t)}{\mathrm{d}t} = -RI_0 \mathrm{e}^{-\frac{R}{L}t} \tag{9-13}$$

定义 $\tau = L / R$ 为一阶 RL 电路的时间常数，电感电流和电感电压又可以表示为

$$\left.\begin{array}{l} i_L(t) = I_0 \mathrm{e}^{-t/\tau} \\ u_L(t) = -RI_0 \mathrm{e}^{-t/\tau} \end{array}\right\} \tag{9-14}$$

电感电流和电感电压变化曲线如图 10-3（c）所示。

由上述研究可知，一阶电路的零输入响应满足如下规律：

$$f_{zi}(t) = f_{zi}(0_+) \mathrm{e}^{-t/\tau} \tag{9-15}$$

其中，$f_{zi}(0_+)$ 为响应的初始值，τ 为一阶电路的时间常数。

例 9.2 如图 10-4 所示，换路前电路处于稳态，$t = 0$ 时将开关打开，求换路后电感电流 $i_L(t)$ 和电容电压 $u_C(t)$。

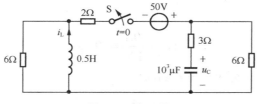

图 9-4 例 9.2 图

解： 由换路前的稳态电路得

$$i_L(0_-) = \frac{50}{2+6} = 6.25\mathrm{A}$$

$$u_C(0_-) = 6i_L(0_-) = 37.5\mathrm{V}$$

根据换路定律

$$i_L(0_+) = i_L(0_-) = 6.25\mathrm{A}$$

$$u_C(0_+) = u_C(0_-) = 37.5\mathrm{V}$$

换路后，开关打开，电路分为左右两个独立的一阶电路。

左边回路是一阶 RL 电路的零输入响应，代入 i_L 零输入响应公式，得

$$i_L = i_L(0_+) \mathrm{e}^{-\frac{R_1}{L}t} = 6.25\mathrm{e}^{-\frac{6}{0.5}t} = 6.25e^{-12t}\mathrm{A} \quad t > 0$$

右边回路是一阶 RC 电路的零输入响应，代入 u_C 零输入响应公式，得

$$u_C = u_C(0_+) \mathrm{e}^{-\frac{t}{R_2 C}} = 37.5\mathrm{e}^{-\frac{t}{(3+6)\times 10^{-3}}} = 37.5e^{-\frac{1000}{9}t}\mathrm{V} \quad t > 0$$

例 **9.3** 电路如图 9-5（a）所示，开关闭合前电路已经达到稳态，求 $t \geqslant 0$ 时（换路后）的电流 $i(t)$。

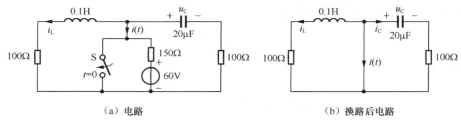

图 9-5 例 9.3 图

解：首先计算电感电流和电容电压的初始值，当 $t = 0_-$ 时

$$i_{\mathrm{L}}(0_-) = \frac{60}{100 + 150} = 0.24\mathrm{A}$$

$$u_{\mathrm{C}}(0_-) = 100 i_{\mathrm{L}}(0_-) = 24\mathrm{V}$$

根据换路定律

$$i_{\mathrm{L}}(0_+) = i_{\mathrm{L}}(0_-) = 0.24\mathrm{A}$$

$$u_{\mathrm{C}}(0_+) = u_{\mathrm{C}}(0_-) = 24\mathrm{V}$$

换路后，由于开关 S 的闭合将 150Ω 电阻和 60V 电压源构成的串联支路短路，形成两个独立的一阶电路，如图 9-5（b）所示。

RL 电路的时间常数

$$\tau_{\mathrm{RL}} = \frac{0.1}{100} = 10^{-3}\mathrm{s}$$

代入 RL 电路的零输入响应公式，当 $t \geqslant 0$ 时

$$i_{\mathrm{L}} = i_{\mathrm{L}}(0_+)\mathrm{e}^{-\frac{t}{\tau_{\mathrm{RL}}}} = 0.24\mathrm{e}^{-1000t}\mathrm{A}$$

RC 电路的时间常数 $\quad \tau_{\mathrm{RC}} = 100 \times 20 \times 10^{-6} = 2 \times 10^{-3}\mathrm{s}$

代入 RC 电路的零输入响应公式

$$u_{\mathrm{C}} = u_{\mathrm{C}}(0_+)\mathrm{e}^{-\frac{t}{\tau_{\mathrm{RC}}}} = 24\mathrm{e}^{-500t}\mathrm{V}$$

$$i_{\mathrm{C}} = C\frac{\mathrm{d}u_{\mathrm{C}}}{\mathrm{d}t} = -0.24\mathrm{e}^{-500t}\mathrm{A}$$

最后，由结点的 KCL 得

$$i = -(i_{\mathrm{L}} + i_{\mathrm{C}}) = 0.24(\mathrm{e}^{-500t} - \mathrm{e}^{-1000t})\mathrm{A} , \quad t > 0$$

9.3 一阶电路的零状态响应

当电路的初始状态（动态元件初始储能）为零时，仅由外加激励的作用产生的响应为零状态响应。本节讨论在直流激励作用下的零状态响应。

一、RC 电路的零状态响应

如图 9-6（a）所示为 RC 电路，开关 S 闭合前，电路已处于稳态，电容的电压 $u_C(0_-)=0$；当 $t=0$ 时，开关 S 闭合，分析 $t \geqslant 0$ 时电容电压 u_C 和电流 i_C 的变化规律。

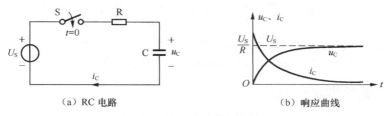

（a）RC 电路　　　　　　　　　（b）响应曲线

图 9-6　一阶 RC 电路的零状态响应

换路后，根据 KVL 得

$$Ri_C + u_C = U_S$$

将电流 $i_C = C\dfrac{\mathrm{d}u_C}{\mathrm{d}t}$ 代入上式，得

$$RC\frac{\mathrm{d}u_C}{\mathrm{d}t} + u_C = U_S \tag{9-16}$$

式（9-16）是一个以电容电压 u_C 为变量的一阶线性非齐次微分方程，由高等数学可知，该微分方程的通解由两部分组成，即由该微分方程的一个特解 u_C' 与该方程对应的齐次微分方程的通解 u_C'' 组成，可写成

$$u_C = u_C' + u_C'' \tag{9-17}$$

为了叙述方便，称 u_C 为全解，称 u_C' 为特解，称 u_C'' 为通解。特解是满足式（9-16）的任意一个解。由于该方程是换路后的微分方程，因此，取电路到达稳态时的解作为特解是最简单的，即

$$u_C' = u_C(\infty) = U_S \tag{9-18}$$

该微分方程所对应的齐次微分方程的通解 $u_C'' = Ae^{-\frac{t}{RC}}$

该微分方程的全解为

$$u_C = U_S + Ae^{-\frac{t}{RC}}$$

根据初始条件确定积分常数。由换路定律，$u_C(0_+) = u_C(0_-) = 0\text{V}$，代入上式，得

$$0 = U_S + A$$

则 $A = -U_S$。因此，一阶 RC 电路电容电压的零状态响应为

$$u_C(t) = U_S - U_S e^{-\frac{t}{RC}} = U_S(1 - e^{-\frac{t}{\tau}}) \tag{9-19}$$

电容的电流

$$i_C(t) = C\frac{\mathrm{d}u_C}{\mathrm{d}t} = \frac{U_S}{R}e^{-\frac{t}{\tau}}$$

变化曲线如图 9-6（b）所示。由于特解 u_C' 为电路达到稳态时的解，因此称为响应的稳态

分量，同时其又与外加激励的变化规律有关，所以又称响应的强制分量。通解 u''_C 随时间按指数规律衰减为零，称为响应的暂态分量，又由于其变化规律还取决于微分方程的特征根而与激励无关，所以又称为响应的自由分量。

电容在充电过程中电阻 R 消耗的总能量为

$$W_R = \int_0^\infty i_C^2 R dt = \int_0^\infty (\frac{U_S}{R} e^{-\frac{t}{RC}})^2 R dt = \frac{U_S^2}{R}(-\frac{RC}{2}) e^{-\frac{2t}{RC}} \Big|_0^\infty = \frac{1}{2}CU_S^2$$

可见，在零状态的情况下，不论电容和电阻的参数如何，在充电过程中，电源提供能量的 50% 转变为电场能量储存在电容中，另 50% 被电阻所消耗，所以 RC 电路充电效率只有 50%。

二、RL 电路的零状态响应

如图 9-7（a）所示为 RL 电路，开关 S 闭合前，电路已处于稳态，电感的电流 $i_L(0_-) = 0$；当 $t=0$ 时，开关 S 闭合，分析 $t \geqslant 0$ 时电感电流 i_L 和电压 u_L 随时间的变化规律。

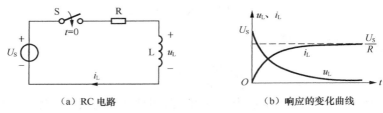

（a）RC 电路　　　　　　　（b）响应的变化曲线

图 9-7　一阶 RL 电路的零状态响应

换路后，根据 KVL 得

$$Ri_L + u_L = U_S$$

将电感的特性方程 $u_L = L\dfrac{di_L}{dt}$ 代入上式，得到

$$L\frac{di_L}{dt} + Ri_L = U_S \tag{9-20}$$

式（9-20）是一个以电感电流 i_L 为变量的一阶线性非齐次微分方程，该微分方程的全解由两部分组成

$$i_L = i'_{L} + i''_L \tag{9-21}$$

其中，i'_L 为微分方程的特解，即稳态解

$$i'_L = \frac{U_S}{R} \tag{9-22}$$

该方程对应的齐次微分方程的通解

$$i''_L = Ae^{-\frac{t}{\tau}}$$

其中

$$\tau = \frac{L}{R}$$

则式（9-20）的全解为

$$i_L = i'_L + i''_L = \frac{U_S}{R} + Ae^{-\frac{t}{\tau}}$$

根据初始条件确定积分常数 A。由换路定律，$i_L(0_+) = i_L(0_-) = 0A$，代入上式，得

$$0 = \frac{U_S}{R} + A$$

因此

$$A = -\frac{U_S}{R}$$

则一阶 RL 电路电感电流的零状态响应为

$$i_L = \frac{U_S}{R}(1 - e^{-\frac{t}{\tau}}) \tag{9-23}$$

电感电压

$$u_L(t) = L\frac{di_L}{dt} = U_S e^{-\frac{t}{\tau}} \tag{9-24}$$

变化曲线如图 9-7（b）所示。

由式（9-19）、式（9-23）可知，一阶电路中状态量 u_C 和 i_L 的零状态响应满足表达式：

$$f_{ZS}(t) = f_{ZS}(\infty)(1 - e^{-t/\tau}) \quad t \geqslant 0 \tag{9-25}$$

其中，$f_{ZS}(\infty)$ 为稳态值，τ 为时间常数。

例 9.4　电路如图 9-8（a）所示。开关闭合前电路已处于稳态，求 $t \geqslant 0$ 时电感的电流 i_L 及电源发出的功率。

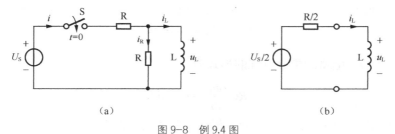

图 9-8　例 9.4 图

解：　由于开关闭合前电路已处于稳态，则 $i_L(0_-) = 0$，换路后开关闭合，利用戴维南定理将 $t > 0$ 时的电路化简为图 9-8（b）所示，电感电流的稳态值为

$$i_L(\infty) = \frac{U_S/2}{R/2} = \frac{U_S}{R}$$

时间常数 $\tau = \frac{L}{R/2} = \frac{2L}{R}$

因此电感电流

$$i_L = \frac{U_S}{R}(1 - e^{-\frac{R}{2L}t}) = \frac{U_S}{R}(1 - e^{-\frac{t}{\tau}})$$

为了计算电压源发出的功率，就要计算其电流，设电流参考方向如图 9-8（a）所示，由于

$$u_L = L\frac{di_L}{dt} = \frac{U_S}{2}e^{-\frac{t}{\tau}}$$

电阻电流

$$i_R = \frac{u_L}{R} = \frac{U_S}{2R}e^{-\frac{t}{\tau}}$$

电压源的电流

$$i = i_L + i_R = \frac{U_S}{R}(1 - \frac{1}{2}e^{-\frac{t}{\tau}})$$

电压源发出的功率为

$$p = U_S i = \frac{U_S^2}{R}(1 - \frac{1}{2}e^{-\frac{t}{\tau}})$$

9.4 一阶电路的全响应

一阶电路中，如果换路之前储能元件的初始值不为零，换路后在激励作用下的响应称为全响应。

在图 9-9（a）所示电路中，开关闭合前电路已达稳态，且 $u_C(0_-) = U_0$。

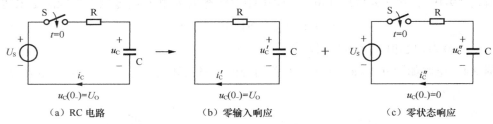

（a）RC 电路　　　　　（b）零输入响应　　　　　（c）零状态响应

图 9-9　RC 电路的全响应

换路后（$t \geqslant 0$），电路的微分方程的形式为

$$RC\frac{\mathrm{d}u_C}{\mathrm{d}t} + u_C = U_S$$

该微分方程仍然是一阶线性非齐次微分方程，其解应包含两部分

$$u_C = u_C' + u_C''$$

其中，u_C' 为微分方程的特解，$u_C' = u_C(\infty) = U_S$；u_C'' 为一阶线性齐次微分方程的通解，$u_C'' = Ae^{-\frac{t}{RC}}$。

该微分方程的全解为

$$u_C = U_S + Ae^{-\frac{t}{RC}}$$

由初始条件 $u_C(0_+) = u_C(0_-) = U_0$，确定积分常数 A

$$U_0 = U_S + A$$

则

$$A = U_0 - U_S$$

一阶 RC 电路全响应为

$$\left. \begin{aligned} u_C &= U_S + (U_0 - U_S)e^{-\frac{t}{RC}} \\ i_C &= C\frac{\mathrm{d}u_C}{\mathrm{d}t} = -\frac{U_0 - U_S}{R}e^{-\frac{t}{RC}} \end{aligned} \right\} \tag{9-26}$$

从上式可以看到，第一项与外加激励形式相同，称为强制分量；当 $t \to \infty$ 时，该分量不随时间的变化而变化，又称为稳态分量。第二项是按指数规律变化且由电路的自身特性决定的，称为自由分量；当 $t \to \infty$ 时，该分量将衰减为零，又称为暂态分量。

所以，全响应按照电路响应形式又可以表示成

全响应=强制分量+自由分量

或

全响应=稳态分量+暂态分量

式（9-26）也可以写成下面的形式

$$u_C = U_0 e^{-\frac{t}{RC}} + U_S(1 - e^{-\frac{t}{RC}}) \tag{9-27}$$

$$i_C = -\frac{U_0}{R} e^{-\frac{t}{RC}} + \frac{U_S}{R} e^{-\frac{t}{RC}} \tag{9-28}$$

上式右边第一项是无外加激励且电容电压的初始值 U_0 所产生的零输入响应，第二项是电容电压的初始值为零且有外加激励作用产生的零状态响应，由此说明了一阶电路的全响应是零输入响应和零状态响应的叠加，如图 9-9（b）、（c）所示。表示为

全响应 = 零输入响应 + 零状态响应

在给定的条件下，根据式（9-27）、式（9-28）数据之间的关系有以下 3 种情况。

（1）$U_0 < U_S$：在 $t > 0$ 时，电流 $i_C > 0$，说明电容在充电，$U_0 \leqslant u_C \leqslant U_S$ 说明电容上的电压从 U_0 开始，按指数规律增大到 U_S。

（2）$U_0 > U_S$：在 $t > 0$ 时，电流 $i_C < 0$，说明电容在放电，$U_0 \geqslant u_C \geqslant U_S$ 说明电容上的电压从 U_0 开始，按指数规律减小到 U_S。

（3）$U_0 = U_S$：此时 $u_C = U_S$，电流 $i = 0$ 说明开关闭合后，电路没有过渡过程，直接进入稳态。

3 种情况的变化曲线如图 9-10 所示。

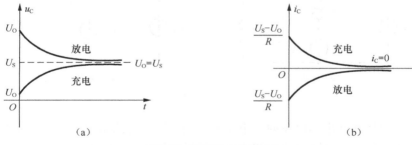

图 9-10　RC 电路全响应波形

在 RC 或 RL 电路中，不管电路结构和参数如何，换路后，描述电路特性与激励关系的方程为一阶微分方程，其数学模型为

$$a \frac{\mathrm{d}f(t)}{\mathrm{d}t} + bf(t) = c$$

其解形式为

$$f(t) = f_1(t) + f_2(t)$$

其中，为 $f_1(t)$ 微分方程的特解，在直流电源激励下 $f_1(t) = f(\infty)$；$f_2(t)$ 为微分方程对应的齐次微分方程的通解 $f_2(t) = A e^{-t/\tau}$，τ 为时间常数。微分方程的全解为

$$f(t) = f_1(t) + f_2(t) = f(\infty) + A e^{-t/\tau}$$

由初始值确定积分常数 A

$$f(0_+) = f(\infty) + A$$

得

$$A = f(0_+) - f(\infty)$$

则一阶电路在直流电源激励下，任意电压、电流响应的形式可表示为

$$f(t) = f(\infty) + A e^{-\frac{t}{\tau}} = f(\infty) + \left[f(0_+) - f(\infty) \right] e^{-\frac{t}{\tau}} \qquad （9\text{-}29）$$

其中，$f(0_+)$、$f(\infty)$ 和 τ 分别表示初始值、稳态值和时间常数，称为一阶电路的三要素。

一阶电路在正弦电源激励下，由于电路的特解 $f_1(t)$ 是时间的正弦函数，则上述公式可写为

$$f(t) = f_1(t) + A e^{-\frac{t}{\tau}} = f_1(t) + \left[f(0_+) - f_1(0_+) \right] e^{-\frac{t}{\tau}} \qquad （9\text{-}30）$$

其中，为 $f_1(t)$ 是特解为稳态响应，$f_1(0_+)$ 是 $t = 0_+$ 时稳态响应的初始值，$f(0_+)$ 与 τ 的含义与前述相同。

如果电路中仅有一个储能元件（L 或 C），电路的其他部分由电阻和独立电源或受控源连接而成，这种电路仍是一阶电路。在求解这类电路时，可以把储能元件以外的部分，应用戴维南定理或诺顿定理进行等效变换，然后求得储能元件上的电压和电流。如果还要求其他支路的电压、电流，则可以按照变换前的原电路来进行。

例 9.5 电路如图 9-11（a）所示。换路前，电路已达稳态，求换路后各支路电流的变化规律。

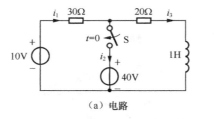 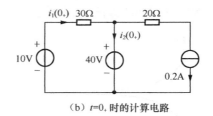

（a）电路 （b）$t = 0_+$ 时的计算电路

图 9-11 例 9.5 图

解： 首先计算换路前电感电流的大小从而得到电感电流的初始值，然后画出在 $t = 0_+$ 时的等效电路，再求得其他支路电流的初始值，最后应用三要素法求解。

（1）$t = 0_-$ 时

$$i_3(0_-) = \frac{10}{30 + 20} = 0.2\text{A}$$

由换路定律得

$$i_3(0_+) = i_3(0_-) = 0.2\text{A}$$

为了计算其他支路电流的初始值，画出 $t = 0_+$ 时的等效电路，如图 9-11（b）所示。

$$i_1(0_+) = \frac{10-40}{30} = -1\text{A}$$

$$i_2(0_+) = i_1(0_+) - 0.2 = -1.2\text{A}$$

（2）$t = \infty$ 时，即电路达到稳态，电感相当于短路，各电流的稳态值为

$$i_1(\infty) = \frac{10-40}{30} = -1\text{A}$$

$$i_3(\infty) = \frac{40}{20} = 2\text{A}$$

$$i_2(\infty) = i_1(\infty) - i_3(\infty) = -3\text{A}$$

（3）求时间常数，在同一个电路中，所有电压、电流的时间常数均相同

$$\tau = \frac{L}{R} = \frac{1}{20}\text{s}$$

代入三要素法公式，得

$$i_1 = i_1(\infty) + \left[i_1(0_+) - i_1(\infty)\right]\text{e}^{-\frac{t}{\tau}} = -1\text{A}$$

同理

$$i_2 = i_2(\infty) + \left[i_2(0_+) - i_2(\infty)\right]\text{e}^{-\frac{t}{\tau}} = -3 + 1.8\text{e}^{-20t}\ \text{A}$$

$$i_3 = i_3(\infty) + \left[i_3(0_+) - i_3(\infty)\right]\text{e}^{-\frac{t}{\tau}} = 2 - 1.8\text{e}^{-20t}\ \text{A}$$

例 9.6 电路如图 9-12（a）所示。换路前，电路已达稳态，已知 $u_\text{C}(0_-) = 3\,\text{V}$，求换路后 u_C 的变化规律；并画出变化曲线。

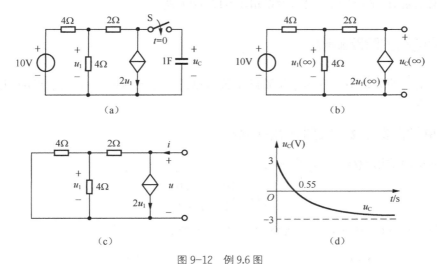

图 9-12 例 9.6 图

解： 应用三要素法，分别计算电容电压的初始值 $u_\text{C}(0_+)$ 稳态值 $u_\text{C}(\infty)$ 和时间常数 τ。

（1）初始值

$$u_\text{C}(0_+) = u_\text{C}(0_-) = 3\,\text{V}$$

（2）稳态值

由图 9-12（b）得：$u_\text{C}(\infty) = u_1(\infty) - 2 \times 2u_1(\infty) = -3u_1(\infty)$

立写最左侧网孔的 KVL 方程

$$10 = 4 \times \left[\frac{u_1(\infty)}{4} + 2u_1(\infty) \right] + u_1(\infty)$$

解得

$$u_1(\infty) = 1\text{V}$$

$$u_C(\infty) = -3u_1(\infty) = -3\text{V}$$

（3）时间常数 $\tau = RC$，关键在于求出 R，应用加压求流法，如图 9-12（c）所示，即

$$i = i_1 + 2u_1$$

$$i_1 = \frac{u}{2 + \dfrac{4 \times 4}{4 + 4}} = \frac{u}{4}$$

$$u_1 = i_1 \times \frac{4 \times 4}{4 + 4} = 2i_1 = \frac{u}{2}$$

得

$$i = \frac{u}{4} + 2 \times \frac{u}{2} = \frac{5}{4}u$$

则

$$R = \frac{u}{i} = 0.8\Omega$$

时间常数

$$\tau = RC = 0.8\text{s}$$

代入三要素法公式

$$u_C(t) = -3 + \left[3 - (-3) \right] e^{-1.25t} = -3 + 6e^{-1.25t} \text{ V} \quad t \geqslant 0$$

电容电压 $u_C(t)$ 随时间的变化曲线如图 9-12（d）所示。

9.5　一阶电路的阶跃响应

在动态电路的分析中，应用单位阶跃函数可以比较方便地描述电路的换路过程以及电路的激励和响应。

一、单位阶跃函数和延时阶跃函数

单位阶跃函数用 $\varepsilon(t)$ 表示，定义为

$$\varepsilon(t) = \begin{cases} 0 & t < 0 \\ 1 & t > 0 \end{cases} \tag{9-31}$$

波形图如图 9-13（a）所示，在不连续点 $t = 0$ 处函数的值一般不定义。

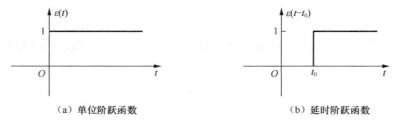

（a）单位阶跃函数　　　　　　　　　（b）延时阶跃函数

图 9-13　阶跃函数

延时阶跃函数可表示为

$$\varepsilon(t-t_0) = \begin{cases} 0 & t < t_0 \\ 1 & t > t_0 \end{cases} \tag{9-32}$$

波形图如图 9-13（b）所示。

幅度为 A 的阶跃函数可表示为

$$A\varepsilon(t) = \begin{cases} 0 & t < 0 \\ A & t > 0 \end{cases} \tag{9-33}$$

利用阶跃函数和延时的阶跃函数可以表示各种信号，如图 9-14 所示。

（a）$u(t)=\varepsilon(t)-\varepsilon(t-t_1)$　　　　（b）$u(t)=A\varepsilon(t-t_1)-A\varepsilon(t-t_2)$

图 9-14　用阶跃函数表示矩形脉冲

二、阶跃响应

阶跃响应是指电路在阶跃函数激励作用下的零状态响应；延时阶跃响应是指电路在延时阶跃函数激励作用下的零状态响应。

当电路的激励为 $\varepsilon(t)$ V 或 $\varepsilon(t)$ A 时，等效于在 $t=0$ 时电路接通电压值为 1V 或电流值为 1A 的直流电源，因此单位阶跃响应与直流激励下的零状态响应相同，常用 $g(t)$ 表示单位阶跃响应。

在 $t=0$ 时，电压源 U_S 作用于 RC 电路中，只要将电源记为 $U_S\varepsilon(t)$，则 RC 电路的阶跃响应为

$$u_C = U_S(1-e^{-\frac{t}{RC}})\varepsilon(t)$$

例 9.7　电路如图 9-15（a）所示，电源电压波形如图 9-15（b）所示。求电感的电流 i_L 和 u_L。

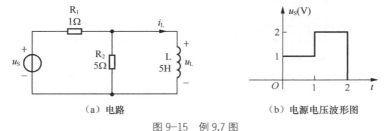

（a）电路　　　　　　　　（b）电源电压波形图

图 9-15　例 9.7 图

解：激励 u_S 用阶跃函数表示为

$$u_S = \varepsilon(t) + \varepsilon(t-1) - 2\varepsilon(t-2)$$

电感电流的单位阶跃响应为

$$g(t) = (1-e^{-\frac{t}{6}})\varepsilon(t)$$

根据齐次定理和叠加定理得

$$i_L = (1-e^{-\frac{t}{6}})\varepsilon(t) + (1-e^{-\frac{t}{6}})\varepsilon(t-1) - 2(1-e^{-\frac{t}{6}})\varepsilon(t-2) \text{ A}$$

$$u_L = L\frac{di_L}{dt} = \frac{5}{6}e^{-\frac{t}{6}}\varepsilon(t) + \frac{5}{6}e^{-\frac{t-1}{6}}\varepsilon(t-1) - \frac{5}{3}e^{-\frac{t-2}{6}}\varepsilon(t-2) \text{ V}$$

9.6 一阶电路的冲激响应

前面所分析动态电路的外加激励均为幅值有限的电源，此时，在电容电流为有限值的前提下，电容电压满足换路定律，$u_C(0_+) = u_C(0_-)$；在电感电压为有限值的前提下，电感电流满足换路定律 $i_L(0_+) = i_L(0_-)$。然而，当外加激励的幅值不为有限时，如何求解动态电路的响应，本节就这方面内容作简单介绍。

一、单位冲激函数和延时冲激函数

单位冲激函数又称为 $\delta(t)$ 函数，是一种奇异函数，定义为

$$\delta(t) = \begin{cases} 0 & t \neq 0 \\ \infty & t = 0 \end{cases} \tag{9-34}$$

$$\int_{-\infty}^{\infty} \delta(t)\mathrm{dt} = 1$$

单位冲激函数 $\delta(t)$ 可以看作是单位矩形脉冲函数 $p_\Delta(t)$ 的极限情况。图 9-16（a）所示为单位矩形函数的波形。它的宽度为 Δ，高度为 $1/\Delta$，面积为 1。当脉冲宽度越来越窄时，则高度越来越大，当脉冲宽度 $\Delta \to 0$ 时，脉冲高度 $1/\Delta \to \infty$，在此极限情况可得到一个宽度趋近于零，幅度趋于无限大且面积为 1 的脉冲，即单位冲激函数 $\delta(t)$。单位冲激函数的波形如图 9-16（b）所示，冲激函数所包含的面积称为冲激函数的强度。如果冲激函数的强度为 k，则在冲激函数的箭头旁应注明 "k"，如图 9-16（c）所示，图 9-16（d）为延时冲激函数的波形。

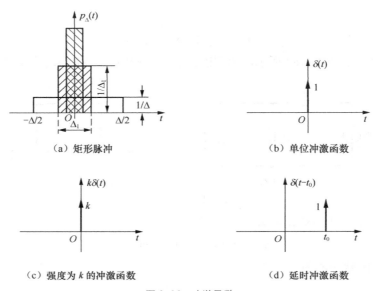

（a）矩形脉冲 （b）单位冲激函数

（c）强度为 k 的冲激函数 （d）延时冲激函数

图 9-16 冲激函数

$\delta(t)$ 函数具有筛选性质，即可将函数在某时刻的值筛选出来。根据 $\delta(t)$ 函数定义

$$f(t)\delta(t) = f(0)\delta(t)$$

因此

$$\int_{-\infty}^{\infty} f(t)\delta(t)\mathrm{d}t = f(0)\int_{-\infty}^{\infty}\delta(t)\mathrm{d}t = f(0)\int_{0_-}^{0_+}\delta(t)\mathrm{d}t = f(0) \qquad （9-35）$$

同理

$$\int_{-\infty}^{\infty} f(t)\delta(t-\tau))\mathrm{d}t = f(\tau)\int_{-\infty}^{\infty}\delta(t-\tau)\mathrm{d}(t-\tau) = f(\tau)$$

单位冲激函数 $\delta(t)$ 是单位阶跃函数 $\varepsilon(t)$ 的导数，即

$$\delta(t) = \frac{\mathrm{d}\varepsilon(t)}{\mathrm{d}t} \qquad 或 \qquad \int_{\infty}\delta(\tau)\mathrm{d}\tau = \varepsilon(t)$$

二、单位冲激响应

电路在单位冲激电源作用下的零状态响应称为单位冲激响应，简称冲激响应，用 $h(t)$ 表示。

单位冲激输入 $\delta(t)$ 可以看作是在 $t=0$ 时一个幅值无限大且持续时间趋于零的信号作用在动态电路中，冲激响应分为两个时间段来考虑：第一时间段为 $(0_- \sim 0_+)$，电路在单位冲激作用下建立起初始状态，使电容电压或电感电流发生跃变，动态元件获得初始能量；第二时间段为 $t > 0_+$ 时，冲激函数为零，但是 $u_C(0_+)$ 或 $i_L(0_+)$ 不为零，电路相当于零输入响应。所以，一阶电路的冲激响应求解方法是：先求解由 $\delta(t)$ 产生的初始值 $u_C(0_+)$ 或 $i_L(0_+)$；然后，再求解 $t > 0_+$ 时由初始值产生的零输入响应。显然，求解冲激响应的关键在于计算初始值 $u_C(0_+)$ 或 $i_L(0_+)$。

1. RC 电路的单位冲激响应

电路如图 9-17（a）所示，求 RC 并联电路在单位冲激电流源 $\delta(t)$ 作用下的零状态响应 u_C 和 i_C。

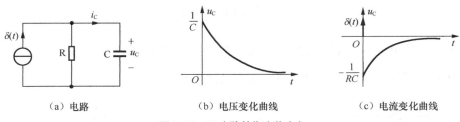

（a）电路　　　　　　　　　（b）电压变化曲线　　　　　　　（c）电流变化曲线

图 9-17　RC 电路单位冲激响应

电容电压的初始值 $u_C(0_+)$ 可以通过求解一阶微分方程得到，在 $t=0$ 时，根据 KCL 有

$$C\frac{\mathrm{d}u_C}{\mathrm{d}t} + \frac{u_C}{R} = \delta(t) \qquad （9-36）$$

上式中，如果电容电压 u_C 为冲激函数，$\dfrac{u_C}{R}$ 也为冲激函数，$C\dfrac{\mathrm{d}u_C}{\mathrm{d}t}$ 为冲激函数的一阶导数，式（9-36）就不能成立，所以电容电压不是冲激函数。

为了求 $u_C(0_+)$ 的值，将式（9-36）在 $t=0_-$ 到 $t=0_+$ 时间间隔积分，得

$$\int_{0_-}^{0_+} C\frac{\mathrm{d}u_C}{\mathrm{d}t}\mathrm{d}t + \int_{0_-}^{0_+}\frac{u_C}{R}\mathrm{d}t = \int_{0_-}^{0_+}\delta(t)\mathrm{d}t$$

由于 u_C 不是冲激函数，所以上式方程左边第二项积分为零，从而得

$$C[u_C(0_+) - u_C(0_-)] = 1$$

而 $u_C(0_-) = 0$，可得

$$u_C(0_+) = \frac{1}{C}$$

因此，当 $t \geqslant 0$ 时，电容电压和电流为

$$\left. \begin{array}{l} u_C(t) = u_C(0_+)\mathrm{e}^{-\frac{1}{RC}t} = \frac{1}{C}\mathrm{e}^{-\frac{1}{RC}t}\varepsilon(t) \\[3mm] i_C(t) = \delta(t) - \frac{u_C}{R} = \delta(t) - \frac{1}{RC}\mathrm{e}^{\frac{1}{RC}t}\varepsilon(t) \end{array} \right\} \tag{9-37}$$

还可以通过另外一种方法求的 $u_C(0_+)$，如下所述。

当 $t < 0$ 时，$\delta(t) = 0$，冲激电流源相当于开路，$u_C(0_-) = 0\,\mathrm{V}$；当 $t=0$ 时，由于冲激电源的作用，电容相当于短路，因此 $i_C(0) = \delta(t)$，电容电压

$$u_C(0_+) = \frac{1}{C}\int_{0_-}^{0_+}\delta(t)\mathrm{d}t = \frac{1}{C}$$

说明在 $t = 0_+$ 时，电容电压被瞬间充电到 $\frac{1}{C}$。当 $t > 0$ 时，电容放电，变化规律同上。电压，电流的变化曲线如图 9-17（b）和（c）所示。

2. RL 电路的单位冲激响应

电路如图 9-18（a）所示，求 RL 串联电路在单位冲激电压源 $\delta(t)$ 作用下的零状态响应 i_L 和 u_L。

首先计算电感电流的初始值 $i_L(0_+)$。在 $t = 0$ 时，根据 KVL

$$L\frac{\mathrm{d}i_L}{\mathrm{d}t} + Ri_L = \delta(t) \tag{9-38}$$

式（9-38）中，如果电感电流 i_L 为冲激函数，Ri_L 也为冲激函数，$L\frac{\mathrm{d}i_L}{\mathrm{d}t}$ 为冲激函数的一阶导数，式（9-38）就不能成立，所以电感电流不是冲激函数。

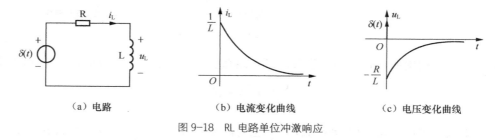

（a）电路　　　　　（b）电流变化曲线　　　　　（c）电压变化曲线

图 9-18　RL 电路单位冲激响应

为了求 $i_L(0_+)$ 的值，将式（9-38）在 $t = 0_-$ 到 $t = 0_+$ 时间间隔内积分，得

$$\int_{0-}^{0+} L\frac{di_L}{dt}dt + \int_{0-}^{0+} Ri_L dt = \int_{0-}^{0+} \delta(t)dt$$

由于 i_L 不是冲激函数，所以上式方程左边第二项积分为零，可得

$$L\left[i_L(0_+) - i_L(0_-)\right] = 1$$

而 $i_L(0_-) = 0$，因此

$$i_L(0_+) = \frac{1}{L}$$

因此，当 $t \geqslant 0$ 时电感的电流和电压为

$$i_L = i_L(0_+)e^{-\frac{R}{L}t} = \frac{1}{L}e^{-\frac{R}{L}t}\varepsilon(t)$$

$$u_L = \delta(t) - \frac{R}{L}e^{-\frac{R}{L}t}\varepsilon(t) \tag{9-39}$$

以上计算说明，在 $t=0_+$ 时，电感电流被瞬间充电到 $\frac{1}{L}$。当 $t>0$ 时，电感电流按指数规律衰减至零。电压、电流的变化曲线如图 9-18（b）和（c）所示。

单位冲激函数是单位阶跃函数的导数，对于线性电路，单位冲激响应也是单位阶跃响应的导数。在实际计算中，由阶跃响应来求冲激响应是一种较简单的方法。

例 9.8 电路如图 9-19（a）所示，求 $u_S = 8\delta(t)\text{V}$，$u_C(0_-) = 0\text{V}$ 时电路的响应 u_C 和 i_C。

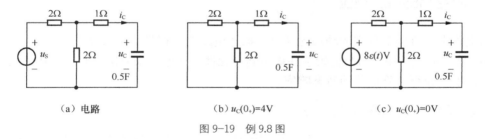

（a）电路 （b）$u_C(0_+)=4\text{V}$ （c）$u_C(0_+)=0\text{V}$

图 9-19 例 9.8 图

解： 时域中分析冲激相应常用以下两种方法。

方法 1：分成两个时间段求解

在 0_- 到 0_+ 时间段，由于 $u_C(0_-) = 0\text{V}$，因此电容相当于短路，电容电流为

$$i_C(0) = \frac{8\delta(t)}{2 + \frac{2\times1}{2+1}} \times \frac{2}{3} = 2\delta(t)$$

电容电压的初始值为

$$u_C(0_+) = u_C(0_-) + \frac{1}{C}\int_{0-}^{0+} i_C dt = \frac{1}{0.5}\int_{0-}^{0+} 2\delta(t)dt = 4\text{V}$$

此结果说明在 0_- 到 0_+ 时间段，有 $2\delta(t)$ A 的冲激电流流过电容，对电容充电，使电容电压瞬间从 0V 跃变到 4V。

当 $t>0_+$ 时，$\delta(t)=0$，冲激电压源相当于短路，电路的响应形式与零输入响应相同，等效电路如图 9-19（b）所示。初始值 $u_C(0_+) = 4\text{V}$，时间常数 $\tau = 2\times0.5 = 1\text{s}$。

$$u_C(t) = u_C(0_+)e^{-\frac{t}{\tau}} = 4e^{-t}\varepsilon(t)\text{V}$$

$$i_C = C\frac{\mathrm{d}u_C}{\mathrm{d}t} = \left[2\delta(t) - 2e^{-t}\varepsilon(t)\right]\text{A}$$

方法 2：利用单位阶跃响应与单位冲激响应的关系求冲激响应。

阶跃电压源 $8\varepsilon(t)$ 作用于电路如图 9-19（c）所示，应用三要素法。

初始值 $u_C(0_+) = 0\text{V}$，$i_C(0_+) = 2\text{A}$

稳态值 $u_C(\infty) = 4\text{V}$，$i_C(\infty) = 0\text{A}$

时间常数 $\tau = 2 \times 0.5 = 1\text{s}$

则

$$u_C = u_C(\infty) + \left[u_C(0_-) - u_C(\infty)\right]e^{-\frac{t}{\tau}} = 4(1 - e^{-t})\varepsilon(t)\text{V}$$

$$i_C = 2e^{-t}\varepsilon(t)\text{A}$$

利用 $h(t) = \dfrac{\mathrm{d}g(t)}{\mathrm{d}t}$ 和线性电路的齐次定理，有

$$u_C = \frac{\mathrm{d}}{\mathrm{d}t}[4(1 - e^{-t})\varepsilon(t)] = 4\delta(t) + 4e^{-t}\varepsilon(t) - 4e^{-t}\delta(t) = 4e^{-t}\varepsilon(t)\ \text{V}$$

$$i_C = \frac{\mathrm{d}}{\mathrm{d}t}\left[2e^{-t}\varepsilon(t)\right] = -2e^{-t}\varepsilon(t) + 2e^{-t}\delta(t) = [2\delta(t) - 2e^{-t}\varepsilon(t)]\text{A}$$

9.7　二阶电路的暂态响应

当电路中含有两个独立的动态元件时，描述电路的方程是二阶微分方程，该电路称为二阶电路。在二阶电路中，两个初始条件均由储能元件的初始值来决定。本节以 RLC 串联电路为例，简单地介绍二阶电路的暂态响应。

一、二阶电路的零输入响应

图 9-20 所示的 RLC 串联电路，给定的初始条件可以有三种情况：（1）$u_C(0_-) = U_0$，$i_L(0_-) = 0$；（2）$u_C(0_-) = 0$，$i_L(0_-) = I_0$；（3）$u_C(0_-) = U_0$，$i_L(0_-) = I_0$。本节仅分析第一种情况，其他情况依此类推，本节不再赘述。

当 $t = 0$ 时将开关 S 闭合，此后电路中无外加激励，电容 C 将通过电阻 R、电感 L 放电，直至电容的初始能量被电阻耗尽，电路中各电压、电流最终趋于零。与一阶 RC 电路零输入响应不同，在二阶电路中，电容所释放的能量除供电阻消耗外，还有部分电场能量将通过电感转化为磁场能量储存于电感中；随着电流的减少，电感中的磁场能量又有可能转换为电容的电场能量，从而形成电场能量和磁场能量之间的相互交换。

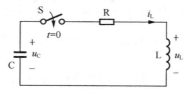

图 9-20　二阶电路的零输入响应电路

在给定电压、电流的参考方向下，根据 KVL

$$-u_C + Ri + u_L = 0$$

将电感和电容的特性方程 $i = -C\dfrac{\mathrm{d}u_C}{\mathrm{d}t}$ 和 $u_L = L\dfrac{\mathrm{d}i}{\mathrm{d}t} = -LC\dfrac{\mathrm{d}^2 u_C}{\mathrm{d}t^2}$ 代入上式得

$$LC\frac{\mathrm{d}^2 u_C}{\mathrm{d}t^2} + RC\frac{\mathrm{d}u_C}{\mathrm{d}t} + u_C = 0 \tag{9-40}$$

式（9-40）为二阶线性齐次微分方程，其通解的一般形式为 $u_C = A\mathrm{e}^{\lambda t}$，代入式（9-40）得到二阶微分方程的特征方程

$$LC\,\lambda^2 + RC\,\lambda + 1 = 0$$

解出特征根（固有频率）为

$$\lambda_{1,2} = -\frac{R}{2L} \pm \sqrt{\left(\frac{R}{2L}\right)^2 - \frac{1}{LC}} \tag{9-41}$$

由式（9-41）看出，λ_1，λ_2 取决于电路结构、电路参数，与激励、初始值无关。两个特征根决定二阶线性齐次微分方程的解分别为

$$u_{C1} = A_1 \mathrm{e}^{\lambda_1 t} \tag{9-42}$$

$$u_{C2} = A_2 \mathrm{e}^{\lambda_2 t} \tag{9-43}$$

由于 u_{C1} 和 u_{C2} 均为微分方程式（9-40）的解，而且线性无关，因此微分方程式（9-40）的通解为

$$u_C = u_{C1} + u_{C2} = A_1 \mathrm{e}^{\lambda_1 t} + A_2 \mathrm{e}^{\lambda_2 t} \tag{9-44}$$

根据初始条件 $u_C(0_+) = u_C(0_-) = U_0$，$i(0_+) = -C\dfrac{\mathrm{d}u_C}{\mathrm{d}t}\Big|_{t=0_+} = i(0_-) = 0$ 确定常数 A_1、A_2，即

$$\begin{cases} A_1 + A_2 = U_0 \\ \lambda_1 A_1 + \lambda_2 A_2 = 0 \end{cases}$$

得

$$\begin{cases} A_1 = \dfrac{\lambda_2}{\lambda_2 - \lambda_1} U_0 \\[2mm] A_2 = \dfrac{-\lambda_1}{\lambda_2 - \lambda_1} U_0 \end{cases}$$

将 A_1、A_2 代入式（9-44），得到二阶电路的零输入响应

$$u_C = \frac{\lambda_2}{\lambda_2 - \lambda_1} U_0 \mathrm{e}^{\lambda_1 t} - \frac{\lambda_1}{\lambda_2 - \lambda_1} U_0 \mathrm{e}^{\lambda_2 t} = \frac{U_0}{\lambda_2 - \lambda_1}(\lambda_2 \mathrm{e}^{\lambda_1 t} - \lambda_1 \mathrm{e}^{\lambda_2 t}) \tag{9-45}$$

电路中电流

$$i = -C\frac{\mathrm{d}u_C}{\mathrm{d}t} = -C\frac{\lambda_1 \lambda_2}{\lambda_2 - \lambda_1} U_0 (\mathrm{e}^{\lambda_1 t} - \mathrm{e}^{\lambda_2 t})$$

由于

$$\lambda_1 \lambda_2 = \frac{1}{LC}$$

$$i(t) = -\frac{U_0}{L(\lambda_2 - \lambda_1)}(\lambda_1 \mathrm{e}^{\lambda_1 t} - \lambda_2 \mathrm{e}^{\lambda_2 t}) \tag{9-46}$$

根据电路参数 R、L、C 确定的两个特征根 λ_1、λ_2，分为以下 3 种情况讨论。

（1）当 $\left(\dfrac{R}{2L}\right)^2 > \dfrac{1}{LC}$ 或 $R > 2\sqrt{\dfrac{L}{C}}$ 时，λ_1、λ_2 两个不等的负实根，为过阻尼情况，电容电压和电流分别见式（9-45）和式（9-46）。可以看出，电容电压 u_C 由两个单调下降的指数函数组成，而且 $e^{\lambda_2 t}$ 比 $e^{\lambda_1 t}$ 衰减快，它们不能往复地增减，此时 u_C 的放电过程是非振荡的过渡过程，通常把电路的这种阻尼状况称为过阻尼状况。

在放电过程中电容电流 $i(t)$ 从零初始值增大至最大值后，又逐渐地衰减到零。令 $\dfrac{di}{dt} = 0$，可得到电流达到最大值的时刻 t_m。

$$t_m = \frac{\ln \dfrac{\lambda_2}{\lambda_1}}{\lambda_1 - \lambda_2} \tag{9-47}$$

u_C、i 的波形如图 9-21 所示。

电容的非周期放电过程的能量转换可分成两个阶段：在 $0 \leqslant t < t_m$ 阶段，电容电压逐渐减小，电流值逐渐增加，说明电容释放的电场能量一部分转换成磁场能量储存在电感中，一部分被电阻消耗；在 $t \geqslant t_m$ 阶段，电容电压继续降低，电流值也在减小，说明电容释放的电场能量和电感释放的磁场能量供电阻消耗，直至放电结束。

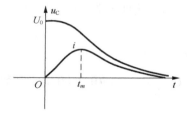

图 9-21 过阻尼时电容电压、电流　　　　图 9-22 θ、α、ω_0、ω_d

（2）当 $\left(\dfrac{R}{2L}\right)^2 < \dfrac{1}{LC}$ 或 $R < 2\sqrt{\dfrac{L}{C}}$ 时，λ_1、λ_2 为两个共轭复根，为欠阻尼情况。

令 $\alpha = \dfrac{R}{2L}$，$\omega_0 = \sqrt{\dfrac{1}{LC}}$ 则特征根为

$$\lambda_{1,2} = -\alpha \pm \sqrt{\alpha^2 - \omega_0^2} = -\alpha \pm j\sqrt{\omega_0^2 - \alpha^2} = -\alpha \pm j\omega_d \tag{9-48}$$

式中，$\omega_d = \sqrt{\omega_0^2 - \alpha^2}$，将特征根代入式（9-45），此时电容电压变化规律为

$$u_C = \frac{U_0}{\lambda_2 - \lambda_1}(\lambda_2 e^{\lambda_1 t} - \lambda_1 e^{\lambda_2 t})$$

$$= \frac{U_0}{(-\alpha - j\omega_d) - (-\alpha + j\omega_d)}[(-\alpha - j\omega_d)e^{(-\alpha + j\omega_d)t} - (-\alpha + j\omega_d)e^{(-\alpha - j\omega_d)t}]$$

整理并应用欧拉公式化简，得

$$u_C = \frac{\omega_0}{\omega_d} U_0 e^{-\alpha t} \sin(\omega_d t + \theta) \tag{9-49}$$

其中

$$\theta = \arccos \frac{\alpha}{\omega_0}$$

α、θ、ω_0、ω_d 之间的关系如图 9-22 所示。

电流为

$$i = -C\frac{\mathrm{d}u_C}{\mathrm{d}t} = \frac{U_0}{\omega_d L}\mathrm{e}^{-\alpha t}\sin(\omega_d t) \tag{9-50}$$

可以看出，无论是电容电压 u_C，还是电流 i 均为衰减的正弦函数，在过渡过程中周期性地改变符号，故电容放电是振荡性质的，振荡角频率为 ω_d。振荡幅度衰减的快慢取决于特征根的实部 α 的大小，α 越大，衰减得越快，所以称 α 为衰减系数；衰减振荡的周期 $T = \frac{2\pi}{\omega_d}$，振荡周期越小，振荡就越快。在衰减振荡过程中，电容和电感周期性地交换部分能量，电阻一直消耗能量，直至将全部能量消耗完毕，过度过程结束。

在理想情况下，$R=0$，$\alpha=0$，$\omega_d = \omega_0 = \sqrt{\frac{1}{LC}}$，$\theta = \frac{\pi}{2}$，电压 u_C 和电流 i 分别为

$$u_C = U_0\sin\left(\omega_0 t + \frac{\pi}{2}\right) \tag{9-51}$$

$$i = \frac{U_0}{\omega_0 L}\sin\omega_0 t = \frac{U_0}{\sqrt{\dfrac{L}{C}}}\sin\omega_0 t \tag{9-52}$$

称为无阻尼的过度过程，电压、电流为一组相位差为 90° 的正弦曲线，由于无消耗，所以为等幅振荡。

（3）当 $\left(\dfrac{R}{2L}\right)^2 = \dfrac{1}{LC}$ 或 $R = 2\sqrt{\dfrac{L}{C}}$ 时，λ_1、λ_2 是一对相等的负实根，称为临界阻尼。

$$\lambda_1 = \lambda_2 = -\alpha = -\frac{R}{2L} \tag{9-53}$$

此时电容电压和电流分别为

$$u_C = U_0(1 + \alpha t)\mathrm{e}^{-\alpha t} \tag{9-54}$$

$$i = \frac{U_0}{L}t\mathrm{e}^{-\alpha t} \tag{9-55}$$

可以看出，电容电压 u_C 和电流 i 为临界的非振荡性质的过渡过程（临界阻尼振荡），它是振荡与非振荡过程的分界线，电阻 $R = 2\sqrt{\dfrac{L}{C}}$ 是临界电阻。

例 9.9　电路如图 9-20 所示，已知电阻 $R=1.6\Omega$，$L=0.04\mathrm{H}$，$C=0.0024\mathrm{F}$，电容电压 $u_C(0_-) = 2\mathrm{V}$，电感电流 $i_L(0_-) = 0$。求 $t \geqslant 0$ 时零输入响应 u_C。

解： 由给定元件参数，$2\sqrt{\dfrac{L}{C}} = 2\times\sqrt{\dfrac{0.04}{0.0024}}\Omega = 8.16\Omega > R$，因此电路为欠阻尼（振荡）的放电过程。其中

$$\alpha = \frac{R}{2L} = \frac{1.6}{2\times 0.04} = 20 \quad (1/\mathrm{s})$$

$$\omega_0 = \sqrt{\frac{1}{LC}} = \sqrt{\frac{1}{0.04 \times 0.0024}} = 102.06 \quad (\text{rad/s})$$

$$\omega_d = \sqrt{\omega_0^2 - \alpha^2} = 100 \quad (\text{rad/s})$$

$$\theta = \arccos\frac{20}{102.06} = 78.7°$$

代入式（9-49）得

$$u_C = \frac{\omega_0}{\omega_d} u_C(0_+) e^{-\alpha t} \sin(\omega_d t + \theta) = 2.04 e^{-20t} \sin(100t + 78.7°) \text{ V}$$

需要说明：二阶电路过渡过程的规律取决于特征方程的特征根，特征根取决于电路参数；电路的初始条件只影响过渡过程的强弱，而不影响过渡过程的规律；本节的结论只适用于特定的初始条件（即 $u_C(0_-) = U_0$，$i_L(0_-) = 0$），当初始条件变化时，不再适用。

二、二阶电路的阶跃响应

如前所述，阶跃响应是在单位阶跃激励 $\varepsilon(t)$ 作用下，电路的零状态响应。电路如图 9-23 所示，其中，$u_C(0_-) = 0$，$i(0_-) = 0$。下面推导其阶跃响应电压 u_C 和电流 i。

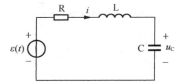

图 9-23　二阶电路的阶跃响应电路

电路方程为

$$LC\frac{\mathrm{d}^2 u_C}{\mathrm{d}t^2} + RC\frac{\mathrm{d}u_C}{\mathrm{d}t} + u_C = \varepsilon(t) \tag{9-56}$$

$t > 0$ 时的方程：

$$LC\frac{\mathrm{d}^2 u_C}{\mathrm{d}t^2} + RC\frac{\mathrm{d}u_C}{\mathrm{d}t} + u_C = 1$$

方程的全解由特解和对应的齐次微分方程的通解组成，即

$$u_C = u_C' + u_C''$$

其中，u_C' 为微分方程的特解，取电路的稳态解，$u_C' = 1$；u_C'' 为对应齐次方程的通解，$u_C'' = A_1 e^{\lambda_1 t} + A_2 e^{\lambda_2 t}$，则微分方程的全解为

$$u_C = 1 + A_1 e^{\lambda_1 t} + A_2 e^{\lambda_2 t} \qquad t > 0$$

由初始值 $u_C(0_+) = u_C(0_-) = 0$，$i(0_+) = i(0_-) = 0$ 确定常数 A_1、A_2

$$\begin{cases} 1 + A_1 + A_2 = 0 \\ A_1\lambda_1 + A_2\lambda_2 = 0 \end{cases}$$

解得

$$\begin{cases} A_1 = \dfrac{-\lambda_2}{\lambda_2 - \lambda_1} \\ A_2 = \dfrac{\lambda_1}{\lambda_2 - \lambda_1} \end{cases}$$

则二阶电路的阶跃响应 u_C 和 i 为

$$u_C = \left[1 - \frac{1}{\lambda_2 - \lambda_1}(\lambda_2 e^{\lambda_1 t} - \lambda_1 e^{\lambda_2 t}) \right] \varepsilon(t) \tag{9-57}$$

$$i = \left[-\frac{1}{L(\lambda_2 - \lambda_1)}(e^{\lambda_1 t} - e^{\lambda_2 t}) \right] \varepsilon(t) \tag{9-58}$$

电压、电流的变化规律取决于 λ_1、λ_2 特征根的形式，因此可以分为过阻尼、欠阻尼、和临界阻尼的充电过程。

三、二阶电路的冲激响应

分析图 9-24 所示电路在冲激电源作用下的冲激响应 u_C 和 i。

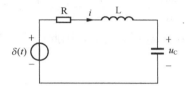

图 9-24　二阶电路的冲激响应电路

电路的方程为

$$LC\frac{\mathrm{d}^2 u_C}{\mathrm{d}t^2} + RC\frac{\mathrm{d}u_C}{\mathrm{d}t} + u_C = \delta(t) \tag{9-59}$$

在零状态下，$u_C(0_-) = 0$，$i(0_-) = 0$，由式（9-59）可知，u_C 不可能是阶跃函数或冲激函数，否则微分方程不能成立，即 u_C 不能跃变，因此 $u_C(0_+) = u_C(0_-) = 0$。为了求电感电流的初始值 $i(0_+)$，将式（9-59）两边在 $0_- \sim 0_+$ 之间进行积分

$$\int_{0_-}^{0_+} LC\frac{\mathrm{d}^2 u_C}{\mathrm{d}t^2}\mathrm{d}t + \int_{0_-}^{0_+} RC\frac{\mathrm{d}u_C}{\mathrm{d}t}\mathrm{d}t + \int_{0_-}^{0_+} u_C\mathrm{d}t = \int_{0_-}^{0_+} \delta(t)\mathrm{d}t$$

整理

$$LC\left(\frac{\mathrm{d}u_C}{\mathrm{d}t}\Big|_{0_+} - \frac{\mathrm{d}u_C}{\mathrm{d}t}\Big|_{0_-} \right) + RC\left[u_C(0_+) - u_C(0_-) \right] + \int_{0_-}^{0_+} u_C\mathrm{d}t = 1$$

得

$$LC\frac{\mathrm{d}u_C}{\mathrm{d}t}\Big|_{0_+} = 1$$

即

$$C\frac{\mathrm{d}u_C}{\mathrm{d}t}\Big|_{0_+} = i(0_+) = \frac{1}{L}$$

当 $t > 0$ 后，$\delta(t) = 0$，电路方程为

$$LC\frac{\mathrm{d}u_C}{\mathrm{d}t^2} + RC\frac{\mathrm{d}u_C}{\mathrm{d}t} + u_C = 0 \tag{9-60}$$

其通解形式为

$$u_C(t) = A_1 e^{\lambda_1 t} + A_2 e^{\lambda_2 t}$$

代入初始条件

$$\begin{cases} A_1 + A_2 = 0 \\ A_1\lambda_1 + A_2\lambda_2 = \dfrac{1}{LC} \end{cases}$$

解得

$$A_2 = -A_1 = \frac{1}{LC(\lambda_2 - \lambda_1)}$$

因此电容电压的冲激响应和电流的冲激响应分别为

$$u_C(t) = -\frac{1}{LC(\lambda_2 - \lambda_1)}(e^{\lambda_1 t} - e^{\lambda_2 t})\varepsilon(t) \tag{9-61}$$

$$i(t) = C\frac{\mathrm{d}u_C}{\mathrm{d}t} = -\frac{1}{L(\lambda_2 - \lambda_1)}(\lambda_1 e^{\lambda_1 t} - \lambda_2 e^{\lambda_2 t})\varepsilon(t) \tag{9-62}$$

电路中冲激响应与特征根 λ_1、λ_2 形式有关，因此电路分为过阻尼、欠阻尼、临界阻尼三种情况，这里就不再赘述。

9.8 暂态电路的复频域分析

前几节计算动态电路暂态响应的方法，是立写电路的微分方程、解微分方程的方法，称为经典分析方法。这种分析方法概念清楚、有条理，但是遇到复杂的电路，尤其是高阶电路分析起来十分麻烦。这种分析方法多用于一阶电路。本节将介绍一种分析暂态响应更好的方法，这就是拉普拉斯变换的方法。这种方法是把电路及其参数转换到另外一个空间去分析，这个空间就是所谓的复频域，简称 S 域。

一、拉普拉斯变换

1. 定义

定义在[0，∞] 区间的时域函数 $f(t)$，它的拉普拉斯变换定义为

$$F(s) = \int_{0_-}^{\infty} f(t)e^{-st}\mathrm{d}t \tag{9-63}$$

式中 $s = \sigma + j\omega$ 为复频率。$F(s)$ 称为 $f(t)$ 的象函数，而 $f(t)$ 称为 $F(s)$ 的原函数。象函数和原函数的关系可简写为：

$$F(s) = \mathcal{L}[f(t)] \qquad \text{或} \qquad f(t) \longleftrightarrow F(s)$$

例 9.10 试求单位阶跃函数 $\varepsilon(t)$ 的象函数。

解： 由拉普拉斯变换的定义式

$$F(s) = \int_{0_-}^{\infty} f(t)e^{-st}\mathrm{d}t$$

$$= \int_{0_-}^{\infty} 1e^{-st}\mathrm{d}t$$

$$= -\frac{1}{s}e^{-st}\Big|_0^{\infty} = \frac{1}{s}$$

所以 $\qquad \varepsilon(t) \longleftrightarrow \dfrac{1}{s}$

同理，时域中常数 1 的象函数与单位阶跃函数 $\varepsilon(t)$ 的象函数相同。

例 9.11 试求单位冲激函数 $\delta(t)$ 的象函数。

解： 由拉普拉斯变换的定义式

$$F(s) = \int_{0_-}^{\infty} f(t) \mathrm{e}^{-st} \mathrm{d}t$$

$$= \int_{0_-}^{\infty} \delta(t) e^{-st} \mathrm{d}t = \int_{0_-}^{\infty} \delta(t) \mathrm{d}t$$

$$= 1$$

所以 $\qquad \delta(t) \longleftrightarrow 1$

例 9.12 试求指数函数 e^{-at} 的象函数。

解： 由拉普拉斯变换的定义式

$$F(s) = \int_{0_-}^{\infty} f(t) \mathrm{e}^{-st} \mathrm{d}t$$

$$= \int_{0_-}^{\infty} \mathrm{e}^{-at} \mathrm{e}^{-st} \mathrm{d}t = \int_{0_-}^{\infty} \mathrm{e}^{-(s+a)t} \mathrm{d}t$$

$$= \frac{1}{s+a}$$

所以 $\qquad \mathrm{e}^{-at} \longleftrightarrow \dfrac{1}{s+a}$

2. 拉普拉斯变换的性质

（1）线性

若 $\qquad f_1(t) \longleftrightarrow F_1(s)$ ， $f_2(t) \longleftrightarrow F_2(s)$

则 $\qquad af_1(t) + bf_2(t) \longleftrightarrow aF_1(s) + bF_2(s)$

例 9.13 求 $f(t) = 6 + 2e^{-5t}$ 的象函数。

解： 因为

$$1 \longleftrightarrow \frac{1}{s}$$

$$\mathrm{e}^{-5t} \longleftrightarrow \frac{1}{s+5}$$

所以 $\qquad F(s) = \dfrac{6}{s} + \dfrac{2}{s+5}$

例 9.14 求 $f(t) = \cos(\omega_0 t)$ 的象函数

解： 根据欧拉公式 $\cos(\omega_0 t) = \dfrac{1}{2}(\mathrm{e}^{-\mathrm{j}\omega_0 t} + \mathrm{e}^{\mathrm{j}\omega_0 t})$

$$\mathrm{e}^{-\mathrm{j}\omega_0 t} \longleftrightarrow \frac{1}{s + \mathrm{j}\omega_0}$$

$$\mathrm{e}^{\mathrm{j}\omega_0 t} \longleftrightarrow \frac{1}{s - \mathrm{j}\omega_0}$$

所以
$$F(s) = \frac{1}{2}\left(\frac{1}{s + j\omega_0} + \frac{1}{s - j\omega_0}\right) = \frac{s}{s^2 + \omega_0^2}$$

同理可以求得
$$\sin(\omega_0 t) \longleftrightarrow \frac{\omega_0}{s^2 + \omega_0^2}$$

（2）延时特性

若 $f(t) \longleftrightarrow F(s)$

则 $f(t - t_0)\varepsilon(t - t_0) \longleftrightarrow e^{-st_0}F(s)$

（3）频移特性

若 $f(t) \longleftrightarrow F(s)$

则 $f(t)e^{-s_0 t} \longleftrightarrow e^{-st_0}F(s + s_0)$

（4）微分特性

若 $f(t) \longleftrightarrow F(s)$

则 $f'(t) \longleftrightarrow sF(s) - f(0_-)$

$$f''(t) \longleftrightarrow s[F(s) - f(0_-)] - f'(0_-) = s^2 F(s) - sf(0_-) - f'(0_-)$$

3. 拉普拉斯反变换

一般来说，电路响应的象函数是一个有理分式，其一般形式为：

$$F(s) = \frac{a_m s^m + a_{m-1}s^{m-1} + \cdots + a_1 s + a_0}{b_n s^n + b_{n-1}s^{n-1} + \cdots + b_1 s + b_0} = \frac{A(s)}{B(s)}$$

式中，m、n 为整数。当 $m<n$ 时，$F(s)$ 称为真分式；当 $m \geqslant n$ 时，$F(s)$ 称为假分式，假分式可以分解成整式与真分式的和，真分式可以分解成几个最简单真分式的和。

举个真分式分解的例子：

$$F(s) = \frac{s}{s^2 + 5s + 6}$$

将分母分解因式

$$F(s) = \frac{s}{(s + 2)(s + 3)} = \frac{-2}{s + 2} + \frac{3}{s + 3}$$

这样，我们就很容易找到 $F(s)$ 的原函数，完成 $F(s)$ 的拉普拉斯逆变换。

$$f(t) = -2e^{-2t} + 3e^{-3t} \qquad t > 0$$

这种求拉普拉斯反变换的方法叫做分式分解法。即将真分式分解成常见函数的象函数线性组合的形式。对于求一些复杂函数拉普拉斯反变换，我们还需要用到拉普拉斯变换的性质或者查表提供帮助。常见函数的拉普拉斯变换的原函数与象函数的对应关系如表 9-2 所示。

表 9-2   常见函数的拉普拉斯变换的象函数

序　号	原　函　数	象　函　数
1	$\varepsilon(t)$	$\dfrac{1}{s}$
2	$\delta(t)$	1
3	t	$\dfrac{1}{s^2}$

续表

序　号	原 函 数	象 函 数
4	$e^{\pm at}$	$\dfrac{1}{s \mp a}$
5	$te^{\pm at}$	$\dfrac{1}{(s \mp a)^2}$
6	$\sin \omega t$	$\dfrac{\omega}{s^2 + \omega^2}$
7	$\cos \omega t$	$\dfrac{s}{s^2 + \omega^2}$
8	$e^{-at} \cos \omega t$	$\dfrac{s}{(s+a)^2 + \omega^2}$
9	$e^{-at} \sin \omega t$	$\dfrac{\omega}{(s+a)^2 + \omega^2}$
10	$\sin(\omega t + \varphi)$	$\dfrac{s \sin \varphi + \omega \cos \varphi}{s^2 + \omega^2}$
11	$\cos(\omega t + \varphi)$	$\dfrac{s \cos \varphi - \omega \sin \varphi}{s^2 + \omega^2}$
12	$(1 - at)e^{-at}$	$\dfrac{s}{(s+a)^2}$

当 $F(s)$ 的分母 $B(s)=0$ 的根全是互不相等实数根的时候，$F(s)$ 可分解为

$$F(s) = \frac{k_1}{s - s_1} + \frac{k_2}{s - s_2} + \cdots + \frac{k_n}{s - s_n}$$

其中各项的系数可以用公式计算：

$$k_i = F(s)(s - s_i)\Big|_{s = s_i}$$

$F(s)$ 的原函数为

$$f(t) = k_1 e^{s_1 t} + k_2 e^{s_2 t} + \cdots + k_n e^{s_n t}$$

例 9.15　求象函数 $F(s) = \dfrac{4s + 5}{s^2 + 5s + 6}$ 的拉普拉斯反变换。

解：　$B(s) = s^2 + 5s + 6$

令 $B(s)=0$，得　$s_1 = -2$，$s_2 = -3$，则 $F(s)$ 可分解为

$$F(s) = \frac{k_1}{s + 2} + \frac{k_2}{s + 3}$$

其中

$$k_1 = \frac{4s + 5}{s^2 + 5s + 6}(s + 2)\Big|_{s = -2} = -3$$

$$k_2 = \frac{4s + 5}{s^2 + 5s + 6}(s + 3)\Big|_{s = -3} = 7$$

所以 $\qquad f(t) = -3e^{-2t} + 7e^{-3t}$

当 $F(s)$ 的分母 $B(s)=0$ 的根有两相等实数根（如 $s_1 = s_2$ ）的时候，$F(s)$ 可分解为

$$F(s) = \frac{k_1}{(s-s_1)^2} + \frac{k_2}{s-s_1} + \cdots + \frac{k_n}{s-s_n}$$

其中，各项的系数可以用公式计算：

$$k_1 = F(s)(s-s_1)^2 \Big|_{s=s_1}$$

$$k_2 = \frac{\mathrm{d}}{\mathrm{d}s}[F(s)(s-s_1)^2] \Big|_{s=s_1}$$

F(s)的原函数为

$$f(t) = k_1 t \mathrm{e}^{s_1 t} + k_2 \mathrm{e}^{s_1 t} + \cdots + k_n \mathrm{e}^{s_n t}$$

例 9.16 求象函数 $F(s) = \dfrac{s-1}{s(s+1)^2}$ 的拉普拉斯反变换。

解： $B(s) = s(s+1)^2$

令 $B(s)=0$，得 $s_1 = -1$，$s_2 = -1$，$s_3 = 0$，则 $F(s)$ 可分解为

$$F(s) = \frac{k_1}{(s+1)^2} + \frac{k_2}{s+1} + \frac{k_3}{s}$$

其中

$$k_1 = \frac{s-1}{s(s+1)^2}(s+1)^2 \Big|_{s=-1} = 2$$

$$k_2 = [\frac{s-1}{s(s+1)^2}(s+1)^2]' \Big|_{s=-1} = \frac{1}{s^2} \Big|_{s=-1} = 1$$

$$k_3 = \frac{s-1}{s(s+1)^2}s \Big|_{s=0} = -1$$

所以 $\qquad f(t) = 2t\mathrm{e}^{-t} + \mathrm{e}^{-t} - 1$

当 $F(s)$ 的分母 $B(s)=0$ 的根有一对共轭复数根（如 $s_1 = s_2^*$ ）的时候，$F(s)$ 的分解可参照不相等实数根的情况，分解后的分式的系数也是共轭复数。可以用欧拉公式将逆变换后的函数化为正弦或余弦形式。

如果两个共轭根分别为 $s_1 = -\alpha + \mathrm{j}\beta$，$s_2 = -\alpha - \mathrm{j}\beta$，（ $\alpha > 0, \beta > 0$ ）；$F(s)$ 分解后的对应的系数分别为 $k_1 = |k_1| e^{\mathrm{j}\varphi}$ 和 $k_2 = |k_1| e^{-\mathrm{j}\varphi}$ 则其原函数为

$$f(t) = 2 |k_1| e^{-at} \cos(\beta t + \varphi)$$

例 9.17 求象函数 $F(s) = \dfrac{s}{(s+1)^2 + 25}$ 的拉普拉斯反变换。

解： $B(s) = (s+1)^2 + 5^2$

令 $B(s)=0$，得 $s_1 = -1 + 5\mathrm{j}$，$s_2 = -1 - 5\mathrm{j}$，则 $F(s)$ 可分解为

$$F(s) = \frac{k_1}{s+1-5\mathrm{j}} + \frac{k_2}{s+1+5\mathrm{j}}$$

其中

$$k_1 = \frac{s}{(s+1)^2+25}(s+1-5\mathrm{j})\bigg|_{s=-1+5\mathrm{j}} = 0.51\mathrm{e}^{\mathrm{j}11.3°}$$

$$k_2 = \frac{s}{(s+1)^2+25}(s+1+5\mathrm{j})\bigg|_{s=-1-5\mathrm{j}} = 0.51\mathrm{e}^{-\mathrm{j}11.3°} = k_1^*$$

所以　　　　　　　$f(t) = 1.02\mathrm{e}^{-t}\cos(5t+11.3°)$

二、电路的复频域分析

1. 基尔霍夫定律的复频域形式

基尔霍夫电流定律：对于任何一个结点，流入结点电流的代数和为 0。即

$$\Sigma i = 0$$

根据拉普拉斯变换的线性特点，对上式两边进行拉普拉斯变换得

$$\Sigma I(s) = 0$$

基尔霍夫电压定律：对于任何一个回路，沿绕行方向上所有支路电压降的代数和为 0。即

$$\Sigma u = 0$$

根据拉普拉斯变换的线性特点，对上式两边进行拉普拉斯变换得

$$\Sigma U(s) = 0$$

对照时域和复频域的基尔霍夫定律，不难发现其形式是一样的。

2. 电路元件的复频域模型

电阻元件在关联参考方向下的伏安特性为 $u = Ri$，对此式两边进行拉普拉斯变换有 $U(s) = RI(s)$。通常把 $U(s) = RI(s)$ 称为电阻元件伏安特性的复频域形式。电阻元件及其复频域模型如图 9-25（b）所示。

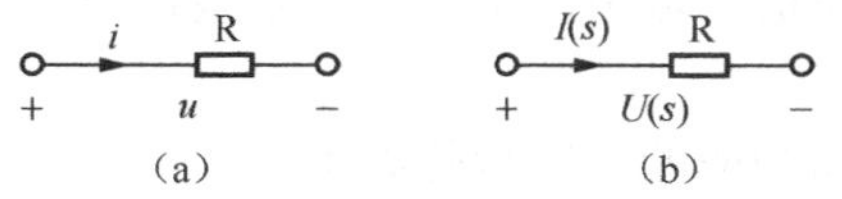

图 9-25　电阻元件及其 s 域模型

在关联参考方向下，电感元件的伏安特性为

$$u = L\frac{\mathrm{d}i}{\mathrm{d}t}$$

利用拉普拉斯变换的时域微分特性，对上式两边进行拉普拉斯变换得

$$U(s) = L[sI(s) - i(0_-)] = sLI(s) - Li(0_-)$$

所以，对应的复频域模型如图 9-26（b）所示。

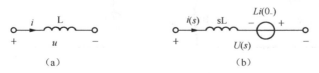

图 9-26　电感元件及其 s 域模型

在关联参考方向下，电容元件的伏安特性为

$$i = C\frac{\mathrm{d}u}{\mathrm{d}t}$$

利用拉普拉斯变换的时域微分特性，对上式两边进行拉普拉斯变换得

$$I(s) = C[sU(s) - u(0_-)] = sCU(s) - Cu(0_-)$$

即

$$U(s) = \frac{1}{sC}I(s) + \frac{u(0_-)}{s}$$

所以，对应的复频域模型如图 9-27（b）所示。

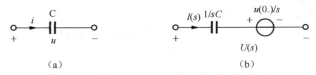

（a）　　　　　　　　　（b）

图 9-27　电容元件及其 s 域模型

在电压电流参考方向关联的情况下，定义在零状态时（$i_L(0_-) = 0$，$u_C(0_-) = 0$），元件电压象函数与电流象函数之比为元件的复阻抗。

$$Z(s) = \frac{U(s)}{I(s)}$$

电阻元件的复阻抗为 R，即等于电阻值。电感元件的复阻抗为 sL，电容元件的复阻抗为 $1/(sC)$。复阻抗的单位为欧姆。

我们把 $U(s) = Z(s)I(s)$ 称为欧姆定律的 s 域形式，它与欧姆定律的时域形式也是一致的。

3. 暂态电路的 s 域分析方法

通过上面的研究发现，如果建立 s 域的电路模型，在模型中电路的基本规律与时域中直流电阻电路的规律是一致的。也就是说，可以用求解直流电阻电路响应的方法，分析电路 s 域模型中的象函数。由于电路的 s 域模型中，不存在微积分关系，所以方程都是代数方程，分析难度大大减低。

用拉普拉斯变换分析电路响应的一般步骤如下。

（1）建立换路后电路的 s 域模型。

（2）在模型中用类似直流电阻电路的分析方法求电路响应的象函数。

（3）把象函数进行拉普拉斯反变换，得到要求的响应。

例 9.18　一阶 RL 电路如图 9-28（a）所示，在换路前电路达到稳定状态，$t=0$ 时刻开关换路，计算 $t \geqslant 0$ 时的 $i(t)$。

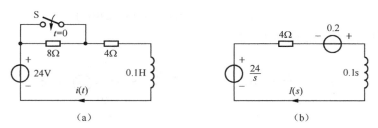

（a）　　　　　　　　　（b）

图 9-28　例 9.18 图

解： 因为 $t<0$ 时电路处于稳定状态，所以电感相当于一根导线

$$i(0_-) = \frac{24}{8+4} = 2\text{A}$$

建立换路后电路的复频域模型，如图 9-28（b）所示。

$$I(s) = \frac{\dfrac{24}{s} + 0.2}{4 + 0.1s} = \frac{2s+240}{s(s+40)} = \frac{k_1}{s} + \frac{k_2}{s+40}$$

其中系数

$$k_1 = \left.\frac{2s+240}{s(s+40)} \cdot s\right|_{s=0} = 6$$

$$k_2 = \left.\frac{2s+240}{s(s+40)} \cdot (s+40)\right|_{s=-40} = -4$$

所以 $t>0$ 时　　　　　　$i(t) = 6 - 4e^{-40t}\,(\text{A})$

例 9.19　求如图 9-29（a）所示电路中电容电压 u_C 的零状态响应。

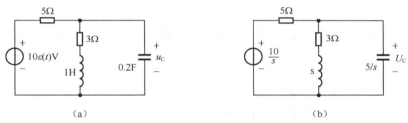

（a）　　　　　　　　　　　　　　　　（b）

图 9-29　例 9.18 图

解： 因为电路零状态，则 $u_C(0_-) = 0$ ，$i_L(0_-) = 0$ ，电路的 s 域模型如图 9-29（b）所示。
根据弥尔曼定理

$$U_C(s) = \frac{\dfrac{10}{s} \times \dfrac{1}{5}}{\dfrac{1}{5} + \dfrac{1}{s+3} + \dfrac{s}{5}} = \frac{10s+30}{s(s^2+4s+8)} = \frac{10s+30}{s[(s+2)^2+4]}$$

令 $U_C(s)$ 的分母为零，解方程得：$s_1 = 0$ ，$s_2 = -2+2\text{j}$ ，$s_3 = -2-2\text{j}$
所以，$U_C(s)$ 可分解为

$$U_C(s) = \frac{k_1}{s} + \frac{k_2}{s+2-4\text{j}} + \frac{k_3}{s+2+4\text{j}}$$

其中系数分别为

$$k_1 = \left.\frac{10s+30}{s[(s+2)^2+4]} \cdot s\right|_{s=0} = 3.75$$

$$k_2 = \left.\frac{10s+30}{s[(s+2)^2+4]} \cdot (s+2-4\text{j})\right|_{s=-2+4\text{j}} = 1.97\underline{/-162°}$$

$$k_3 = k_2^* = 1.97\underline{/162°}$$

所以，电容电压的零状态响应为

$$u_C(t) = 3.75 + 2 \times 1.97 e^{-2t} \cos(4t - 162°)$$
$$= 3.75 + 3.94 e^{-2t} \cos(4t - 162°) \text{ V} \quad t > 0$$

习　题

9.1　题 9.1 图各电路中，开关 S 在 $t = 0$ 时动作，试求各电路在 $t = 0_+$ 时刻的电压、电流。

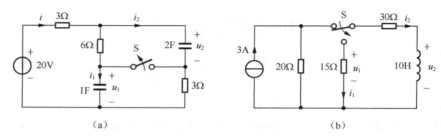

（a）　　　　　　　　　　　（b）

题 9.1 图

9.2　一个高压电容器原先已充电，其电压为 10kV，从电路中断开后，经过 15min 它的电压降低为 3.2kV，问：

（1）再过 15min 电压将降为多少？

（2）如果电容 $C = 15\mu\text{F}$，那么它的绝缘电阻是多少？

（3）需经多少时间，可使电压降至 30V 以下？

（4）如果以一根电阻为 0.2Ω 的导线将电容短接放电，最大放电电流是多少？

9.3　题 9.3 图中，换路前电路处于稳态，若 $t = 0$ 时，开关换路，求 $u_C(t)$，$t > 0$。

9.4　题 9.4 图中，换路前电路已经达到稳定状态，$t = 0$ 时开关换路，求换路后的 u_C 及 i。

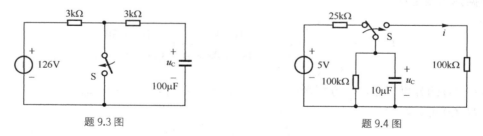

题 9.3 图　　　　　　　　　　　题 9.4 图

9.5　题 9.5 图中，换路前电路已经达到稳定状态，$t = 0$ 时开关换路，求换路后的 $i(t)$ 和 $u_L(t)$。

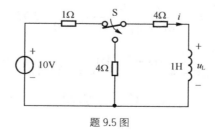

题 9.5 图

9.6 具有磁场能量的线圈经电阻放出其能量，已知经过 0.6s 后磁场能量减少为原来的一半。再经过 1.2s 后，线圈中的电流为 25mA，求放电电流表达式。

9.7 题 9.7 图中，若 $t = 0$ 时开关 S 合上，求 i，$t > 0$。

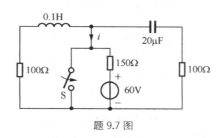

题 9.7 图

9.8 题 9.8 图中，已知 $U = 110\text{V}$，$R = 50\Omega$，开关闭合后 1.5ms 时的电流为 0.11A。求：（1）电容 C 值；（2）电流的初始值；（3）电容电压 u_C，设电容原来不带电荷。

9.9 试证明电阻和电容串联的电路，在接通直流电源的充电过程中，电容所吸收的能量及电源所供给的能量与电阻的值无关。

9.10 题 9.10 图中，在 $t = 0$ 时开关 S 打开，求换路后的 u_C 和电流源发出的功率。

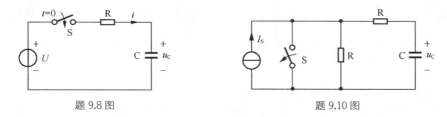

题 9.8 图   题 9.10 图

9.11 题 9.11 图中，在 $t = 0$ 时开关 S 合上，求 i_L 和电压源发出的功率。

9.12 题 9.12 图中，$u_S(t) = 220\sqrt{2}\cos(314t + 30°)\text{V}$，在 $t = 0$ 时合上开关 S，求：（1）u_C，$t > 0$；（2）U_0 为何值时，暂态分量为零（U_0 为电容电压的初始值）。

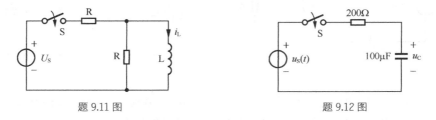

题 9.11 图   题 9.12 图

9.13 题 9.13 图中，RC 电路中电容 C 原未充电，所加 $u(t)$ 的波形如图所示，其中 $R = 1000\Omega$，$C = 10\mu\text{F}$。求电容电压 u_C，并把 u_C 用：（1）分段形式写出；（2）一个表达式写出。

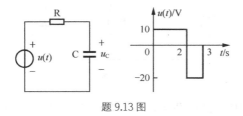

题 9.13 图

9.14 题 9.14 图中，$I_S = 6A$，$R = 2\Omega$，$C = 1F$。在 $t = 0$ 时开关 S 合上。在下列两种情况下求 u_C、i_C 以及电流源发出的功率：（1）$u_C(0_-) = 3V$；（2）$u_C(0_-) = 15V$。

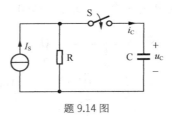

题 9.14 图

9.15 题 9.15 图中，直流电压源的电压为 24V，且电路原已达稳态，在 $t = 0$ 时开关 S 合上，求：（1）电感电流 $i_L(t)$；（2）直流电压源发出的功率。

9.16 题 9.16 图中，电路中电容原末充电，求当 i_S 给定为下列情况时的 u_C 和 i_C：
（1）$i_S = 25\varepsilon(t)mA$；（2）$i_S = \delta(t)mA$

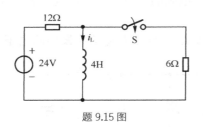

题 9.15 图

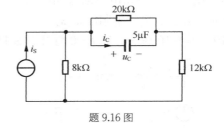

题 9.16 图

9.17 求题 9.17 图电路的零状态响应 u_C。

9.18 题 9.18 图电路中的 $R = 3\Omega$，$L = 0.1H$，$C = 0.01F$ 电路已处稳态。设开关 S 在 $t = 0$ 时打开，试求 $u_C(t)$。设 $U_0 = 12V$。ε

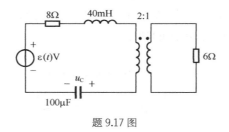

题 9.17 图

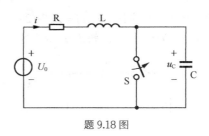

题 9.18 图

9.19 求题 9.19 图电路中的电流 i_L。如果已知 $u_S = 200V$，$u_C(0_-) = 100V$，$R_1 = 30\Omega$，$R_2 = 10\Omega$，$L = 0.1H$，$C = 1000\mu F$。开关换路前电路已处稳态。

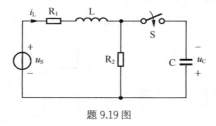

题 9.19 图

9.20 题 9.20 图电路中，已知 $R_1 = 2\Omega$，$R_2 = 3\Omega$，$L = 5.450H$，$C = 0.918F$。求（1）

当 $u_S = \varepsilon(t-5)\text{V}$ ， $i_L(5) = 2\text{A}$ ， $u_C(5) = 1\text{V}$ 时的 $u_C(t)$ ；（2）计算电路的冲激响应 $h(t)$ （电容端电压）。

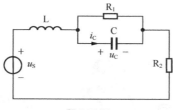

题 9.20 图

9.21　求下列函数的拉普拉斯变换的象函数

（1）$f(t) = 1 - 3e^{-6t} + 2\delta(t)$　　　　（2）$f(t) = e^{-5t}\cos(t)$

（3）$f(t) = \cos(3t)\varepsilon(t - \pi)$　　　　（4）$f(t) = e^{-4t}\dfrac{\mathrm{d}\varepsilon(t)}{\mathrm{d}t}$

9.22　求下列象函数的原函数

（1）$F(s) = \dfrac{s+1}{s(s-1)}$　　　　（2）$F(s) = \dfrac{3s+1}{2s^2+6s+4}$

（3）$F(s) = \dfrac{s+1}{s^2+4s+4}$　　　　（4）$F(s) = \dfrac{10s}{s^2+2s+10}$

9.23　用拉普拉斯变换的方法求题图电路的零状态响应 $u_C(t)$ 。

（1）$R = 7\Omega$ ；（2）$R = 6.325\Omega$ ；（3）$R = 2\Omega$ 。

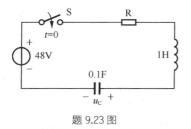
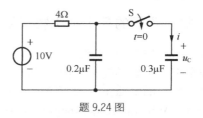

题 9.23 图　　　　　　　　　　　　题 9.24 图

9.24　电路原已稳态，$t = 0$ 时开关 S 闭合，假设 0.3μF 电容的初始储能为 0。试求电容电压 $u_C(t)$ 以及 0.3μF 电容的电流 $i(t)$ ， $t > 0$ 。

附录 A 磁路与铁芯电感线圈

工程上的很多电工设备，如电机、变压器、电磁铁、电工仪表等都存在着电与磁的相互作用和转化，在结构上都可以分为电路和磁路两个部分。教材的正文中详细地介绍了电路的分析方法，这里再对磁路以及磁路的分析方法作一个简单的介绍。

A.1 磁场与磁路

根据电磁场的理论，磁场是由电流产生的，它与电流在空间的分布和周围的磁介质的性质有着密切的关系。在工程上，常把载流导线绕在磁性材料制成的铁芯上，由于磁材料的导磁性能远大于周围的空气，由导线中电流产生的磁场被约束在磁材料这一有限的空间，这就构成了所谓的磁路。

一、描述磁场的几个基本物理量

1. 磁通量与磁感应强度

物理学中，把磁场在某一面上的通量称为磁通量，用字母 Φ 表示，单位是韦伯（Wb）。而把单位面积上的磁通量称为磁感应强度，其大小用字母 B 表示，单位是特斯拉（T）或者韦伯/平方米（Wb/m^2）。磁感应强度是矢量，方向为描述磁场的磁力线在指定点切线的方向，与电流的方向之间满足右手螺旋法则。磁场强度与某个面积 S 上磁通量的关系是

$$\Phi = \int_S \vec{B} \cdot d\vec{S}$$

若在某一空间的磁场是均匀分布，各处的磁感应强度都相同，此时垂直于磁力线方向上平面 S 上的磁通量 Φ 与磁感应强度 B 之间的关系

$$\Phi = BS \tag{A-1}$$

2. 磁场强度与磁导率

不同的磁介质对电流产生的磁场的影响是不一样的。这给磁路的分析带来不便，因此在分析磁场与产生磁场电流关系时，引入磁场强度这一物理量。磁场强度大小用 H 表示，单位是安培每米（A/m）。磁场强度也是矢量，在各向同性的磁性介质中与磁感应强度的方向相同。

磁场强度与磁感应强度的关系：

$$\vec{H} = \frac{\vec{B}}{\mu} \quad 或 \quad \vec{B} = \mu\vec{H} \tag{A-2}$$

式中，μ 称为磁导率，它用来表示磁材料导磁能力的物理量，单位为亨利每米（H/m）。实验测得空气或真空的磁导率 $\mu_0 = 4\pi \times 10^{-7} \text{H} / \text{m}$。

为了与空气比较导磁能力，将不同磁材料的磁导率 μ 与空气磁导率 μ_0 的比值称为该磁材料的相对磁导率，用 μ_r 表示。μ_r 越大磁材料的导磁能力越好。

$$\mu_r = \frac{\mu}{\mu_0}$$

由铁、钴、镍及其合金做成的材料称为铁磁材料，它们的相对磁导率都比较高，例如铸铁 200~400，铸钢 500~2200，电工钢片 7000~10000，坡莫合金 20000~200000。而其他材料如铜、铝、陶瓷都称为非铁磁材料，其相对磁导率都接近于 1。

二、铁磁材料的性能

将一个铁磁材料放在励磁装置中，不断增加磁场强度 H，同时检测出对应的磁感应强度 B，然后把测得的数据在 B~H 坐标中以曲线表示出来，这个曲线就是铁磁材料的磁化曲线，如图 A-1 所示。

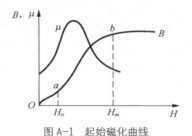

图 A-1　起始磁化曲线

从图 A-1 中曲线可以看出，铁磁材料的 B-H 曲线是非线性的。当外加磁场的磁场强度 H 较小时，磁感应强度随磁场强度 H 的变化不显著，磁导率较小；当磁场强度 $H > H_\sigma$ 时，铁磁材料的磁感应强度 B 随 H 增大而急剧增大，此时的铁磁材料具有很强的导磁能力；当 H 继续增大时，磁导率开始下降，如曲线 ab 段的后半段；当 $H > H_m$，铁磁材料进入磁饱和状态，此时的磁导率很低，接近真空磁导率 μ_0。

三、磁滞回线与基本磁化曲线

当外加磁场强度从饱和状态下的 H_m 开始减小时，磁感应强度也开始减小。不过，这时 B-H 的关系并不按照起始磁化曲线进行，而是沿着它上面的另一条曲线变化，如图 A-2（a）所示。当磁场强度 H 减到零时，磁感应强度不为零，我们把磁感应强度落后于磁场强度变化的现象称为磁滞现象。把磁场强度 $H = 0$ 时铁芯中保留的磁感应强度 B_r 称为剩磁。

要想把剩磁去掉，就必须给磁材料加反向磁场。当反向磁场的磁场强度 $H = -H_C$ 时，铁磁材料上的磁感应强度降至零，剩磁被完全去掉。称 H_C 为磁材料的矫顽力或矫顽磁场强度。显然，铁磁材料的矫顽力越大，保留在其上面的剩磁就越不容易被去掉。

如果进一步加大反向磁场强度，则铁磁材料会被反向磁化。反向磁场强度越强，磁材料上的反向磁感应强度也就越大。同样地，当外加的反向磁场减弱时，磁感应强度会沿着略低于磁化曲线的另一条曲线慢慢减小。当 $H = 0$ 时，铁磁材料上会留下反向剩磁。要去掉反向剩磁，就必须给磁材料加正向的磁场。

当外加磁场的磁场强度在 $-H_m \sim H_m$ 之间来回变化时，铁磁材料的 $B\text{-}H$ 特性就会扫描出图 A-2（b）所示的闭合曲线，称其为铁磁材料的磁滞回线。

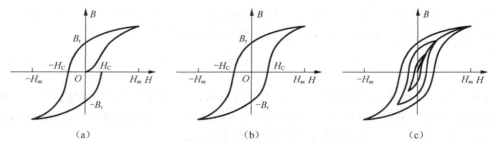

图 A-2　磁滞、磁滞回线与基本磁化曲线

当用不同幅值的交变磁场反复进行磁化时，可以得到一组磁滞回线，如图 A-2（c）所示。把这些磁滞回线在第一象限顶点连起来，也可得到一根曲线，我们称之为基本磁化曲线。磁路分析中，基本磁化曲线是衡量铁磁材料参数的重要曲线。为方便分析计算，本教材习题涉及的几种磁材料的基本磁化曲线数据，是以表格形式给出的。

根据铁磁材料的磁滞回线形状不同，可以将铁磁材料分为两大类。一类是回线横向宽度较宽的硬磁材料。这种材料的矫顽力较大，剩磁大，充磁之后不容易被去磁，常用这种材料制作永磁体。常见的硬磁材料有碳钢、钨钢、钴钢、铝镍钴合金等。第二类是磁滞回线横向宽度较窄的软磁材料。这种材料的矫顽力较小，剩磁小，导磁能力强，充磁后容易被去磁，所以常用它作电机、变压器等的铁芯。常用的软磁材料有电工纯铁、铸铁、铸钢、硅钢、铁镍合金、铁氧体等。

A.2　磁路的基本定律

对于磁路分析和计算，如同电路一样必须依据磁路的基本定律。即磁路的基尔霍夫定律和磁路欧姆定律。

一、磁路基尔霍夫第一定律

由电磁场理论中的高斯定理可知：在磁场中的任意一个闭合面上磁场强度对这个闭合面的面积分恒等于零，即

$$\oint_S \vec{B} \cdot \mathrm{d}\vec{S} = 0$$

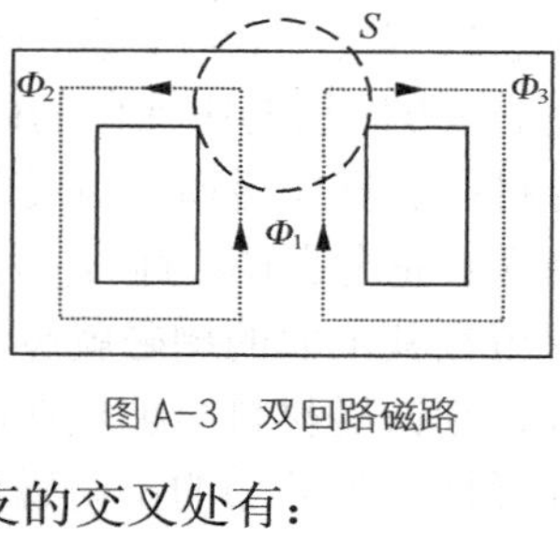

图 A-3　双回路磁路

将它应用到图 A-3 所示的磁路分支的交叉处有：

$$\oint_S \vec{B} \cdot \mathrm{d}\vec{S} = \Phi_1 - \Phi_2 - \Phi_3 = 0$$

或
$$\Phi_1 = \Phi_2 + \Phi_3$$

写成一般形式
$$\Sigma\Phi = 0 \qquad\qquad （A\text{-}3）$$

这就是磁路基尔霍夫第一定律。如果把这个闭合面看成磁路中的结点，那么第一定律的内容就是流入结点的磁通量的总和与流出结点磁通的总和相等。这和电路中的基尔霍夫电流定律十分相似。对于单回路磁路，应用这个定理不难得出磁通处处相等的结论。

二、磁路基尔霍夫第二定律

由电磁场理论中的安培环路定则可知：磁场中任意一个闭合路径上的磁场强度对路径的线积分恒等于与闭合路径相交链的电流强度，即
$$\oint_l \vec{H} \cdot d\vec{l} = \Sigma I$$

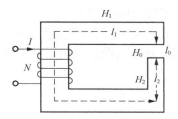

图 A-4 有气隙的单回路磁路

在磁路中，由于磁场被约束在一个较小的空间，为分析计算方便起见，通常将各段磁路内部的磁场分别看成匀强磁场。这样，将安培环路定则应用于图 A-4 所示的磁路则有
$$H_1 l_1 + H_2 l_2 + H_0 l_0 = NI$$

这里，H_1、H_2、H_0 分别是各段的磁场强度，l_1、l_2、l_3 分别为对应段磁路的长度。

定义一段磁路中的磁场强度与磁路长度的乘积为这段磁路的磁压，用 U_m 表示，则上式又可表示为
$$U_{m1} + U_{m2} + U_{m0} = NI = F$$

F 为磁路的磁动势，与磁压具有相同的量纲，单位为安培（A）。

把这个式子写成一般形式就是
$$\Sigma U_m = F$$

当然，如果同一回路中有多个通电的绕组，则
$$\Sigma U_m = \Sigma F \qquad\qquad （A\text{-}4）$$

这就是磁路的基尔霍夫第二定律，第二定律告诉我们：在磁路的任何一个回路中，所有段磁路磁压的总和等于磁路中磁动势的代数和。

三、磁路的欧姆定律

如果有一段磁材料如图 A-5 所示，则其磁压：
$$U_m = Hl = \frac{B}{\mu} \cdot l = \frac{\Phi}{\mu S} \cdot l = \frac{l}{\mu S} \cdot \Phi = R_m \Phi$$

式中，R_m 为这段磁材料的磁阻：

$$R_m = \frac{l}{\mu S} \tag{A-5}$$

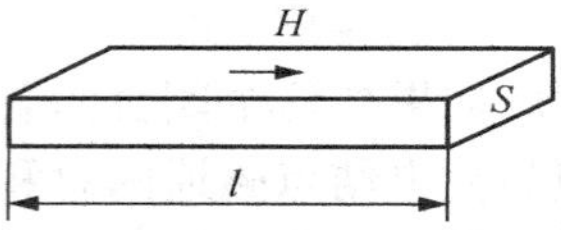

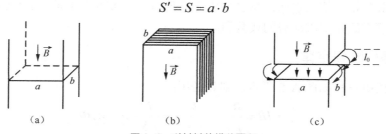

图 A-5　一段长方体形磁材料

其中 l 为磁材料的长度，S 为磁材料的横截面积，μ 为磁材料的磁导率。显然，一段磁材料的磁阻正比于磁路长度，反比于磁路的横截面积，还与磁材料的导磁率有关系。如果把这个式子与一段导体的电阻公式对比，发现它们也就及其类似。磁阻的单位为亨每米（H/m）。

$$U_m = R_m \Phi \tag{A-6}$$

把式（A-6）称为磁路的欧姆定律。

由于铁磁材料的磁导率 μ 与其磁场强度 H 有关，如果 H 未知，则磁阻 R_m 也无法知晓，因此在由铁磁材料构成的磁路中式（A-6）只能作定性分析。而对于气隙，μ_0 是个常数，只要知道气隙的具体尺寸，就可以计算出气隙的磁阻，并可利用式（A-6）定量地计算气隙磁压的值。

A.3　恒定磁通磁路的计算

由直流电流励磁的磁路叫做直流磁路。直流磁路中的磁场不随时间变化，所以又称为恒定磁通的磁路。恒定磁通磁路分析分为两大类，第一类是已知磁材料中的磁通求磁动势；第二类是已知磁动势求磁材料中的磁通。不论哪一类都涉及磁路尺寸的计算，所以在具体分析磁路之前先了解一下磁路的有效尺寸的问题。

一、磁路的有效尺寸

1. 磁路的有效长度

如图 A-4 所示的单回路磁路，根据材料和横截面积的不同，可将整个磁路划分为三段。显然，若用磁路外侧边线的长度来计算磁路长度，要比用内侧边线的计算磁路长度的数值大一些。所以，在磁路分析时常用它们的平均值，也就是磁路中心线的长度。

2. 磁路的有效横截面积

当磁路是由整块铁芯构成时，如图 A-6（a）所示，这段磁路的有效横截面积 S' 就等于其几何面积 S。例如图 A-6（a）的截面是一个边长分别为 a 和 b 的矩形，则它的有效横截面积为

$$S' = S = a \cdot b$$

（a）	（b）	（c）

图 A-6　磁材料的横截面积

当磁路的铁芯是由多层硅钢片叠成，如图 A-6（b）所示。则磁材料的有效横截面积 S' 等于其几何面积乘以填充系数 k，k 是一个小于 1，数值一般在 0.85~0.95 之间的一个小数。即

$$S' = k \cdot S$$

当这段磁路是空气间隙时，由于存在边缘效应使得有效面积比铁芯的几何面积要大，如图 A-6（c）所示。空气隙的有效面积可以用下面的方法来修正。如果铁芯横截面为矩形，则

$$S = (a + l_0)(b + l_0)$$

这里，a、b 是矩形截面的长和宽的数值，l_0 为气隙宽度数值。若铁芯横截面为圆形，则

$$S = \pi(r + l_0)^2$$

式中，r 为圆形横截面的半径数值，l_0 为气隙宽度数值。

二、恒定磁通磁路的分析步骤

为分析简便起见，在磁路分析过程中忽略漏磁通的影响，并将每段磁路中的磁场认为是匀强磁场。

1. 第一类恒定磁通磁路

这类问题是已知磁路的材料和尺寸，已知磁路中的磁通，求需要的磁动势。

首先对磁路进行分段。分段原则是：同材料、同横截面且同磁通量的为一段。然后计算每一段的磁感应强度，公式是

$$B_k = \frac{\Phi_k}{S}$$

然后，查对应段磁材料 BH 表或 BH 基本磁化曲线，求得各段的磁场强度 H_k。如果有空气隙，通过式 $H_0 = B_0 / \mu_0$ 来计算磁场强度。

最后根据基尔霍夫磁路第二定律计算磁动势 F，即

$$F = \Sigma H_k l_k$$

例 A.1 某线圈绕在材质均匀的单回路铁芯上，铁芯的横截面积为 50cm^2，有效长度 60cm，线圈匝数为 1000 匝。要使得铁芯中具有 $\Phi = 45 \times 10^{-4}$ Wb 的磁通量。（1）铁芯材料为铸钢；（2）铁芯为某种型号的电工钢片；求两种情况下线圈应通入的励磁电流的大小分别是多少？两种磁材料的磁化曲线如图 A-7 所示。

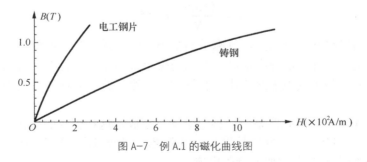

图 A-7　例 A.1 的磁化曲线图

解： 铁芯的磁感应强度

$$B = \frac{\Phi}{S} = \frac{45 \times 10^{-4}}{50 \times 10^{-4}} = 0.9 \text{ T}$$

（1）从图 11-7（a）铸钢的 BH 基本磁化曲线可查得

铸钢在 $B = 0.9\,\text{T}$ 时，$H = 800\,\text{A/m}$，根据磁路基尔霍夫第二定律

$$F = NI = Hl$$

则

$$I = \frac{Hl}{N} = \frac{800 \times 0.6}{1000} = 0.48\,\text{A}$$

（2）从图 11-7（b）电工钢片的基本磁化曲线可以查得

电工钢片在 $B = 0.9\,\text{T}$ 时，$H = 190\,\text{A/m}$，根据磁路基尔霍夫第二定律

$$F = NI = Hl$$

则

$$I = \frac{Hl}{N} = \frac{190 \times 0.6}{1000} = 0.114\,\text{A}$$

由此可见，由于铁芯的材料不同，导磁性能不同，所需的励磁电流不一样大。采用导磁性能好的材料，比如电工钢片可以大大减小励磁电流。

例 A.2 若上例中的铁芯仍用电工钢片，只是铁芯上开一个宽度为 2mm 的气隙，要在磁路中产生同样的磁通量，则需要多大的励磁电流？

解：由于是单回路磁路，磁通在各段磁材料上都一样，若不考虑气隙的边缘效应，则磁路中的磁感应强度都是 0.9 T。

铁磁材料磁路段，查 BH 基本磁化曲线得，$H = 180\,\text{A/m}$，磁压

$$U_m = Hl = 190 \times (0.6 - 0.002) = 113.62\,\text{A}$$

空气隙段中的磁场强度

$$H_0 = \frac{B_0}{\mu_0} = \frac{0.9}{4\pi \times 10^{-7}} = 720000\,\text{A/m}$$

空气隙的磁压

$$U_{m0} = H_0 l_0 = 720000 \times 0.002 = 1440\,\text{A}$$

根据磁路基尔霍夫第二定律

$$F = NI = U_m + U_{m0} = 1553.62$$

则

$$I = \frac{1553.62}{N} \approx 1.55\,\text{A}$$

本例表明，当磁路开有空气隙，气隙虽然很小，但是磁压却大得惊人。这是由于气隙的磁导率很低，而电工钢片的磁导率很高；气隙的磁阻很高导磁能力差，而电工钢片的磁阻低导磁能力好的缘故。与无气隙磁路相比，有气隙的磁路要达到同样的磁通则需要更大的励磁电流。

例 A.3 图 A-8 所示的磁路是用一种电工钢片制成，这种钢片的磁化特性见表 A-1，铁芯的填充系数 $k = 0.9$，图中数据长度单位为厘米，线圈匝数 $N=1000$，求在磁路中获得 $\Phi = 15 \times 10^{-4}\,\text{Wb}$ 的磁通量所需要的励磁电流。

表 A-1　　　　　　　　　　　例题 A.3 电工钢片磁化特性表

H(A/m)	100	200	400	800	1600	3000	6000	10000	12000
B(T)	0.67	0.91	1.10	1.23	1.37	1.45	1.60	1.67	1.70

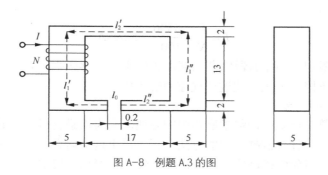

图 A-8 例题 A.3 的图

解：磁路由铁芯和空气隙组成，铁芯有两种截面，因此分析时需要将整个磁路分成三段。

先求磁路的平均长度和有效面积

$$l_1 = l_1' + l_1'' = (13 + 2) \times 2 = 30 \text{ cm} = 0.3 \text{ m}$$

$$S_1 = 5 \times 5 \times 0.9 = 22.5 \text{ cm}^2 = 22.5 \times 10^{-4} \text{ m}^2$$

$$l_2 = l_2' + l_2'' = (17 + 5) \times 2 - 0.2 = 34.8 \text{ cm} = 0.348 \text{ m}$$

$$S_2 = 2 \times 5 \times 0.9 = 9 \text{ cm}^2 = 9 \times 10^{-4} \text{ m}^2$$

$$l_0 = 0.2 \text{ cm} = 0.002 \text{ m}$$

考虑气隙的边缘效应

$$S_0 = (2 + 0.2) \times (5 + 0.2) = 11.44 \text{ cm}^2 = 11.44 \times 10^{-4} \text{ m}^2$$

计算各段的磁感应强度

$$B_1 = \frac{\Phi}{S_1} = \frac{15 \times 10^{-4}}{22.5 \times 10^{-4}} = 0.67 \text{ T}$$

$$B_2 = \frac{\Phi}{S_2} = \frac{15 \times 10^{-4}}{9 \times 10^{-4}} = 1.67 \text{ T}$$

$$B_0 = \frac{\Phi}{S_0} = \frac{15 \times 10^{-4}}{11.44 \times 10^{-4}} = 1.31 \text{ T}$$

计算各段的磁场强度

查电工钢片的磁化曲线得

$$H_1 = 100 \text{ A / m}$$

$$H_2 = 10000 \text{ A / m}$$

$$H_0 = \frac{B_0}{\mu_0} = \frac{1.31}{4\pi \times 10^{-7}} = 1.04 \times 10^6 \text{ A / m}$$

计算各段的磁压

$$H_1 l_1 = 100 \times 0.3 = 30 \text{A}$$

$$H_2 l_2 = 10000 \times 0.348 = 3480 \text{A}$$

$$H_0 l_0 = 1.04 \times 10^6 \times 0.002 = 2086 \text{A}$$

总磁动势

$$F = NI = H_1 l_1 + H_2 l_2 + H_0 l_0 = 5596 \text{A}$$

所以需要的励磁电流

$$I = \frac{F}{N} = \frac{5596}{1000} = 5.596\text{A}$$

从本例题可以看出，由于 l_2 段铁芯的截面积较小，磁感应强度较大，导致磁路已接近饱和状态，导磁能力下降，磁压已超过空气隙的磁压值。

2. 第二类恒定磁通磁路

第二类磁路计算是已知磁动势求磁路中的磁通。因为铁磁材料中磁导率 μ 不是常数，所以不能采用第一类磁路计算倒推过去的方法分析。对于这类问题，一般是采用试探法。

采用试探法时，首先给磁路假定一个磁通，然后按照已知磁通求磁动势的步骤，求出磁路的总磁压和，将它与给定的磁动势比较。若总磁压与给定磁动势相差较大，说明假设的磁通与磁路中实际磁通量值相差较大，修改假设磁通，再重新计算，直到总磁压与给定磁动势相等或接近（在允许的偏差范围内），便可认定，这一修正后的磁通即为所求值。

试探时第一个给定的磁通值，直接影响求解答案的速度。给定值越接近真实值，则试探的回合就越少，就越快地找到答案。所以，合理假设第一个给定的磁通值在第二类磁路分析中十分重要。

假设的第一个磁通值，一般是对磁路作粗略计算得到。对于无气隙多种磁材料串接而成的磁路，忽略导磁能力好的磁路段的磁阻，估算出磁路的磁通。对于有气隙磁路，由于气隙磁阻远大于铁磁材料的磁阻，所以可以先忽略铁磁材料的磁阻来估算磁通值。

例 A.4 由有效长度为 $l = 50\text{cm}$、有效面积为 $S = 15\text{ cm}^2$ 的铸钢和宽度为 $l_0 = 0.2\text{cm}$ 的空气隙构成的单回路磁路，绕线圈 $N = 1250$ 匝，线圈中电流强度 $I = 0.8\text{A}$，铸钢的磁化曲线如图 A-7 所示。不计空气隙的边缘效应，试求磁路中的磁通。

解： 此磁路由两端构成，题目中给定的磁动势

$$F = NI = 1250 \times 0.8 = 1000 \text{ A}$$

空气隙的磁阻较大，所以可以近似认为它就等于回路的总磁阻，即

$$R_m = R_{m0} = \frac{l_0}{\mu_0 S_0} = \frac{0.002}{4\pi \times 10^{-7} \times 15 \times 10^{-4}} = 1061571 \,(1/\text{H})$$

磁路磁通近似值

$$\Phi = \frac{F}{R_{m0}} = \frac{1000}{1061571} = 9.42 \times 10^{-4} \;(\text{Wb})$$

将它作为第一次试探的磁通值

$$\Phi_{(1)} = 9.42 \times 10^{-4} \;(\text{Wb})$$

磁路中磁感应强度

$$B_{(1)} = \frac{\Phi_{(1)}}{S} = \frac{9.42 \times 10^{-4}}{15 \times 10^{-4}} = 0.628(\text{T})$$

查曲线 A-7 的铸钢材料磁化曲线得

$$H_{(1)} = 510 \;(\text{A}/\text{m})$$

空气隙磁场强度

$$H_{0(1)} = \frac{B_{(1)}}{\mu_0} = \frac{0.682}{4\pi \times 10^{-7}} = 542994 \;(\text{A}/\text{m})$$

磁动势

$$F_{(1)} = H_{(1)}l + H_{0(1)}l_0 = 510 \times 0.5 + 542994 \times 0.002 = 1340 \text{ A}$$

显然，$F_{(1)} > F$，所以，第一次估计的 $\Phi_{(1)} = 9.42 \times 10^{-4}$ (Wb) 偏大，第二次试探值应该取小一些。

选 $\Phi_{(2)} = 8 \times 10^{-4}$ (Wb) 进行第二次试探

$$B_{(2)} = \frac{\Phi_{(2)}}{S} = \frac{8 \times 10^{-4}}{15 \times 10^{-4}} = 0.533(\text{T})$$

查曲线 A-7 的铸钢材料磁化曲线得

$$H_{(2)} = 430 \ (\text{A}/\text{m})$$

空气隙磁场强度

$$H_{0(2)} = \frac{B_{(2)}}{\mu_0} = \frac{0.533}{4\pi \times 10^{-7}} = 424363 \ (\text{A}/\text{m})$$

磁动势

$$F_{(2)} = H_{(2)}l + H_{0(2)}l_0 = 430 \times 0.5 + 424363 \times 0.002 = 1063 \text{ A}$$

相对误差

$$\eta = \frac{F_{(2)} - F}{F} = \frac{1063 - 1000}{1000} = 6.3\%$$

已经非常接近，下面取 $\Phi_{(3)} = 7.55 \times 10^{-4}$ (Wb) 进行第三次试探

$$B_{(3)} = \frac{\Phi_{(3)}}{S} = \frac{7.53 \times 10^{-4}}{15 \times 10^{-4}} = 0.502(\text{T})$$

查曲线 A-7 的铸钢材料磁化曲线得

$$H_{(3)} = 400 \ (\text{A}/\text{m})$$

空气隙磁场强度

$$H_{0(3)} = \frac{B_{(3)}}{\mu_0} = \frac{0.502}{4\pi \times 10^{-7}} = 399682 \ (\text{A}/\text{m})$$

磁动势

$$F_{(3)} = H_{(3)}l + H_{0(3)}l_0 = 400 \times 0.5 + 399682 \times 0.002 = 999.4 \text{ A}$$

相对误差

$$\eta = \frac{F_{(3)} - F}{F} = \frac{999.3 - 1000}{1000} = -0.03\%$$

在这个误差范围内，本题磁路的要求的磁通值为 $\Phi = 7.55 \times 10^{-4}$ (Wb)。

对于有分支不对称磁路的第一类计算的分析也常常用这种方法。

A.4　交流铁芯线圈

直流磁路中线圈中电流不随时间变化，产生的磁通是恒定的，所以当不计线圈电阻时，线圈两端电压始终为零。如果在线圈中通入交流电流，那么就会在磁路中激励出交变的磁通，而交变的磁通又会在线圈上感应出交变的电压。由于磁路是非线性的，所以电流和电压不都

是正弦函数。另外，由于铁芯的磁滞和涡流会引起铁芯的功率损耗。

一、铁芯线圈中电压与磁通的关系

交流铁芯线圈如图 A-9 所示，电流、电压取关联参考方向。假设铁芯中的磁通为

$$\Phi(t) = \Phi_m \sin(\omega t)$$

由公式

$$u(t) = N \frac{\mathrm{d}\Phi}{\mathrm{d}t}$$

得

$$u(t) = \omega N \Phi_m \cos \omega t = \omega N \Phi_m \sin(\omega t + 90°)$$

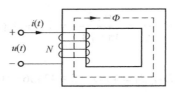

图 A-9　交流铁芯线圈

由此可见，若在线圈两端加正弦交流电压，则磁路中的磁通也一定是同频率的正弦交流量，电压的初相位总是超前磁通 $90°$。

因为

$$U_m = \omega N \Phi_m = 2\pi f N \Phi_m$$

电压的有效值为

$$U \approx 0.707 U_m = 4.44 f N \Phi_m \tag{A-7}$$

式（A-6）表明：电源频率和线圈匝数一定时，交流铁芯线圈中磁通量的最大值 Φ_m 与端电压的有效值成正比例，而与铁芯的形状尺寸无关。我们称交流铁芯线圈的这一特性为恒磁通特性。

二、磁饱和与磁滞对电流波形的影响

当铁芯外加正弦交流电压时，磁路中磁通也是同频率正弦函数。在磁路中由于 $\Phi \propto B$，而 $H \propto i$，所以磁路的 $\Phi \sim i$ 特性，也就是韦安特性曲线的形状与磁化曲线是一样的。给一个交变的磁通波形，利用韦安特性曲线，用图解法可以得到线圈中的电流波形如图 A-10（a）所示。从图可以看出，当 Φ_m 较大而引起磁路磁饱和时，电流出现尖顶波形。外加电压越大，产生的磁通越大，铁芯饱和现象越明显，电流波形顶端畸变就越严重。

在研究磁滞的存在对电流波形影响时，磁化曲线采用回线，与之对应的韦安特性曲线也是相似的回线。若磁通量是正弦函数，则用图解法得到的线圈电流的波形如图 A-10（b）所示。从图上可以看到，由于磁滞现象导致电流和磁通变化不同步。如果把电流波形近似看成与磁通同频率的正弦波，电流波形明显超前磁通波形。

三、铁芯线圈的等效电路模型

前面的研究发现，铁芯线圈为非线性器件。当给线圈加周期正弦交流电压的时候，电流虽然还是周期信号，但是波形已不是正弦波，而是一种周期的非正弦波。要精确分析这种磁

路需要进行波的分解，这样做起来比较复杂。为分析方便起见，引用一个有效值，周期与非正弦波相同，步调与非正弦波一致的正弦波来等效非正弦波，如图 A-11（a）所示。于是，也可以用相量法近似分析铁芯线圈了。

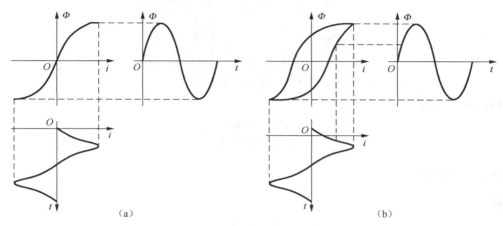

图 A-10 磁饱和以及磁滞对电流波形的影响

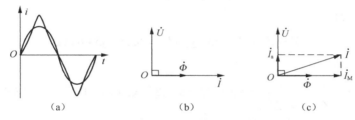

图 A-11 等效正弦波以及铁芯线圈的相量图

　　若不考虑漏磁、忽略线圈的内阻，且不考虑磁滞效应，则铁芯线圈的相量图如图 A-11（b）所示。电流与磁通同相位，电压超前磁通 $90°$，铁芯线圈不消耗能量，即有功功率为零。

　　当考虑磁滞时，由于电流与磁通不再同步，电流的等效正弦波与磁通量之间相位差大于零。所以，电压与电流等效正弦波之间的相位差小于 $90°$，如图 A-11（c）所示。这时，电流相量可以分解为两个分量：平行于电压相量的有功分量 $\dot{I}_a$ 和垂直于电压相量的无功分量 $\dot{I}_M$。其中电流的有功分量与电压同相，UI_a 就是铁芯线圈消耗的功率，即有功功率；电流的无功分量与电压正交，所以 UI_M 是铁芯线圈吸收的无功功率。通常把铁芯上消耗的功率 UI_a 简称为铁损。

　　图 A-12 分别为铁芯线圈的并联和串联等效电路模型图。测量和计算等效参数的方法与线性电路相同。

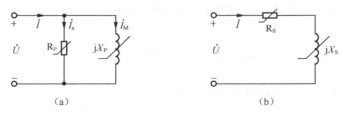

图 A-12 铁芯线圈的并联和串联等效电路图

例 A.5 图 A-13 为用三表法测量交流铁芯线圈参数的电路图，已知电源频率为 50Hz，3 个表的读数分别为：电压表 220V、电流表 4A，功率表 100W。试求该铁芯线圈的等效电路模型。

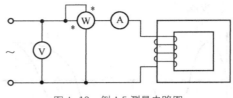

图 A-13　例 A.5 测量电路图

解： 功率因数

$$\cos\varphi = \frac{P}{UI} = \frac{100}{220 \times 4} = 0.1136$$

阻抗角：　$\varphi = 83.48°$

阻抗模

$$|Z| = \frac{U}{I} = \frac{220}{4} = 55\,\Omega$$

铁芯线圈的等效阻抗

$$Z = |Z|\,\underline{/\varphi} = 55\,\underline{/83.48°} = 6.25 + \text{j}54.64\,\Omega$$

铁芯线圈的等效导纳

$$Y = \frac{1}{Z} = \frac{1}{|Z|\,\underline{/\varphi}} = 0.0182\,\underline{/-83.48°} = 2.067\times10^{-3} - \text{j}0.018\,\text{S}$$

（1）串联等效电路参数

$$R_S = 6.25\,\Omega$$

$$X_S = \omega L_S = 2\times\pi\times50\times L_S = 54.64\,\Omega$$

（2）并联等效电路参数

$$Y = 2.067\times10^{-3} - \text{j}0.018\,\text{S} = G_P + \text{j}B_P$$

$$R_P = \frac{1}{G_P} = \frac{1}{2.067\times10^{-3}} = 483.8\,\Omega$$

$$X_P = \frac{1}{0.018} = 55.6\,\Omega$$

需要注意的是，铁芯的等效参数都不是恒定的常数，当外加电压变化时等效参数会跟着变化，而且这种变化是非线性的。

从线圈的两端来看，铁芯线圈相当于一个带有内阻的非线性电感，其并联等效电路模型中的等效电感量：

$$L_P = \frac{U}{\omega I_M} = \frac{N\omega\varPhi_M}{\omega I_M} = \frac{N\varPhi_M}{I_M}$$

对于铁芯闭合的磁路，由磁路基尔霍夫第二定律

$$N(\sqrt{2}I_M) = R_m\varPhi_M \qquad \text{或} \qquad I_M = \frac{R_m\varPhi_M}{\sqrt{2}N}$$

式中，R_m 为磁路磁阻，I_M 为励磁电流的有效值，$\varPhi_M$ 为磁路中磁通的最大值。于是有

$$L_P = \frac{N\varPhi_M}{I_M} = \frac{N\varPhi_M}{\dfrac{R_m\varPhi_M}{\sqrt{2}N}} = \frac{\sqrt{2}N^2}{R_m} \tag{A-8}$$

式（A-8）表明，铁芯线圈的等效电感量与线圈的匝数的平方成正比，与铁芯的磁阻成反比。由于铁芯的 μ 不是常数，故磁阻 R_m 不是常数，所以其等效电感量也不是不变的常数。

改变铁芯线圈磁路的饱和程度，便可以改变铁芯的磁导率 μ，从而可以调整铁芯的等效电感量的值。工程上，常利用这一原理制作饱和电抗器，用以调节线路电流。

当铁芯上有较宽的空气隙，或者是不闭合的磁棒，则磁路的磁阻非常大，这个时候铁芯线圈可以近似看成线性电感元件。当然，电感量比无铁芯时要大许多。

如果考虑铁芯的漏磁、考虑线圈的内电阻，则铁芯线圈的等效电路模型和相量图如图 A-14 所示。

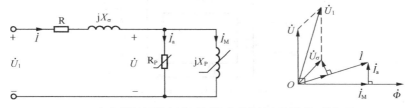

图 A-14　考虑线圈内阻以及漏磁后铁芯的等效电路模型及其相量图

四、铁芯损耗

铁芯在交变电流反复磁化的过程中会发热。铁芯的内部发热的功率称为铁芯损耗，也就是铁损。铁损包括涡流损耗和磁滞损耗两种。

涡流损耗是这样产生的。铁芯中的交变磁通不仅会在线圈中感应出电压，而且能在导电能力良好的铁芯中感应出电压，于是铁芯中便产生在铁芯截面上呈漩涡状分布的电流，俗称涡流。

涡流通过导体铁芯电阻使得铁芯发热，因而产生功率损耗。功率损耗与频率的平方成正比、与铁芯中磁感应强度的最大值成正比，还与铁芯的体积成正比，即

$$P_e = k_e f^2 B_m^2 V$$

式中，k_e 是与铁芯电导率和厚度有关的系数，V 是铁芯体积。

涡流损耗降低了电工设备的效率而且容易使得绝缘材料老化。为了减小涡流，通常用相互绝缘的电工钢片叠片组成铁芯。这样可以使得涡流在较小路径中流动，回路电阻小，则功耗就小。另外在钢片中加入少量的硅，增加回路电阻，从而减小涡流的大小。当然，涡流也有有用之处，比如工程上常用涡流加热金属、电力拖动中，常用涡流效应设计出各种制动装置等。

磁滞损耗是由于铁芯在交变磁化的过程中的磁滞现象引起的，通常比涡流损耗要大一些。磁滞损耗的经验公式是

$$P_h = k_h f B_m^n V$$

式中，k_h 是与铁芯磁材料有关的系数，n 是与 B_m 大小有关的指数，一般去取 1.6~2，V 为铁芯的体积。

磁滞损耗与铁芯磁滞回线包围的面积成正比。工程上，为了减少铁芯的磁滞损耗，常选用磁滞回线狭窄的材料作铁芯，如电工钢片等。

习　题

A.1　由 DR360 硅钢片叠成的均匀磁路如图，图中长度单位为 mm，铁芯的有效面积为 $2cm^2$，线圈的匝数 $N=1000$，要使得铁芯中产生 $\Phi=1.3\times10^{-4}$Wb 的磁通量，需要在线圈中通入多大的电流？

DR360 硅钢片基本磁化数据表

H(A/m)	40	60	80	100	120	140	160	180	200
B(T)	0.30	0.45	0.57	0.65	0.72	0.77	0.8	0.84	0.88

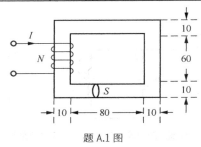

题 A.1 图

A.2　题 A.1 中，若在线圈中通入的电流 $I=0.064$A，则在铁芯中产生多大的磁通量。

A.3　若在题 A.1 的铁芯上，垂直于铁芯柱的方向开一个长度 $l_0=1$mm 的空气隙，欲在铁芯中产生 $\Phi=1.3\times10^{-4}$Wb 的磁通量，需要在线圈中通入多大的电流？跟题 A.1 的结果比较可以得出什么结论？

A.4　若题 A.3 中，线圈的电流 $I=0.64$A，则空气隙中的磁通量是多少？

A.5　由 DR360 硅钢片制成的铁芯尺寸如图，长度单位为 mm，填充系数为 $k=0.9$，$N=500$，欲在空气隙中产生 $\Phi=11.5\times10^{-4}$Wb 的磁通量，线圈的电流强度 I 为多少。

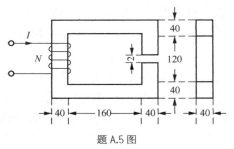

题 A.5 图

A.6　在频率 $f=50$Hz 的正弦交流电作用下，铁芯中磁通量的最大值 $\Phi_m=45\times10^{-4}$Wb，要使得线圈两端感应出有效值 $U=220$V 的交流电压，线圈匝数应为多少？（忽略漏磁、忽略磁饱和影响）。

A.7　设铁芯上线圈的直流电阻 $R=1.5\Omega$，线圈上交流电压有效值 $U=220$V，等效正弦波电流的有效值 $I=2$A，铁芯线圈消耗的电功率 $P=100$W，不考虑漏磁，求铁损 P_{Fe}，电流的有功分量和无功分量，作相量图。

1.1 （a）电压的真实方向与参考方向相同，电流的参考方向与真实方向相反；

（b）电压、电流的真实方向与参考方向都相反；

（c）电压的真实方向与参考方向相反，电流的参考方向与真实方向相同；

（d）电压的真实方向与参考方向相反，电流的参考方向与真实方向相同。

1.2 $U_a = -9V$，$U_b = -15V$，$U_c = -2V$，$U_d = 5V$，$U_e = 6V$

1.3 对于 A，U、I 的参考方向非关联，A 消耗 3W 功率；对于 B，U、I 参考方向关联，B 提供 3W 电功率

1.4 $U_a = 5V$，$I_b = 2A$，$U_c = -10V$，$U_d = 10V$

1.5 $P_A = -80W$，$P_B = 32W$，$P_C = 12W$，$P_D = 36W$

1.6 （a）$G_1 = 0.1S$，$I_1 = -10A$，$P_1 = 1000W$；（b）$G_2 = 0.2S$，$I_2 = 20A$，$P_2 = 2000W$

1.7 10V，0.1A

1.8 0.014S，60

1.9 （a）$P_{10V} = 50W$（吸收），$P_{5A} = -50W$（提供）；（b）$P_{10V} = -50W$（提供），$P_{5A} = 50W$（吸收）

1.10 41A，−28A，−25A

1.11 −10V

1.12 14A，6.5A，10.5A，−3.5A，−13.5A

1.13 −4mA，31V，−21V

1.14 （a）2A （b）−2.4V

1.15 30V，−21V，4.5A

1.16 25V，0.5A

1.17 （a）2A （b）−2A （c）6V （d）0

1.18 1.4A

1.19 （a）11V （b）−6V

1.20 −3.2V，−5.6V，1.2mA

2.1 （a）$5k\Omega$ （b）$2k\Omega$ （c）4.5Ω

2.2 （a）80Ω （b）-7.5Ω

2.3 880Ω，29W

2.4　3A，2A，1A

2.5　30V

2.6　（1）35Ω、140Ω、70Ω（2）0.6Ω、1Ω、1.5Ω

2.7　（a）18Ω　（b）5.24Ω

2.8　84.3V，17V

2.9　9V 电压源，2A 电流源

2.10　4V 电压源，2A 电流源

2.11　（a）10V 电压源串联 10Ω 电阻，或 1A 电流源并联 10Ω 电阻

（b）3.5A 电流源并联 2Ω 电阻，或 7V 电压源串联 2Ω 电阻

2.12　（a）24V 电压源串联 8Ω 电阻，或 3A 电流源并联 8Ω 电阻

（b）1A 电流源并联 16Ω 电阻，或 16V 电压源串联 16Ω 电阻

2.13　3.6A

2.14　2V

2.15　2A

2.16　0.125A

2.18　（a）0.5Ω　（b）8.125Ω

2.19　1A，6V

2.20　1A，3V

3.1　$1.8+2e^{-t}$ V

3.2　80V

3.3　25/3 V，5/3A

3.4　$e^{-t}+2-4\sin(2t)$ A

3.5　1.8

3.6　190mA

3.7　80V

3.8　0.1V 电压源串联 0.8Ω 电阻

3.9　6.47Ω 电阻串联 28.24V 电压源，6.47Ω 电阻并联 4.36A 电流源

3.10　$1.8+2e^{-t}$

3.11　2Ω，3.125W

3.12　90Ω，−30V

3.13　2Ω

4.1　−0.956A

4.2　−0.956A

4.3　0.5A

4.4　5A，−42V

4.5　2.4A

4.6　8V

4.7　1A

4.8
$$\begin{cases} (\dfrac{1}{R_2+R_3}+\dfrac{1}{R_4})U_1 - \dfrac{1}{R_4}U_2 = i_{S1} - i_{S5} \\ -\dfrac{1}{R_4}U_1 + (\dfrac{1}{R_4}+\dfrac{1}{R_6})U_2 = \beta i \\ i = \dfrac{U_1}{R_2+R_3} \end{cases}$$

4.9
$$\begin{cases} \dfrac{26}{15}U_1 - \dfrac{8}{15}U_2 = \dfrac{10}{3} \\ -\dfrac{8}{15}U_1 + \dfrac{19}{15}U_2 = \dfrac{26}{3} \end{cases}$$

4.10
$$\begin{cases} 9U_{n1} - U_{n2} = -3 \\ -U_{n1} + 4U_{n2} = 4 + 3U_2 \\ U_2 = -U_{n1} \end{cases}$$

4.11　8V

4.12　1A

4.13　9A，−3A

4.14　32V

4.15　2kΩ，20kΩ

4.16　证明略

4.17　12mA

5.1　3A，2.12A，0.02s，50Hz，−60°

5.2　$u(t)=10\sqrt2\cos(2\pi\times10^3 t)$，$i(t)=\sqrt2\cos(2\pi\times10^3 t+90°)$

5.3　$5\underline{/53°}$，$4\sqrt2\underline{/-45°}$，$10\underline{/143°}$，$10\underline{/-126.9°}$，$3\underline{/0°}$，$5\underline{/90°}$

5.4　$5\sqrt3+5j$，$1-j$，$-3\sqrt2+3\sqrt2 j$，$3-3\sqrt3 j$

5.5　$6+(3+2\sqrt2)j$，$-2+(2\sqrt3-3)j$，$20\underline{/96.9°}$，$0.8\underline{/23.1°}$

5.6　102，30.3°

5.7　（1）$5\sin(314t+53.1°)$　（2）$9.4\sin(10t+11°)$　（3）$20.8\sin(50t+131°)$

5.8　$5\sqrt2\cos(314t-83°)$A

5.9　$4.34\cos(\omega t+180°)$V

5.10　$\dot I_1=10\underline{/-60°}$，$\dot I_2=3\underline{/-20°}$，i1滞后i2　40°

5.11　（1）$220\underline{/0°}$，$220\underline{/-120°}$，$220\underline{/120°}$　（2）依次落后120°（5）380V，380V

5.12　0.05V，0.5J

5.13　（1）50A（0<t<1s），0（1s<t<3s），−50A（3s<t<4s），0（t>4s）（2）250μJ，0

5.14　16（J），1（J）

5.15　（1）$3\sqrt2\cos(314t+30°)$mA　（2）$7.46\sqrt2\cos(314t-60°)$A

　　　（3）$0.75\sqrt2\cos(314t+120°)$A

5.16　（1）电阻 5Ω（2）电感 5mH　（3）电容 200μF

5.17　$2\cos(10t+95°)$V

5.18　（a）50V（b）10V（c）V：31.6V，V4:10V

5.19　18A，30A；24，0

5.20　48mA

5.21　5Ω，27.6mH，368μF

5.23　$R=\sqrt{3}\omega L$，$\omega^2 LC=0.5$

5.24　16mH，6Ω

5.25　0.367A，103V，190V

5.26　$2.35-j4.11\Omega$，$0.094+j0.117S$　容性，串联等效电路：2.35Ω，113μF，并联等效电路：10.64Ω，88.5μF

5.27　元件1：电感　0.05H，元件2：电阻5Ω
　　　或元件1：电阻5Ω，元件2：电容0.002F

5.28　20Ω，33.3μF

5.29　（a）10–20jΩ　0.02+0.04jS　　（b）40–20jΩ　0.02+0.01jS　　（c）80Ω 0.0125S
　　　（d）0.875–0.125jΩ　1.12+0.16j S

5.30　$0.93\underline{/13.4°}$，$1.46\underline{/-58°}$，$1.46\underline{/85°}$

5.31　0.5A，1A，0.866A，115.5+200jΩ

5.32　$0.536\underline{/-61°}A$，$1.288\underline{/-43.6°}A$，$0.793\underline{/-32°}A$

5.33　0，$6\sqrt{2}\cos(3000t+90°)$mA

5.34　$5.5\underline{/61°}A$

5.35　$29\cos(2t+135°)$V

5.36　$2.577\cos(2t-26°)$V

5.37　40V

5.38　$\sqrt{2}\underline{/45°}A$

5.39　200W，346.4Var，200+j346.4VA，0.5

5.40　30mW，–10mVar；30mW，0；0，–10mVar

5.41　$22.35+8.23jVA$，$5.67+5.67jVA$，$8.03+5.88jVA$，$8.45-3.38jVA$

5.42　666.7–533.3jVA

5.43　$100\underline{/68°}\Omega$

5.44　1.5+0.5jΩ，0.167W

5.45　2–4jΩ，100W

5.46　800W，0.957，容性

5.47　（1）42.87A　（2）0.6785　（3）277μF

5.48　0.1μF，0.2A，1V，400V，400V

5.49　（1）10000 rad/s　（2）100　（3）100 rad/s

5.50　2.25MHz，50mV，45000Hz

5.51　40Ω，0.632H，694μF

5.52　（1）10^7 rad/s　（2）10000V　（3）100　（4）100mA

6.1　（a，c），（b，d）

6.3　0.05H

6.4　（1）136.4V，311V　（3）33.3μF

6.5　1.5A

6.6　0.94A，0.37A，149+143jVA，−68−44jVA，0.37A81+99jVA，377$\underline{/50.8\,°}$Ω

6.7　$15+9j$Ω

6.8　S 闭合：7.8A，3.5A；S 断开：1.52A

6.9　M=25H

6.10　2.57A

6.12　$0.11\cos(314t-64.8°)$A ，$0.35\cos(314t+28°)$A

6.13　$1\underline{/0\,°}$V

6.14　2

7.1　（1）$220\underline{/-90°}$V，（2）$380\underline{/70°}$V ，$380\underline{/-50°}$V ，$44\underline{/-20°}$Ω

7.2　22A

7.3　14.6A，25.3A

7.4　8.11A

7.5　461V

7.6　（1）6.08A　（2）$36\underline{/53°}$Ω　（3）$108\underline{/53°}$Ω

7.7　8299W，298W

7.8　10A，0

7.9　（a）65.8A ，38A ，38A　380V　（b）0，19A，19A，190V

7.10　$89.47\underline{/-25.8\,°}$A ，$101\underline{/-137\,°}$A ，$108\underline{/93\,°}$A

7.11　1146W

8.1　（a）10+10jΩ，10Ω，10jΩ，10Ω　（b）4+8jΩ，4Ω，4jΩ，4−4jΩ

8.2　（a）−0.5Ω，−0.5Ω，−4.5Ω，−0.5Ω　（b）2+4jΩ，4jΩ，3+4jΩ，−4jΩ

8.3　（a）1/6S，−2/15S，−2/15S，1/6S　（b）0.25−0.25jS，0.25S，0.25S，0.25−0.25jS

8.4　（a）0.25S，4.75S，0.25S，0.25S　（b）1.5S，−0.5S，−5S，3S

8.5　（a）40Ω，−1，1，0　（b）10+2jΩ，0.5+0.5j，−0.5−0.5j，0.125−0.125jS

8.6　（a）4Ω，0.5，1.5，0.4375　（b）1Ω，1，0，−0.5S

8.7　（a）1，1Ω，0，1　（b）1，0，0，0.92

8.8　2S，1S，4S

8.9　0.25Ω，2.375Ω，0.25Ω

8.10　1.25W

8.11　5/9，−4/9，−4/9，5/9

8.12　3j，−4+2jΩ，2+4jS，−4+5j

8.13　30Ω，6Ω，10Ω，35Ω

8.14　1/17

9.1　（a）5V，10V，7/3A，4/3A　（b）−18V，−54V，−1.2A，1.2A

9.2　（1）1024V　（2）52.66MΩ　（3）4588s 或 76.5min（4）50kA

9.3　$126e^{-3.33t}$(V)

9.4 $4e^{-2t}V$, $0.04e^{-2t}mA$

9.5 $2e^{-8t}A$, $-16e^{-8t}V$

9.6 $50e^{-0.58t}mA$

9.7 $0.24(e^{-500t}-e^{-1000t})A$

9.8 （1） $10\mu F$ （2） $2.2A$ （3） $110(1-e^{-2000t})V$

9.9 $W_S = CU_S^2$

9.10 $I_S^2(1-0.5e^{-t/(2RC)})$

9.11 $\dfrac{U_S}{R}(1-e^{-Rt/(2L)})$

9.12 （1） $(U_0-30.8)e^{-50t}+48.9\cos(314t-51°)V$ （2） $30.8V$

9.13 （1） $0{\sim}2s$ $10(1-e^{-100t})V$, $2{\sim}3s$ $-20+30e^{-100(t-2)}V$, $t>3s$ $-20e^{-100(t-3)}V$

     （2） $10(1-e^{-100t})\varepsilon(t)-30(1-e^{-100(t-2)})\varepsilon(t-2)+20(1-e^{-100(t-3)})\varepsilon(t-3)$

9.14 （1） $12-9e^{-0.5t}V$, $4.5e^{-0.5t}A$, $70-54e^{-0.5t}W$

     （2） $12+3e^{-0.5t}V$, $-0.5e^{-0.5t}A$, $72+18e^{-0.5t}W$

9.15 （1） $2A$ （2） $48W$

9.16 （1） $100(1-e^{-20t})\varepsilon(t)V$, $10e^{-20t}\varepsilon(t)mA$

     （2） $80e^{-20t}\varepsilon(t)V$, $0.4\delta(t)-8e^{-20t}\varepsilon(t)mA$

9.17 $-1.7e^{-321t}+0.7e^{-779t}+1(V)$

9.18 $12+14.4e^{-15t}\cos(27.8t-147°)(V)$

9.19 $4.995e^{-200t}+0.5te^{-200t}+5(A)$

9.20 （1） $[0.4+2.33e^{-0.55(t-5)}\cos(0.89t+150°)]\varepsilon(t-5)\ V$

     （2） $0.49e^{-0.55t}\sin(0.89t)\varepsilon(t)V$

9.21 （1） $\dfrac{1}{s}-\dfrac{3}{s+6}+2$ （2） $\dfrac{s+5}{(s+5)^2+1}$ （3） $-e^{-\pi s}\dfrac{s}{s^2+9}$ （4） 1

9.22 （1） $-1+2e^t$ （2） $-e^{-t}+2.5e^{-2t}$ （3） $-te^{-2t}+e^{-2t}$ （4） $10.54e^{-t}\cos(3t+18°)$

9.23 （1） $48-80e^{-2t}+32e^{-5t}(V)$ （2） $48-151.75te^{-3.163t}-48e^{-3.163t}(V)$

     （3） $48+50.6e^{-t}\cos(3t+161.6°)(V)$

9.24 $u_C(t)=10-6e^{-0.5t}(V)$, $i(t)=1.2\delta(t)+0.9e^{-0.5t}(A)$

A.1 $0.032A$

A.2 $1.76\times10^{-4}Wb$

A.3 $0.55A$

A.4 $1.5\times10^{-4}Wb$

A.5 $2.78A$

A.6 $94W$， $0.43A$， $1.95A$

参考文献

[1] 邱关源. 电路. 5 版. 北京：高等教育出版社，2006.

[2] 李瀚荪. 电路分析基础. 4 版. 北京：高等教育出版社，2006.

[3] 弗洛伊德（美）. Electric Circuits Fundamentals.6th ed. 北京：清华大学出版社，2006.

[4] 张永瑞. 电路分析基础. 3 版. 西安：西安电子科技大学出版社，2006.

[5] 王金海. 电路分析基础. 北京：高等教育出版社，2009.

[6] 刘景夏. 电路分析基础. 北京：清华大学出版社，2012.

[7] 徐昌彪. 电路、信号与系统. 北京：电子工业出版社，2012.

[8] 赵录怀. 电路基础. 北京：高等教育出版社，2012.

[9] 吴大正. 信号与线性系统分析. 4 版. 北京：高等教育出版社，2005.